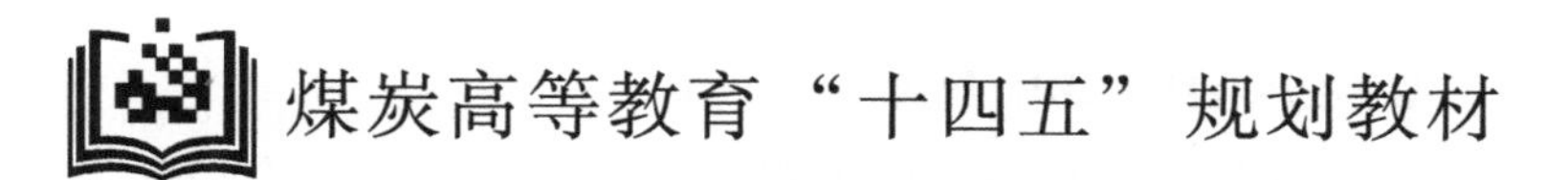

安全工程数值计算方法与软件

主　　编　赵自豪　陈景序
参编人员　王　超　郭　宾　刘　峰
　　　　　任玉辉　贾廷贵　李绪萍

应急管理出版社
·北　京·

图书在版编目（CIP）数据

安全工程数值计算方法与软件/赵自豪，陈景序主编．－－北京：应急管理出版社，2024

煤炭高等教育“十四五”规划教材

ISBN 978－7－5237－0174－4

Ⅰ.①安… Ⅱ.①赵… ②陈… Ⅲ.①安全工程—数值计算—计算方法—高等学校—教材 Ⅳ.①X93

中国国家版本馆 CIP 数据核字（2024）第 001078 号

安全工程数值计算方法与软件

（煤炭高等教育“十四五”规划教材）

主　　编　赵自豪　陈景序
责任编辑　赵金园　尹燕华
责任校对　赵　盼
封面设计　罗针盘

出版发行　应急管理出版社（北京市朝阳区芍药居 35 号　100029）
电　　话　010－84657898（总编室）　010－84657880（读者服务部）
网　　址　www.cciph.com.cn
印　　刷　北京建宏印刷有限公司
经　　销　全国新华书店

开　　本　787mm×1092mm $^{1}/_{16}$　**印张**　15　**字数**　354 千字
版　　次　2024 年 6 月第 1 版　2024 年 6 月第 1 次印刷
社内编号　20231017　　**定价**　45.00 元

前　　言

本书是按照煤炭高等教育“十四五”规划教材的要求进行编写的，可作为全国煤炭高等学校安全工程、应急管理、应急技术与管理、矿业类专业《数值计算方法与软件》课程的配套教材使用。

本教材分成两大部分，前五章介绍 Scilab 的基础知识，第六章开始以安全工程中遇到的实际问题为例，系统介绍了通风、事故树解算和安全评估的数学模型及 Scilab 实现，并附以详细的 Scilab 代码，有助于读者迅速上手操练，在实践中检验所学。

内蒙古科技大学安全工程专业成立于 2004 年，在不断的教学实践中，师生们发现，在通风网络解算及通风设计、事故树解算、安全评估等方面，存在大量的计算问题，市面上虽有成熟软件可以解决这些问题，但受版权限制及国际政治环境影响，师生在教学研究中使用存在不便。为此，内蒙古科技大学组织教师以 Scilab 软件为基础，结合师生遇到的实际问题，编写了本教材，并开设了本教材同名课程。自 2007 年起，本教材一直以讲义形式延续。在内蒙古科技大学教务处、矿业与煤炭学院的大力扶持和资助下，本教材得以顺利立项出版，在此向相关部门和领导表示衷心的感谢。

《安全工程数值计算方法与软件》编写工作由内蒙古科技大学承担，白云鄂博铁矿给予了大力的协助。其中：第一章至第六章由赵自豪编写，第七章、第八章由王超编写，第九章、第十章由陈景序编写。赵自豪任主编。白云鄂博铁矿郭宾、刘峰提供了技术支持和部分案例。研究生高振峰、曹成福、刘雅雯协助制作了部分教材配套幻灯片。

由于编者水平所限，加之时间紧迫，错误和不妥之处在所难免，恳请读者不吝斧正。

编　者

2023 年 5 月

目　录

1 Scilab 基础知识

理工科教学研究中，经常会使用到两类软件：一类软件通过某种运算过程，对各类数据进行处理，最后获得某种结果，此类软件以 Matlab 为代表；另一类软件对某种代数变量进行某种推理、运算操作，获得某种通用的数学表达式，以 Mathematica、Maple 为代表。Scilab 属于第一种软件，该软件是在全面借鉴了 Matlab 的语法、功能甚至结构的基础上开发出来的一个自由软件。

Scilab 是 Scientific Laboratory 的缩写，常翻译为“科学实验室”。该软件是由法国国立信息和自动化研究院牵头研制开发而成的。我国很多高校和科研院所也参与了该软件的开发工作。该软件是开放源代码的自由软件，也就是说，你可以自由使用、传播、修改该软件而不用付出任何费用，但是你用其开发的程序也应该遵循同样的原则。

总体来说，Scilab 有如下优点，现一一说明：

（1）Scilab 的数据类型非常丰富，用户可以非常方便地实现各种矩阵计算。众所周知，利用一些通用的编程软件如 VB、python 等实现矩阵的各种运算是非常麻烦的，而利用 Scilab 则可以直接定义矩阵，并像普通数据一样进行各种运算，实现各种函数操作。

（2）Scilab 具有丰富的数值计算工具箱，这些工具箱的存在使 Scilab 在处理各种专业问题时，用户可以方便、快捷地得到满意的答案而不必进行烦琐的编程工作。目前 Scilab 有 SCICOS、信号处理工具箱、图与网络工具箱等多个工具箱，可以很好地满足工程与科研的需要。

（3）Scilab 拥有简明易用的编程语言，使得用户不仅可以在线定义各种函数，而且可以用自带的编辑器编写脚本文件或定义函数。应该指出的是，在 Scilab 中，函数是被当作数据对象来处理的，因而可以作为其他函数的输入或输出变量，这无疑会给解决数值积分、信号处理、系统控制等领域的问题带来方便。Scilab 提供开放式的编程环境，便于用户建立与 C 语言或 Fortran 语言程序的接口，因而易于增加 Scilab 的函数库或工具箱。

（4）Scilab 具有很强的图形显示能力，基本上实现了常规计算结果到图形显示的无缝链接，满足了广大科技工作者、教育工作者和大中专院校学生关于可视化直观平台的需求。

当然，与 Matlab 相比，Scilab 还有一定的差距，但是，Scilab 由于其开源性、免费性、良好的跨平台性，使其具备了茁壮成长的环境，相信经过广大科研工作者、程序开发爱好者的共同努力，Scilab 将会日益根深叶茂，终成参天大树。

1.1 Scilab 的界面和基本功能

1.1.1 主窗口

目前 Scilab 的最新版本为 6.1.1，以该版本为例，在 window 、linux 等操作系统的启动菜单内，单击 Scilab 图标，即可打开 Scilab 主程序窗口，如图 1－1 所示。

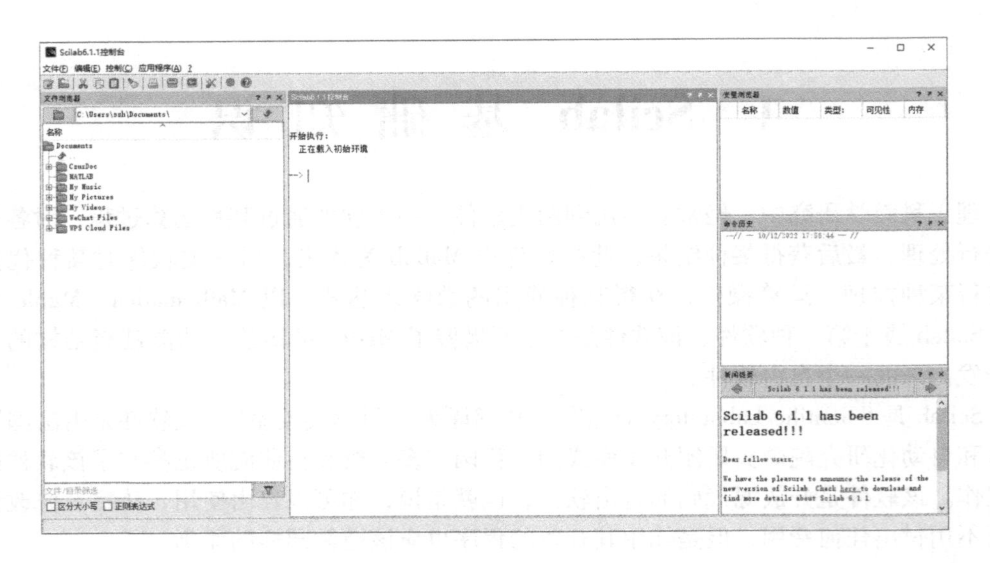

图 1－1 Scilab 的主窗口

该窗口主要由如下几部分组成：

1. 菜单栏

菜单栏主要由“文件”“编辑”“控制”等几个菜单组成，像任何一个拥有图形用户界面的程序一样，菜单栏主要由一系列负责文件的输入输出、脚本文件的编写、文字的处理和程序控制等类似功能的菜单组成，具体内容不再赘述。

2. 工具栏

工具栏是将菜单栏里面常用的功能以图标的形式展现出来，方便用户操作。主要有文字的复制、剪切、粘贴，文件的打开，SciNotes 的创建等。当鼠标在某一个图标上悬停时，Scilab 会给出该工具图标的功能提示。

3. 文件浏览器

文件浏览器用来查找或执行 SCI 脚本，位于主界面的左侧。里面以 Windows 文件管理器的表现方式，列举出了选定目录下的文件。用户可以在某个文件名上双击打开该文件。

4. 变量浏览器

变量浏览器位于主界面右侧上方，里面显示了在当前计算环境下定义的变量。包含变量的名称、内容、类型和作用范围等。每个变量名称前以图标的形式直观地标示变量类型。双击该图标，就会弹出如图 1－2 所示的变量编辑器。该编辑器类似于一个 Excel 表格，用户可以在里面对变量进行查看、修改、编辑等各种操作。

5. 历史命令

历史命令位于主界面右侧下方，里面显示了用户曾经键入过的所有命令。用户可以在控制台窗口工作时通过按键盘上的“↑↓”键在控制台里面重新循环显示历史窗口中的命

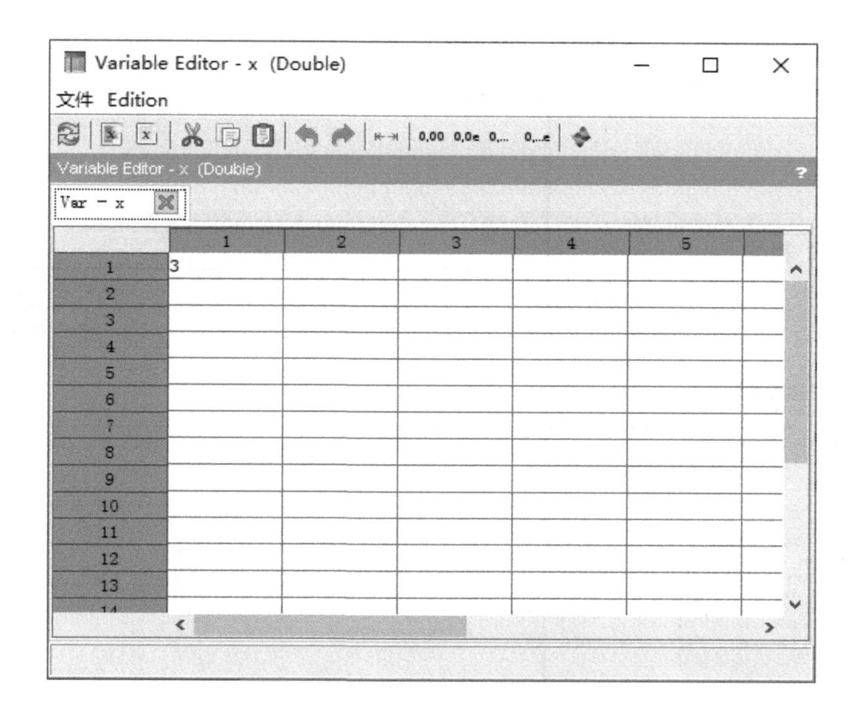

图 1-2 变量编辑器

令，并可以进行编辑，也可以按 Enter 键重新执行选定命令。也可以直接在命令窗口内某条命令的上方双击鼠标左键，重新执行该命令。

6. 控制台

该窗口是 Scilab 的用户进行人机交互对话的主要界面，也是命令或数据的输入输出窗口。在窗口里面有一个不断闪烁的‘-->’符号，在这个符号后面，用户可以输入相关的操作命令。

由于 Scilab 内置的命令非常多，用户不可能全部记住这些命令，如果用户忘记了某个命令或不知道某个命令怎么用，可以使用 Scilab 的帮助系统。

1.1.2 Scilab 的帮助系统

单击工具栏上的图 1-3 所示帮助浏览器图标进入帮助浏览器。

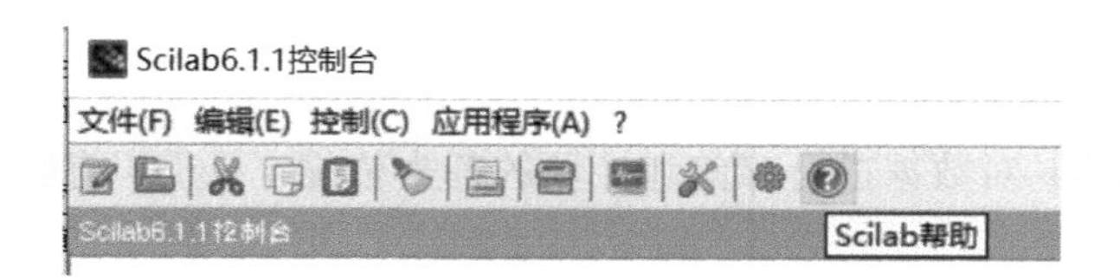

图 1-3 工具栏中的帮助浏览器图标

也可以在 Scilab 控制台里面键入如下命令：

```
-->help
```

Scilab 随即打开帮助窗口，如图 1 –4 所示。

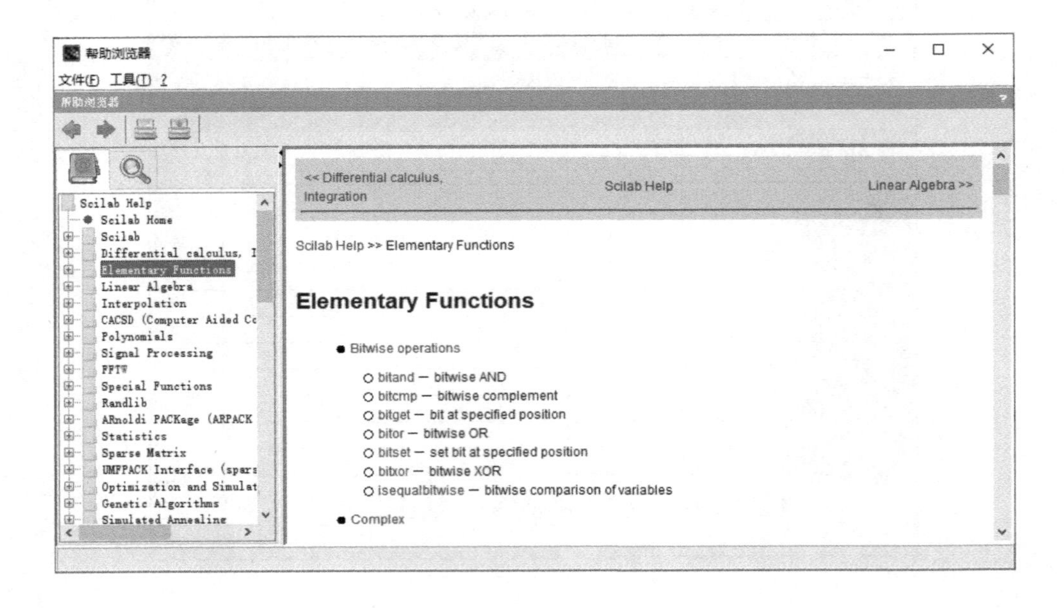

图 1 –4　帮助浏览器

该窗口又称帮助浏览器，在左侧有两个标签，分别是按内容索引和按输入值搜索。在图中按内容索引标签中，找到相应的条目并点击，则在右侧窗口会出现相应的说明文字，简要介绍了要使用的函数的语法说明，并给出了例子。

1.2　运算符、表达式和内置函数

Scilab 在执行用户的输入时，有两种模式：一种是交互模式，在该模式下，用户在控制台内输入命令，Scilab 经过解释执行后，立即在控制台内紧随用户输入返回结果，该模式适用于较简单的运算。另一种为脚本（函数）模式，可以在某个脚本（函数）内集成大量的命令，按各种受控制的流程执行，最终在控制台内输出脚本（函数）执行结果及其他用户想输出的结果。该模式适合处理复杂的任务。

本章内容在交互模式下进行。

1.2.1　数据类型

数据类型是 Scilab 对数据进行存储和处理的基本依据。Scilab 能够处理的常见数据类型如下：

1. 单一数据

（1）数值型。在其他语言里面，数值型往往区分为整型、浮点型等，Scilab 里面也有这种区分。但在科学计算中，我们一般都用浮点型数据，所以 Scilab 默认的数值型数据为双精度浮点数。在 Scilab 中，不用预先定义数据类型，软件会根据用户的输入自动指定类型。

（2）逻辑型。数值执行比较运算会反馈回一个结果，这个结果表明了这个比较运算表达式成立与否，以“真”或“假”表示。如果结果为“真”，则表明这个比较运算表达式成立，否则表明这个表达式不成立。有时候也用来表征性别、开关等仅具有两种状态的量。

逻辑型数据是布尔代数算式的运算对象和输出结果，广泛应用于各种选择流程的控制语句。

（3）字符型。用来表示如姓名、地址等文字信息的量。

2. 组合数据

如结构体数据，一张典型的 Excel 表就是一个结构体数据，其中的每一行可能会包含序号（数值型）、姓名（字符型）和性别（逻辑型）等数据。但在 Excel 表里，每一行称为一个记录。如果将 Excel 表除去表头，在 Scilab 中用一种特殊的数据结构表出，就叫结构体数据。具体论述本书后文中会有所述及。

其他组合数据类型本书不做讲解。

1.2.2 变量和表达式

用于接受和存储数据的可根据名称访问的对象称为变量，而对变量执行各种操作的运算符、变量名、函数名和辅助符号的组合体称为表达式。

在 Scilab 主窗口里面输入如下命令（注意：“//”及其以后的文字不用输入，在 Scilab 中，这是注释部分，Scilab 自动忽略这些信息，本书中所有命令将随时加以注释，除非特别需要，不再单独另外说明。另外，“-->”是 Scilab 提示符，无须键入），我们可以看到，Scilab 中的表达式可以是一个算式，如“1+1”，也可以是一个赋值过程，如“*a* = *ans*”，也可以是执行某个函数，如“*typeof*(*a*)”，还可以是执行某种比较运算，如“*c* > *b*”等。

```
 -->1+1     //Scilab将自动计算表达式“1+1”，由于没指定结果存储名，此结果将自
// 动赋给名为ans的变量，随后在该表达式后展示该变量内容。
 ans  =
 
     2.
 -->a=ans    //将变量ans中的值赋给变量a，注意此时a里面存储的是一个数字，此处
// = 在Scilab语言里是赋值号，表示将右侧的值赋给左侧的变量。
 a  =
 
     2.
 -->a    //键入某个变量名，Scilab展示该变量的内容。
 a  =
 
     2.
 -->typeof(a)   //查看变量a的数据类型。
 ans  =
```

```
"constant"
-->b=3;   //定义变量b并赋值，由于表达式后面跟";"，其结果不在控制台展示。
-->c=a-b;d=a*b;e=a/b;    //将多个表达式写在同一行，利用";"隔开，每个以
//";"结尾的表达式结果都不在控制台展示。
-->c=a-b,d=a*b,e=a/b;    //将多个表达式写在同一行，利用","隔开，每个以
//","结尾的表达式结果均在控制台展示。
 c  =
  - 1.
 d  =
    6.
-->flag=c>b    //执行c和b的比较运算，此时返回结果为F（假），说明c不大于b。
 flag  =
  F
```

相较于 C、Basic 等常用编程语言，Scilab 在进行数学运算时，不需要预先声明变量的类型，软件会根据用户对变量的赋值情况，自动确定变量的数据类型。在以上输入之后，用户查看变量浏览器，可以看到变量类型一栏中的显示，也可以通过变量前面的小图标快速获取变量类型。当前有双精度型和布尔型两种，更多的变量类型以后会陆续讲解。当然，Scilab 也可以对数据类型进行强制规定，本书不再赘述。

1.2.3 常量

为了输入指令和编制程序方便，Scilab 将科学计算中经常用到的常数定义为常量，在运算的过程中，常量只可以调用其数值，不能够对其进行赋值和修改。相较于 Matlab 的语法，Scilab 常量名称前面需要加% 。常见的常量见表 1－1。

表 1－1 Scilab 中常用常量

命令	功能	命令	功能
% i	虚单位	% pi	圆周率
% e	自然对数的底	% inf	无穷大
% nan	不是一个数或不确定的数，如 0/0	% t 或% T	逻辑真
% f 或% F	逻辑假	% eps	计算机能分辨的最小数

在 Scilab 控制台内键入如下命令查看圆周率 π：

```
-->%pi
%pi  =
    3.1415927
```

1.2.4 运算符

像小学学习的加减乘除操作一样，用某个符号将变量或数据连接起来，从而执行某种运算过程，这个符号就称之为运算符。在这个过程中，连接的变量可以是一个，如逻辑非～，也可以是两个或多个，如算式相加 +。变量的数据类型可以是数值，也可以是逻辑变量。

在 Scilab 主窗口中输入如下命令：

```
-->clear    //清除内存中所有的变量。
-->a=3;
-->c=a^2    //将a的2次方赋给c。
c  =
    9.
```

在本例中，“^”就是一个运算符，表示对变量 a 执行乘方操作。

适用于数值变量和逻辑变量的常用运算符见表 1－2。

表 1－2　适用于数值和逻辑变量的常用运算符

运算符	意义	运算符	意义
<>	不等于	+	加
<	小于	-	减
>	大于	*	乘
<=	小于等于	/	除
>=	大于等于	^	乘方
==	等于	&	逻辑与，乘
		逻辑或，加	=	赋值号
~	逻辑非		

在这些运算符中，比较运算符和代数运算符适用于数值型之间的运算，而逻辑运算符适用于逻辑变量之间的运算。在 Scilab 中键入如下命令，并对其进行分析。

```
-->x=18;y=60;m=16;n=45;
-->n>x&n<y;
-->m<x|m>y;
```

像任何一种编程语言一样，在处理一个表达式时，当遇到多个运算符时，会牵涉各个运算符处理的优先顺序问题。以表中列出的运算符为例，其优先顺序按下文群组序号递减，同一段落中的运算符按从左到右的顺序递减（部分相等，如乘除）。

（1）括号运算符：( )。

（2）算术运算符：^，*，/，+，-。

(3) 关系运算符：>，>=，<，<=，<>，==。

(4) 逻辑运算符：~，&，|。

(5) 赋值运算符：=。

如果不能确认优先顺序，请在需要优先运算的位置加括号。

1.2.5 初等函数

同其他很多编程语言一样，对于一些常用的初等函数，Scilab 进行了内置。其调用格式为：

output = fname(input)

其中 output 为函数的输出，可以不指定，此时默认输出到变量 *ans*。fname 为函数名，如 sin、cos 等。函数名后必须跟括号，这是与手写格式不同的地方。括号内的 input 为函数的输入参数，根据不同函数的要求按格式进行书写。以下命令分别计算了$\sqrt{a}$、$\sin(2\pi)$、e^a、$\ln a$：

```
-->b=sqrt(a)    //注意a前面已赋值，值为3。
b  =
    1.7320508
-->d=sin(2*%pi)    //由于计算机中π的精度限制，该值不严格为零。
d  =
  - 2.449D-16
//注意变量d是用科学计数法表示的，该表示法中字母D之后为科学计数法中的幂，此处为
//负值。
-->f=exp(a)
f  =
   20.085537
-->g=log(a)
g  =
    1.0986123
```

更多的常用数学函数见表 1-3，也可以点击 Scilab 主界面上的帮助浏览器图标，调出帮助浏览器，在按内容索引标签选中后，在 Scilab Help - Elementary Functions 目录下点击进行查看，里面详细列出了常用的初等函数信息及其使用规范。

表 1-3 常用的初等数学函数

命令	功　能	命令	功　能
acos	反余弦	cosd	以角度表示的余弦
acot	反余切	cotd	以角度表示的余切
acsc	反余割	cscd	以角度表示的余割

表 1-3（续）

命令	功　能	命令	功　能
asin	反正弦	sind	以角度表示的正弦
atan	反正切	tand	以角度表示的正切
cos	以弧度表示的余弦	cosh	双曲余弦
cot	以弧度表示的余切	coth	双曲余切
sin	以弧度表示的正弦	sinh	双曲正弦
tan	以弧度表示的正切	tanh	双曲正切
exp	以 e 为底的指数	log	自然对数
log10	常用对数	log2	以 2 为底的对数
sqrt	平方根	abs	绝对值或复数的模
conj	复数共轭	imag	复数虚部
real	复数实部	ceil	向上取整
fix	向零方向取整	floor	向下取整
round	四舍五入取整	sign	符号函数
modulo	求余函数		

1.2.6 复数

Scilab 中常用的加减、乘除、乘方、开方等操作可以直接应用于复数，并且由于 Scilab 中已经内置了虚单位 i，其书写非常方便。在 Scilab 主窗口中键入如下命令，观察 Scilab 对复数的处理情况。

```
-->sqrt(-1)    //对-1开平方，将看到Scilab将虚单位定义成常量i。

ans  =
    i
-->a=1+2*%i    //定义复数，注意%i表示虚单位常量。
a  =
    1. + 2.i
-->imag(a)    //获取复数a的虚部。
ans  =
    2.
-->real(a)    //获取复数a的实部。
ans  =
    1.
-->b=3+4*%i;a*b;b^0.5;    //复数的代数运算，不再显示结果。
```

```
-->abs(a)    //求复数a的模，注意，如果a是实数，则求解的是a的绝对值。
ans  =
    2.236068
```

在 Scilab 中未定义求取复数的辐角的内置函数，在实际应用中，可以利用虚部与实部的比值的反正弦来求取，如果定义为一个在线函数的话，可以在控制台内输入如下命令：

```
-->deff('[a]=angle(x)','a=atan(imag(x)/real(x))')
-->x=sqrt(3)+%i;
-->angle(x)
 ans  =
     0.5235988
```

1.3 向量和矩阵的输入及运算

Scilab 在进行数值运算的时候，以向量和矩阵为基本的运算单位。所谓向量，在此指的是按照一定顺序排列的一列或一行数据，类似于很多语言里面的一维数组，依据进行的运算不同，向量里面的每一个数本身和所在的位置被赋予不同的含义。而矩阵是按一定次序排列的多行多列的数据的组合。由此可以看出，向量实际上是一维的矩阵。

1.3.1 向量的生成

向量的生成有很多种方法：

1. 逐一列举方式

将数据用空格或逗号隔开书写，然后所有数据用方括号括起来，这些数据就会被定义为行向量。如果分隔符采用分号，这些数据则会被定义为列向量。

```
-->vecta=[3,3.5,100,0.01]
 //数据之间用“,”隔开，所有的数据用“[]”括起来。
  vecta  =
       3.     3.5     100.     0.01
-->vectb=[3 3.5 100 0.01]     //数据之间也可以用空格隔开。
  vectb  =
     3.     3.5     100.     0.01
-->vectf=[6;9;134;0.01]     //相对于行向量，此处用“;”隔开。
  vectf  =
     6.
     9.
     134.
     0.01
```

2. 冒号运算符生成等差数列

若向量为等差数列，可用如下方式定义：

listname = begin：step：end

其中 listname 为向量名，begin 为等差数列第一个数，step 为等差数列的步长（间隔），可以省略，此时步长为 1。end 为结束条件，向量的最后一个数不能大于 end。

```
-->vectc=1:0.4:3.1    //注意最后一个数未达到3.1。
 vectc  =
     1.    1.4    1.8    2.2    2.6    3.
-->vectg=1:5    //步长省略，默认为1。
 vectg  =
     1.    2.    3.    4.    5.
```

3. 用 linspace 函数生成等差数列

linspace 为 Scilab 内置函数，能够生成等差数列，其调用格式为：

listname = linspace（begin，end，num）

其他参数的意义同上，num 为生成的数列中数字的个数，如果该项缺省，默认生成 100 个数字。

```
-->vectd=linspace(1,7,4)
  vectd  =
      1.    3.    5.    7.
-->vecth=linspace(0,2*%pi);    //从0到2*pi生成100个数的等差数列。
```

4. 利用 logspace 函数生成等比数列

Scilab 内置函数 logspace 能够生成等比数列，其调用格式为：

listname = logspace（begin，end，num）

在这里 begin 和 end 均为指数，这意味着返回的向量的初值和结束值分别为 10^{begin}、10^{end}，num 为生成的数列中数字的个数，如果该项缺省，默认生成 100 个数字。

```
-->logvec1=logspace(1,7,4)
logvec1  =
    10.    1000.    100000.    10000000.
-->logvec2=logspace(0,2*%pi);    //从1到10^(2*pi)生成100个数的等差数列。
```

5. 采用以上形式的组合

```
-->vecte=[1,4:6 9]
 vecte  =
     1.    4.    5.    6.    9.
```

1.3.2 向量与集合运算

在工程研究中，经常需要对数据进行集合运算，Scilab 内置了常见的集合运算函数，见表1-4。

表1-4 集合运算函数

函数名	语法描述	功能解释
intersect	$[v[,k_a,k_b]]$ = intersect(a,b)	返回 a、b 共有的元素到向量 v k_a、k_b 中存储 v 中元素在 a、b 中出现的位置
member	$[n_b[$,loc$]]$ = members(N,H)	考察 N 中元素在 H 中的出现情况 nb 返回 N 中元素在 H 中的位置，loc 按位置返回 N 是不是 H 中的元素
setdiff	$[v,k_a]$ = setdiff(a,b)	返回 a 中有而 b 中没有的元素到向量 v v 在 a 中出现的位置返回到向量 k_a
union	$[v[,k_a,k_b]]$ = union(a,b)	返回 a、b 的并集到 v k_a 存储 a 中元素的索引号 k_b 存储 b 中有而 a 中没有的元素的索引号
unique	$[N[,k]]$ = unique(M)	将 M 唯一化后赋给 N k 中存储 N 中元素在 M 中的索引号

在控制台内键入如下命令，研究集合函数的使用规则：

```
-->a=[1,3,5,6,8];b=[3,7,8,9];
-->[v,ka,kb]=intersect(a,b)
 kb  =
     1.    3.
 ka  =
     2.    5.
 v  =
     3.    8.
```

//v是a,b共有的元素，k_b是v在b中出现的位置，k_a是v在a中出现的位置。

```
-->[nb ,loc] = members(a, b)
 loc  =
     0.    1.    0.    0.    3.
 nb  =
     0.    1.    0.    0.    1.
```

//loc中存储的是a中的元素在b中出现的位置，n_b按位置指示a中元素是否属于b。

```
-->[v,ka]=setdiff(a,b)
 ka  =
     1.    3.    4.
```

```
 v  =
     1.    5.    6.
```

//v中存储的是a中有而b中没有的元素，k_a存储的是v在a中出现的位置。

```
-->[v ,ka, kb]  = union(a,b)
 kb  =
     2.    4.
 ka  =
     1.    2.    3.    4.    5.
 v  =
     1.    3.    5.    6.    7.    8.    9.
```

//v中存储的是a,b的并集，k_a存储的是a中元素索引号，k_b存储的是b中有而a中没有的元
//素的索引号。

```
-->c=[0,0,1,2,8,0,1];
-->[N,k]=unique(c)
 k  =
     1.    3.    4.    5.
 N  =
     0.    1.    2.    8.
```

//将c唯一化后付给N，k中存储的是N中元素在c中的位置。

1.3.3 矩阵的生成

1. 逐一列举式

类似于向量的生成，同一行的数据用“,”或空格隔开，行和行之间的数据用“;”隔开，所有的数据用方括号包围起来。如下列示例：

```
-->mata=[1,2,3;4,8,99;0.1,0.3,0.008]
  mata  =
      1.     2.     3.
      4.     8.     99.
      0.1    0.3    0.008
```

也可以逐行输入，每一行可以采用任意一种向量生成方法，但要注意每一行的元素个数相等。

```
-->metb=[1:4    //按回车，注意一开始有一个左侧中括号。
-->2 8 0 12    //按回车。
-->linspace(0,1,4)]    //按回车，注意最后一个右侧中括号不能遗漏。
  metb  =
     1.    2.           3.           4.
```

```
   2.    8.          0.          12.
   0.    0.3333333   0.6666667   1.
```

2. 分别生成不同的行，然后拼合成矩阵

也可以先生成不同的列，再拼合成矩阵。如果 a 和 b 是不同的列，可按 ［a，b］ 的形式拼合成一个矩阵。

```
-->a=linspace(1,7,4);
-->b=3:0.5:4.9
 b  =
   3.    3.5    4.    4.5
-->metc=[a;b]    //将a和b两个不同的行拼合成一个矩阵。
 metc  =
   1.    3.     5.    7.
   3.    3.5    4.    4.5
```

3. 利用特殊函数生成矩阵

```
-->metd=rand(3,4)
 //利用函数rand生成3行4列的矩阵，该矩阵每个元素均为介于0到1之间的随机数。
  metd  =
    0.7263507   0.2320748   0.8833888   0.9329616
    0.1985144   0.2312237   0.6525135   0.2146008
    0.5442573   0.2164633   0.3076091   0.312642
```

更多的特殊函数及用法参见表 1－5。

表1－5 矩阵生成函数

函数名	语法格式	功能介绍
zeros	zeros(m,n)	生成 m 行 n 列的全零矩阵
	zeros(A)	生成与矩阵 A 行数和列数相等的全零矩阵
ones	ones(m,n)	生成 m 行 n 列的全 1 矩阵
	ones(A)	生成与矩阵 A 行数和列数相等的全 1 矩阵
eye	eye(m,n)	生成 m 行 n 列的单位矩阵，该矩阵除自左上角开始的对角线为 1 外，其余全为零
	eye(A)	生成与矩阵 A 行数和列数相等的单位矩阵
rand	rand(m,n)	生成 m 行 n 列的随机矩阵，该矩阵所有元素介于 0 到 1 之间
	rand(A)	生成与矩阵 A 行数和列数相等的随机矩阵
diag	diag(M)	取矩阵 M 的对角线，生成一个向量
	diag(V)	将向量 V 对角化生成一个矩阵

4. 利用变量编辑器直接填入矩阵的各元素

假如要生成的矩阵名为 x，可以先在主控制台里面给 x 赋任意初值。然后双击变量浏览器中该变量名称前面的小田字格，随后会弹出变量编辑器窗口，这个窗口里面变量以 Excel 表的形式给出。用户可以像编辑 Excel 表格一样对变量进行编辑。

1.3.4 矩阵的运算

此处矩阵的运算指的是矩阵的加减乘除等操作，矩阵的运算有两种，分别是普通运算和点运算（表 1－6）。

表1－6 矩阵的运算符

运算符	功能描述
+	相同尺寸的矩阵的对应位置的元素相加
-	相同尺寸的矩阵的对应位置的元素相减
*	符合条件的矩阵相乘
.*	相同尺寸的矩阵的对应位置的元素相乘
a/b	符合条件的矩阵相除，注意是左边的除以右边的，相当于 $a*\text{inv}(b)$
./	相同尺寸的矩阵的对应位置的元素相除
a\b	符合条件的矩阵相除，注意是右边的除以左边的，相当于 $\text{inv}(a)*b$
.\	相同尺寸的矩阵的对应位置的元素相除
^	方阵的乘方
.^	矩阵的元素乘方

在 Scilab 主窗口键入如下命令，注意比较点运算和普通运算的异同。

```
-->matx=[1 7 3;2 4 5;0.1 0.2 9]
matx  =
   1.      7.      3.
   2.      4.      5.
   0.1     0.2     9.
-->maty=[2 5 3;3 2 9;0.4 0.01 11]
maty  =
    2.      5.       3.
    3.      2.       9.
    0.4     0.01     11.
-->matx+maty    //矩阵相加就是矩阵对应位置元素相加。
```

```
ans  =
    3.     12.     6.
    5.     6.      14.
    0.5    0.21    20.
-->matx-maty    //矩阵相减就是矩阵对应位置元素相减。
ans  =
 - 1.    2.      0.
 - 1.    2.    - 4.
 - 0.3   0.19  - 2.
-->matx.*maty    //矩阵的点乘就是矩阵对应位置元素相乘。
ans  =
    2.      35.     9.
    6.      8.      45.
    0.04    0.002   99.
-->matx*maty    //矩阵的普通乘法，读者可参考线性代数上的定义自行验算。
ans  =
    24.2    19.03   99.
    18.     18.05   97.
    4.4     0.99    101.1
-->matx./maty    //矩阵的点除就是矩阵对应位置元素相除，注意斜杠下侧是除数。
ans  =
    0.5          1.4    1.
    0.6666667    2.     0.5555556
    0.25         20.    0.8181818
-->matx/maty    //等同于matx*inv(maty)。
ans  =
    1.7650962  - 0.9154422    0.5403356
    0.7358991    0.1596360    0.1232344
    0.1006636  - 0.1562518    0.9185705
-->matx*inv(maty)
ans  =
    1.7650962  - 0.9154422    0.5403356
    0.7358991    0.1596360    0.1232344
    0.1006636  - 0.1562518    0.9185705
-->matx.\maty    //矩阵的点除就是矩阵对应位置元素相除，注意斜杠下侧是除数。
ans  =
```

```
    2.      0.7142857    1.
    1.5     0.5          1.8
    4.      0.05         1.2222222
-->matx\maty   //相当于inv(matx)*maty。
ans  =
    1.2342857  - 0.5763429    2.3268571
    0.0971429    0.8010286  - 0.4205714
    0.0285714  - 0.0102857    1.2057143
 -->inv(matx)*maty
ans  =
    1.2342857  - 0.5763429    2.3268571
    0.0971429    0.8010286  - 0.4205714
    0.0285714  - 0.0102857    1.2057143
-->matx.^2   //矩阵的点乘方就是每个元素进行乘方运算。
ans  =
    1.       49.      9.
    4.       16.      25.
    0.01     0.04     81.
-->matx^2   //相当于matx*matx。
ans  =
    15.3     35.6     65.
    10.5     31.      71.
    1.4      3.3      82.3
```

1.4 数据的基本处理技术

1.4.1 矩阵的形式变换和外在特性

此处矩阵的操作指的是对矩阵进行转置、旋转、重排等操作，这些操作主要改变的是矩阵里面的数据的相对次序，而不牵涉数据之间的运算。这些操作有的是以操作符的形式出现，有的是以函数的形式出现，现大致介绍如下：

```
-->mymat=[1:3;4:6;11,23,45]
 mymat  =
    1.      2.      3.
    4.      5.      6.
    11.     23.     45.
-->mymat'   //在矩阵名后面加小撇号，求矩阵的转置。
```

```
 ans  =
    1.   4.   11.
    2.   5.   23.
    3.   6.   45.
-->size(mymat)   //该命令返回矩阵的行数和列数，注意返回结果是一个向量。
 ans  =
    3.   3.
-->length(mymat)
 //该命令返回矩阵的总的元素的个数，相当于prod(size(mymat))。
 ans  =
    9.
-->matz= [1,2,2;9,3,99 ];
-->mtran=matrix(matz,3,2)   //将矩阵重排成3行2列的形式。
 mtran  =
    1.   9.
    2.   3.
    2.   99.
-->ax=diag(mtran)    //如果mtran是矩阵，返回对角线。
 ax  =
    1.
    3.
-->diag(ax)   //如果ax是向量，扩充成矩阵。
 ans  =
    1.   0.
    0.   3.
```

更多的关于矩阵的函数和操作参看帮助系统。

1.4.2 矩阵的数值特性求取

对矩阵里面的数据利用某种规律进行运算，从而求取矩阵的某些特性，在线性代数中经常进行类似的操作。在 Scilab 中输入如下命令：

```
-->inv(mymat)   //求矩阵mymat的逆矩阵，一般在解线性方程组时用。
ans  =
 - 2.9          0.7          0.1
   3.8        - 0.4        - 0.2
 - 1.2333333    0.0333333    0.1
-->det(mymat)   //矩阵mymat对应的行列式的值。
```

```
ans  =
  - 30.
-->cond(mymat)   //矩阵mymat的条件数。
ans  =
    262.35957
-->rank(mymat)   //矩阵mymat的秩，反映了矩阵线性不相关的程度。
ans  =
    3.
```

1.4.3 矩阵元素的位置索引

矩阵里面的每一个元素，都有一个相对位置，这个位置可以是一个排队号（假设把矩阵里面的列按列号依次竖向连在一起，则每个元素在这个新的生成列里面有个顺序号），也可以是行、列坐标。无论用哪一种相对位置，Scilab 均可以根据这个位置将对应的元素查找出来。这种根据位置查找矩阵中的元素的过程，称之为矩阵的位置索引。

1. 矩阵的单参数索引

矩阵的单参数索引就是根据单一的参数（即排队号，可以是一个整数，也可以是一个向量）确定出对应元素的过程。假定有一个 m 行 n 列的矩阵，则左上角的元素的单参位置（排队号）为 1，在该列里面的数字位置依次向下加 1，左下角的位置号为 m。第二列第一个数字的位置号为 $m+1$，按同样的规则，第二列最后一个数的位置号为 $2m$。最后一列第一个数字的位置号为 $(n-1)\times m+1$，右下角的数字位置为 $n\times m$。

```
-->matnow=floor(rand(3,4)*10)
 //3行4列的随机矩阵，里面每个元素乘以10，然后向下取整，赋给矩阵matnow。
 matnow  =
     2.     3.     8.     0.
     7.     6.     6.     5.
     0.     6.     8.     6.
-->matnow(2)   //索引矩阵matnow的第2个元素。
 ans  =
     7.
-->matnow(3:6)   //索引矩阵的第3到6个元素。
 ans  =
     0.
     3.
     6.
     6.
-->matnow($);   //索引矩阵的最后一个元素，注意$表示最后一个的意思。
```

2. 矩阵的双参数索引

该索引方式有两个输入参数，第一个参数指定行，第二个参数指定列，每一个参数都应该是合乎语法要求的向量，两个参数之间用逗号隔开。

```
-->matnow(2,3)    //索引矩阵第2行第3列元素。
 ans  =
      6.
-->matnow(:,[1,4])    //不指定行，只指定索引第1列和第4列。
 ans  =
      2.    0.
      7.    5.
      0.    6.
-->matnow(3,:)   //索引第三行的所有元素。
 ans  =
      0.    6.    8.    6.
-->matnow(:,$);   //索引最后一列所有元素。
```

从以上实例可以看出，无论是单值索引还是行列索引，在需要指定索引的列数值或行数值的时候，所有生成向量的方法都可以使用。

矩阵的双参数索引中，行和列的分隔符是逗号，向量的逐一列举生成法中，同一行内的数据分隔符也是逗号。所以当矩阵的索引地址用向量逐一列举生成法表示时，非常容易引起混淆。为消除混淆，现将分辨单参数索引和双参数索引的规律总结如下：

（1）先寻找标志性的逗号，如果没有，则可能是类似于如下格式的单参数索引 $a(2:6)$。

（2）如果有逗号，看这个逗号是否在中括号内，如果是，比如 $a([1,2,3])$，这是用直接输入法向量当地址的单参数索引，先列后行。

（3）如果这个逗号不在中括号内，如 $a(1:3,:)$，逗号前面表示检索的行，逗号后面表示检索的列。

1.4.4 矩阵元素的赋值和删除

矩阵的赋值就是改变矩阵中某个位置数据的值，而矩阵的删除指的是将矩阵的某些数据删除。无论执行哪种操作，均需先将所要执行操作的数据的位置用索引的方式表示出来。

```
 -->matnow(4,:)=[]
//将第4行删除，注意删除其实就是赋空值，此处[]中间不能有空格。
 matnow  =
     2.    3.    8.    0.
     7.    6.    6.    5.
     0.    6.    8.    6.
```

```
-->matnow(5)=0.01    //将矩阵第5个元素改写成0.01。
matnow  =
     2.    3.       8.    0.
     7.    0.01     6.    5.
     0.    6.       8.    6.
-->matnow(6:7)=-9    //将矩阵第6到第7个元素改写成-9。
matnow  =
      2.    3.    - 9.    0.
      7.    0.01    6.    5.
      0.  - 9.      8.    6.
-->matnow(:,3)=[5 5.5 5.6]'    //将第三列索引出来，用指定列代替。
 matnow  =
    2.    3.       5.     0.
    7.    0.01     5.5    5.
    0.  - 9.       5.6    6.
-->matnow([9,11])=[33 44]
//用单参数索引将第9个和第11个数索引出来，并分别赋值。
 matnow  =
    2.    3.       5.     0.
    7.    0.01     5.5    44.
    0.  - 9.       33.    6.
```

需要注意的是，在赋值时，可以将某一单一数值赋给多个索引位置，如上面所示。也可以将多个索引位置的数据分别赋值，此时需逐一指定每个对应位置要赋值的数据，并且一定要保证索引的数据量和赋值的数据量相等，如果出现下列的赋值表达式，系统会报错。

```
-->matnow(6:7)=[-9,6,8]    //将三个数据赋给两个位置，系统会提示错误。
```

1.4.5 矩阵元素的条件索引

前面的矩阵元素的位置索引，是按照给定的元素位置，在矩阵里面查找对应的元素值，并执行赋值、删除等操作。有时候，我们需要按照某些特殊条件来查找矩阵中的元素，这时候就需要用到条件索引。条件索引一般是根据矩阵的比较运算结果来实现的，现在通过一些具体的例子来进行讲解。

下面的例子演示了如何在矩阵中查找出值大于 5 的元素，并给出这些元素的值和位置。

```
--> matnow=[3,4,5,6;2,3,4,4;5,5,2,9]
 matnow  =
```

```
   3.    4.    5.    6.
   2.    3.    4.    4.
   5.    5.    2.    9.
-->matnow>5
//对矩阵中的元素逐一进行比较运算，结果矩阵里面在相应位置设置逻辑真或逻辑假。
ans  =
   F F F T
   F F F F
   F F F T
```

我们可以看到，经过上述的比较运算，矩阵 matnow 里面的每个数据都同数字 5 进行了比较，生成了一个由逻辑型变量组成的与矩阵 matnow 同维度的矩阵。如果该矩阵中某个元素为 F，则表明该处的比较结果为假，也就是 matnow 中对应元素不大于 5。反之，如果该矩阵中某个元素为 T，则表明该处的比较结果为真，也就是 matnow 中对应元素大于 5

相较于上述结果，我们更想知道具体满足大于 5 这一条件的具体有哪些数字，这就是我们要介绍的条件索引。在条件索引时，我们想知道如下两个信息：

1. 符合条件的数据的值

在控制台中输入如下命令：

```
-->matnow(matnow>5)    //如果检索条件矩阵（即上一个命令里面的F和T组成的矩阵），如果对应位置为真，则输出matnow矩阵里面这个位置的元素值。
 ans  =
   6.
   9.
```

应该认识到，matnow（matnow＞5）这一检索语句中的输入，不像前面一样是位置信息，而是与 matnow 同维度的逻辑型变量矩阵。在这种索引输入时，Scilab 会将逻辑型变量矩阵中值为真（T）的元素所对应的位置先取出来，然后根据这个位置将 matnow 中的对应元素检索出来。从而输出满足条件的数据的值。

如对下面一个数组，要想得到第二个和第三个元素，可以有两种方式，在控制台里键入如下命令，加深对按逻辑值进行索引的印象：

```
-->x=[2,3,5,6,9];
-->x(2:3)   //按位置检索出第二个和第三个数。
 ans  =
    3.    5.
-->logindex=[%f,%t,%t,%f,%f]   //注意第二个和第三个元素为逻辑真。
 logindex  =
  F T T F F
-->x(logindex)   //将逻辑真所在位置（第二个，第三个）的x中的元素检索出来。
```

```
ans  =
   3.    5.
```

2. 符合条件元素所在的位置

如果想获得按照先列后行的顺序得到的单个数字表示的元素位置，可以按如下命令获取：

```
-->loc=1:length(matnow);
-->loc2=matrix(loc,3,4)
   loc2  =
      1.    4.    7.    10.
      2.    5.    8.    11.
      3.    6.    9.    12.
 //以上两个命令生成矩阵位置对照表。
 -->loc2.*(matnow>5)
 //将不符合条件的位置赋零值，从而得到按条件检索得到的数据的位置表。
   ans  =
     0.   0.   0.   10.
     0.   0.   0.   0.
     0.   0.   0.   12.
```

如果想获取符合条件的数据的行列信息，需要用到 meshgrid 函数，该函数的语法如下：

```
 [X, Y] = meshgrid(x,y)
```

其中，x、y 为给定的横坐标和纵坐标的取值列表，均为行向量。经过该函数处理后，输出的 $\boldsymbol{X}$ 为一个矩阵，该矩阵的每一行存储的都是 x 原来的内容，但是拓展到多行，这个行的数量与 Y 的元素个数相等。输出的 $\boldsymbol{Y}$ 也是一个矩阵，该矩阵的每一列存储的都是 y 的内容，但是拓展到多列，这个列的数量与 x 中的元素个数相等。这个函数在绘制曲面图时非常重要。

举例如下：

```
-->x=1:3;
-->y=2:5;
-->[X,Y]=meshgrid(x,y)
  Y  =
      2.    2.    2.
      3.    3.    3.
      4.    4.    4.
      5.    5.    5.
```

```
 X  =
    1.    2.    3.
    1.    2.    3.
    1.    2.    3.
    1.    2.    3.
```

使用 meshgrid 函数，预先制定矩阵的位置表，然后利用前面的逻辑值矩阵，经过一系列的变换，即可获得符合条件的数值的双参数表示的元素位置。

```
-->rowvec=1:3;
-->colvec=1:4;
-->[col,row]=meshgrid(colvec,rowvec)
 row  =
    1.    1.    1.    1.
    2.    2.    2.    2.
    3.    3.    3.    3.
 col  =
    1.    2.    3.    4.
    1.    2.    3.    4.
    1.    2.    3.    4.
-->row.*(matnow>5)
 ans  =
   0.   0.   0.   1.
   0.   0.   0.   0.
   0.   0.   0.   3.
-->col.*(matnow>5)
 ans  =
   0.   0.   0.   4.
   0.   0.   0.   0.
   0.   0.   0.   4.
```

1.4.6 稀疏矩阵

假定有一个大规模矩阵，其中绝大部分数据是相同的（比如都为 0），仅有极少部分数据存在差异，这种矩阵一般称为稀疏矩阵。这种矩阵如果按照常规的储存方式，将造成大量的存储空间浪费，为此 Scilab 专门设计有稀疏矩阵的存储和转换方式，用来节省存储空间。除了存储方式和表达方式不同，这种矩阵使用起来与正常矩阵没有差别。

1.4.7 稀疏矩阵的存储方式

1. 按邻接关系存储

按提示在控制台里进行如下输入，注意仔细阅读注释信息。

```
//假定我们按逐一输入法输入如下矩阵：
-->X = [0 0 4 0 9
-->0 0 5 0 0
-->1 3 0 7 0
-->0 0 6 0 10
-->2 0 0 8 0];
//用一个5行1列的向量存储每列的非零元素个数。
-->numcol=[2,1,3,2,2]';
//将该向量表示成以1开头的另一个向量的差值形式。
-->xadj=cumsum([1;numcol])
 xadj  =
    1.
    3.
    4.
    7.
    9.
    11.
//用另一个向量表示出非零数字在某列中出现的位置(按排队号的先后给出数字出现的行号)。
-->iadj = [3 5 3 1 2 4 3 5 1 4]';
//最后用一个列项量表示非零数字的具体值，其顺序按前面单参数索引的先后顺序。
-->v = [1 2 3 4 5 6 7 8 9 10]';
```

这样，向量 x_{adj}、i_{adj} 和 v 共同作用，就可以表示出一个稀疏矩阵。

我们可以看到，向量 i_{adj} 和 v 是同维度的，分别表示非零数字出现的行号和元素的具体值。而 x_{adj} 表现为以 1 开头的每列非零数字个数的累加和的形式。这样做的好处是：将这三个变量用于将稀疏矩阵变换成普通形式矩阵时，考察 x_{adj} 的元素，如果呈递增关系的话，x_{adj} 的元素存储的是 i_{adj} 和 v 中对应数据的每一列的第一个非零值的索引号。如果相邻元素不增加，表明第二个相同元素所对应的列里没有非零元素。总之，这样表征对于数据的处理比较方便。

2. 按非零元素行列号进行存储

这种方式中每个非零元素均需要三个信息进行存储：行号、列号和非零元素值。在控制台内键入如下命令，注意仔细阅读注释信息。

```
-->A=spzeros(5,5);
//生成5行5列的全零稀疏矩阵。注意该矩阵在变量浏览器里面的图标，该变量不能在变量
```

```
//编辑器里面编辑。
-->A(1,[3,5])=[4,9];
-->A(2,3)=5;
-->A(3,[1,2,4])=[1,3,7];
-->A(4,[3,5])=[6,10];
-->A(5,[1,4])=[2,8];
//以上分别对稀疏矩阵A中的非零位置赋值。
-->A    //查看A，注意它存储的内容。
 A  =
(    5,    5) sparse matrix
(    1,    3)          4.
(    1,    5)          9.
(    2,    3)          5.
(    3,    1)          1.
(    3,    2)          3.
(    3,    4)          7.
(    4,    3)          6.
(    4,    5)          10.
(    5,    1)          2.
(    5,    4)          8.
```

1.4.8 稀疏矩阵的转换

对于稀疏矩阵而言，普通形式和按照异常元素（相对于背景元素，比如0或1）行列号存储的稀疏矩阵可以直接参与矩阵运算，按照邻接关系存储的稀疏矩阵不能直接进行矩阵运算，但在编程时，使用更加灵活。因此，在处理不同的任务时，需要将三种矩阵形式进行灵活转换。

表1-7中列出了从左侧列中列举的稀疏矩阵形式向顶端行中列举的稀疏矩阵形式转换时所用的转换函数。空白处表示没有这个函数或同种矩阵不需要转换。

表1-7 稀疏矩阵转换函数

	Normal	Adj	Sp
Normal			sparse
Adj			adj2sp
Sp	full	sp2adj	

在控制台中键入如下命令，练习稀疏矩阵的相互转换：

```
-->[xadj,iadj,v]=sp2adj(A);
//按行列存储的稀疏矩阵转换为按邻接关系存储。
-->Xnorm=full(A)   //转化为普通矩阵。
 Xnorm  =
    0.    0.    4.    0.    9.
    0.    0.    5.    0.    0.
    1.    3.    0.    7.    0.
    0.    0.    6.    0.    10.
    2.    0.    0.    8.    0.
-->A2=sparse(Xnorm)   //普通矩阵转化为稀疏矩阵。
 A2  =
(    5,    5) sparse matrix
(    1,    3)          4.
(    1,    5)          9.
(    2,    3)          5.
(    3,    1)          1.
(    3,    2)          3.
(    3,    4)          7.
(    4,    3)          6.
(    4,    5)          10.
(    5,    1)          2.
(    5,    4)          8.
-->A3=adj2sp(xadj,iadj,v)   //邻接关系存储转化为按行列号存储。
 A3  =
(    5,    5) sparse matrix
(    1,    3)          4.
(    1,    5)          9.
(    2,    3)          5.
(    3,    1)          1.
(    3,    2)          3.
(    3,    4)          7.
(    4,    3)          6.
(    4,    5)          10.
(    5,    1)          2.
(    5,    4)          8.
```

2 Scilab 程序设计及复杂数据处理

迄今为止，我们利用 Scilab 所做的都是比较简单的、一次性的运算，均采用在控制台人机交互的方式进行。用户在 Scilab 控制台中通过键盘输入简单的指令行，计算机对该指令进行解释并执行，然后返回相应的执行结果。这种交互方式简单、快捷，但是对于比较复杂的问题，这种直接交互方式的弊端就显示出来了。首先，这种方式不利于修改调试，其次，这种方式对循环、判断等复杂的程序结构支持不够好。利用脚本文件或函数进行编程，解算相应的复杂问题，能很好地解决这一问题。

无论是脚本文件还是函数文件，都是用 ASCII 码编写的文本文件，因此，只要能进行文本编辑的程序都可以用来进行 Scilab 脚本文件和函数的编制，只要在存储的时候将文件扩展名设为“. sci”即可。

Scilab 附有自己的文本编辑器 SciNotes，用户可以单击菜单栏中的“应用程序”项，利用弹出的文本编辑器 SciNotes 来编辑脚本文件。该文本编辑器的界面如图 2－1 所示。

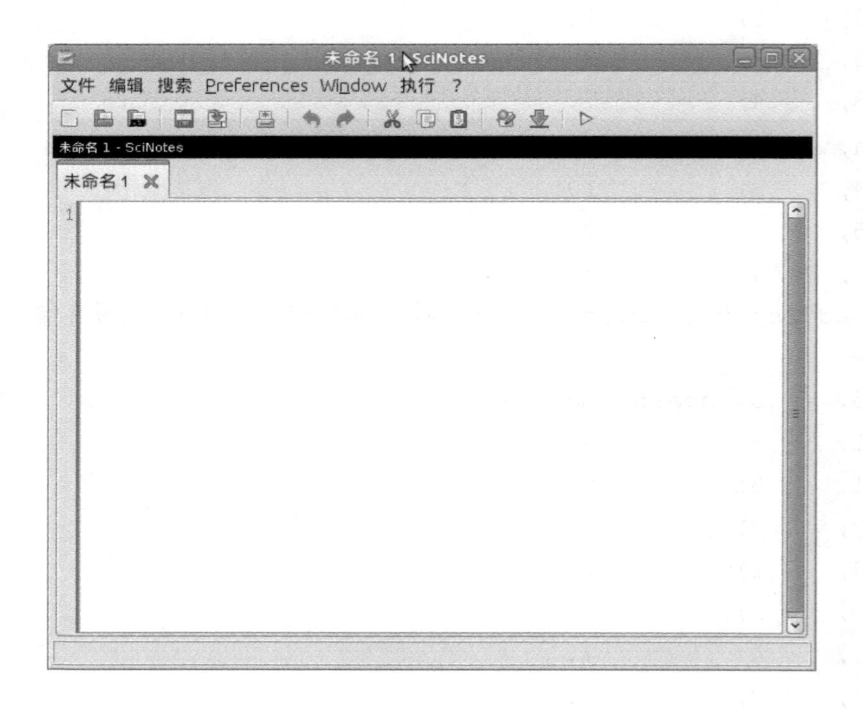

图 2－1 SciNotes 界面

2.1 函数和脚本

2.1.1 脚本文件的创建和使用

脚本文件是用户在编辑器窗口自己编写的程序文件，它是一些函数与指令的组合，没有输入输出参数，其扩展名为“. sci”，它可以在 Scilab 环境中直接执行。我们在前面章节介绍的需要多行输入的交互式程序指令都可以放在脚本文件里。

关于脚本文件，有如下几点需特别注意：

（1）脚本文件其实就是指令行与程序行的集合体。就每一个指令行或每一个程序行而言，它与 Scilab 控制台中键入的指令行或表达式完全等效，只不过在脚本文件内将这些指令行与表达式进行了集成，因而更紧凑、简洁和更有条理，执行时一次全部执行完。

从这个角度讲，脚本文件类似于 Windows 操作系统下的批处理文件（以 . bat 为扩展名的文件）。

（2）脚本文件的扩展名一般均为“. sci”。

（3）脚本文件允许出现以“//”开头的注释行。注释行的功能是使用户易于理解脚本的功能或输入输出数据的相关信息。脚本文件是否有或有多少注释行并不影响程序的功能，它存在的意义在于使相应的语句行更容易被人理解，以便对程序进行调试和修改，计算机本身并不执行注释语句。

（4）Scilab 允许一行包括多个指令或语句，但指令之间必须用“;”或“,”隔开，使用“;”结尾的语句，Scilab 主窗口将不显示计算结果，使用“,”结尾的语句，Scilab 主窗口中将显示该语句的计算结果。Scilab 还允许一个指令或语句写多行，以解决一行写不完此指令或语句的矛盾。在这种情况下，应该使用续行号“…”接在所要续行的末尾，用以指示下一行为此行的继续。Scilab 对续行的多少没有限制。

（5）既然脚本文件就是指令行与程序语句的集合，其中当然可以调用函数或其他脚本文件，但是应该注意的是，脚本文件不能调用自身，意即不具备递归调用功能。

（6）在运行新文件时，一般建议对 Scilab 工作空间中的变量及图形窗口进行清除处理，例如可以使用指令 clear 和 clf（）来分别完成上述任务。在对脚本文件进行调试的时候，还可以使用 pause、resume 和 return 等指令。这些指令便于人机对话，查看计算中出现的各种现象或显示有关的数据。

以下实例演示了如何用脚本绘制井巷阻力特征曲线：

例 2－1 已知通风阻力定律 $h_r = RQ^2$，编写一个脚本，分别绘制 $R = 0.5\ \mathrm{Ns^2/m^8}$ 和 $R = 0.25\ \mathrm{Ns^2/m^8}$ 时的井巷阻力特征曲线，其中 Q 的取值范围为 0～40 $\mathrm{m^3/s}$。

打开 SciNotes，在其中键入如下脚本：

```
Q=0:40;
R1=0.5;R2=0.25;
hr1=R1.*Q.^2/1000;
hr2=R2.*Q.^2/1000;      //单位为千帕。
plot(Q,hr1,'-.',Q,hr2,':')      //绘图函数，本书后面的章节会有讲解。
```

```
legend('R=0.5Ns^2/m^8','R=0.25Ns^2/m^8')    //添加图例。
```

图2-2 保存并执行工具栏图标

可以通过如下几种方式执行该脚本：

（1）在 SciNotes 环境下，在菜单栏里面依次点击“执行”“保存并执行”（等效快捷键为 F5）。

（2）在 SciNotes 环境下，点击图 2-2 所示图标。

（3）在控制台里面，键入“exec. lename. sci”执行。注意文件名一定要写全，包含后缀，分隔符。

绘制出的图像如图 2-3 所示。

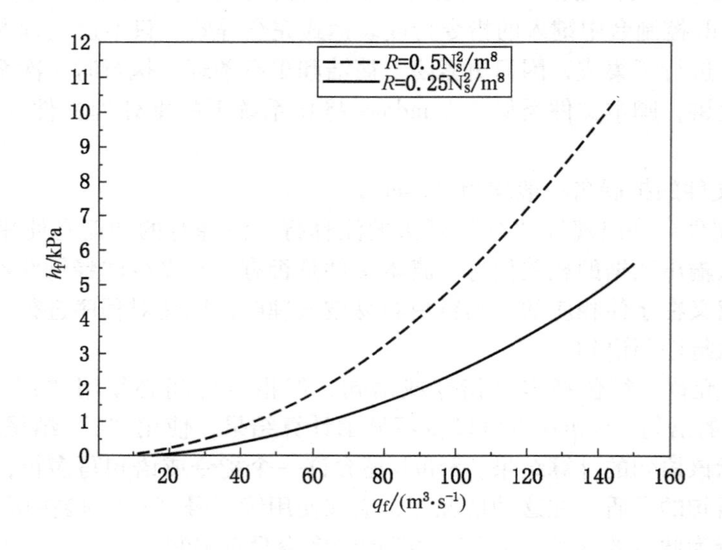

图2-3 井巷阻力特性曲线

使用 Scilab 内置的函数，如 sin(x)、sqrt(x) 等，极大地方便了科学计算。所谓函数，就是按照一定语法规则写出的、功能相对独立的、具有输入与输出参数的程序段。如果在一项工作中，需要在不同时刻或不同场合对不同的数据进行雷同的处理，则应将处理此类问题的、功能相对独立的程序段写成函数，以便在后续使用时调用。

在 Scilab 中，函数的定义有两种方式，一种是主窗口定义方式，另外一种是程序文件方式。现分别介绍如下。

2.1.2 主窗口定义函数

Scilab 用户可以在 Scilab 主窗口内直接定义函数，定义方式有 deff 和 function - endfunction 两种。从使用角度讲，一般只推荐使用 deff 方式，其一般形式为：

```
deff('[s1,s2,...]=fname(e1,e2,....)',text [,opt])
```

上式中各参数与功能说明如下：

deff：关键字（注意，deff 的本质是一个函数名，这是一个用于生成自定义函数的内置函数），用于表明要定义函数。

fname：被定义函数的函数名，由用户自己决定，应是以英文字母开头的英文字母与数字的组合字符串。但要避开 Scilab 中的关键字及已定义的函数名。

s_1，s_2：函数的输出变量。

e_1，e_2：函数的输入变量。

text：函数体，为一个字符串，其中的每一个元素都是一指令或语句。换言之，text 的内容是一个指令或语句序列，但以字符串形式出现。

opt：可供选择的字符串，具体使用方法请参考帮助文档。

用这种方式定义的函数，一般适用于表达式比较简单的函数。下述实例中的等积孔计算功能用单一语句即可实现，适合采用本方式定义。

例 2－2 定义等积孔计算函数 rtoa

在 Scilab 主窗口键入如下命令：

```
-->deff('[a]=rtoa(r)','a=1.19./sqrt(r)')
//在线定义根据风阻算等积孔的公式，注意要用点除（./）。
-->Rst=[1.42 0.63 0.35 0.23 0.16 0.09 0.06 0.04 0.03];
-->EqA=rtoa(Rst);
```

从以上的函数定义可知，函数一般应具有函数名（如例子中的 rtoa）、函数的输入变量（如例子中的 r）、输出变量（如例子中的 a）和函数体（例子括号中的‘a＝1.19./sqrt(r)’）。

函数名用于与其他函数相互区分，并且可以根据函数名对函数进行调用。注意例子中的函数定义和调用方式。

输入变量用于接收用户指定的、要处理的数据。在定义函数时，由于要处理的具体数据未知，所以用输入变量名作为占位符，在函数定义时直接作为变量使用，无须再定义和赋值，在程序设计中称为形式参数（形参），例子中的 r 为形参。在实际调用该函数时，用具体的数值或已赋值的变量作为函数的实际输入，称为函数的实际参数（实参），如例子中的变量 R_{st}。函数运行时将实参值赋给形参，执行函数体，完成实际的函数功能。

同理，函数的输出变量也是一个形式参数（如变量 a），在函数体内可以直接对该变量进行赋值，当程序运行结束时，该变量的值即函数的输出值。用户可以用自定义的变量接收该数值，此时的变量为实参，如参数 E_qA。如果用户不指定实参，Scilab 默认将函数输出值赋给变量 ans。

函数体是函数为实现特定的功能而执行的语句的集合体，此处的语句指的是表达式和控制命令的统称。表达式执行具体操作，控制命令用于控制表达式之间的执行顺序。

用 deff 方式定义函数，其实是用字符串向量方式定义该函数的函数体，这样固然方便，但是若函数的函数体较长，则不宜用这种方式在 Scilab 的主窗口直接定义函数，此时可以考虑在 SciNotes 环境下进行函数定义和编辑。

2.1.3 程序文件方式定义函数

程序文件方式定义函数是指在 SciNotes 编辑器或任意的文本编辑器内利用文本的形式

定义函数。调出 SciNotes 编辑器，用户可在编辑器窗口按如下格式定义所需要的函数。

定义函数的一般形式：

```
function [y1,y2,...]=fname(x1,x2,...)
    函数体
endfunction
```

该方式的参数及功能说明如下：

fname：被定义函数的函数名，注意事项同上。

y_1，y_2：函数的输出参数。

x_1，x_2：函数的输入参数。

function：关键字，用于表明函数定义开始。

endfunction：关键字，用于表明函数定义结束。

以下实例演示了如何用 function - endfunction 格式定义函数。

例 2-3 已知非圆形管道的雷诺判别系数公式为

$$Re = \frac{4vS}{\nu U}$$

式中：$\nu = 1.501 \times 10^{-5}\ m^2/s$，$v$ 为管道中的流速，S 为非圆管道的面积，U 为非圆管道的周长，以上均取国际单位。

试编写一函数，给出直墙半圆拱形巷道的宽 w，墙高 h，风流流速 v，计算该巷道的雷诺判别系数值。

在 SciNotes 窗口键入如下文本：

```
function Re=leon(w,h,v)
    archlength=%pi*w/2;    //半圆拱的长度。
    archarea=%pi*w^2/8;    //半圆拱的面积。
    S=w*h+archarea;
    U=archlength+w+2*h;
    nu=1.501e-5;    //科学计数法。
    Re=4*v*S/(nu*U)
endfunction
```

将上述函数编辑完之后，即可进行存储，存储时的后缀名应为“. sci”。返回到 Scilab 主窗口，在“文件”菜单下，选择“执行”指令，在弹出的对话框窗口内选择包含此函数的文件名并单击“打开”按钮，则将此函数装载入 Scilab 的当前环境并进行编译，这样用户就可以实施调用了。

也可以在 SciNote 环境下点击“执行”图标或“保存并执行”图标，进行装载编译，如图 2-2 所示。

在控制台里，可以通过键入如下命令调用函数。

```
-->leon(2,2,8)
```

```
 ans  =
      1299166.2
```

例 2－4 试编写并联通风时，根据总风量和各分支风阻计算各分支风量、总风阻、总风压和总等积孔的计算函数。

在 SciNotes 环境下键入如下命令定义 paralqr 程序：

```
function [qp,rt,ht,at]=paralqr(qt,rp)
//qp为各分支风量，rt为总风阻，ht为总风压，at为总等积孔。
//qt为总风量，rp为各分支风阻。
      rt=1/(sum(ones(rp)./sqrt(rp))^2);
      qp=sqrt(rt*ones(rp)./rp)*qt;
      ht=qt*rt^2;
      at=1.19/sqrt(rt);
endfunction    //程序定义结束。
```

点击“保存并执行”图标，Scilab 对程序进行语法检查，通过后，转到控制台，键入如下命令：

```
-->Qt=40
 qt  =
     40.
-->Rp=[1.03 1.68 1.27 1.98]
 rp  =
     1.03    1.68    1.27    1.98
-->[Qp,Rt,Ht,At]=paralqr(Qt,Rp)
 At  =
     3.9922972
 Ht  =
     0.3157595
 Rt  =
     0.0888481
 Qp  =
     11.748042    9.1987634    10.579916    8.4732788
```

从这个例子可知，函数可以接收多个输入，如例子中的形参 *qt* 和 *rp*，实参 *Qt* 和 *Rp*。也可以实现多个变量的输出，如例子中的形参 [*qp*，*rt*，*ht*，*at*] 和实参 [*Qp*，*Rt*，*Ht*，*At*]。

应该指出的是，在 Scilab 中，函数可以存在于文件中，且一个文件可以存多个函数。

若在一个文件里面存储多个函数，则每相邻两函数之间要用 endfunction 分割。例如有 n 个函数存在于同一个文件，则最初的 $n-1$ 个函数必须有 endfunction 为函数结束标记。

上述举的两个例子，均可以在控制台逐句键入定义函数，这种在线定义函数的方式就是 function - endfunction 方式。function - endfunction 方式在线定义函数的好处是：相较于 deff 方式，函数体的语句行数不受限制，可以定义比较复杂的函数。缺点是，修改不太方便，一旦发现某个语句有错误，所有的语句都需要重新执行。事实上，这种方式很少被使用，大家更多的是在 SciNotes 环境下进行函数的定义和修改。

2.2 程序运行过程中的输入输出

利用计算机来解决问题，人和机器之间存在一个相互交流的界面，对计算机而言，键盘和鼠标是它的常用的输入设备，而显示器是它的常用的输出设备。人和机器的交流是通过输入输出信息来完成的。很多语言都规定了各种输入输出方式，在 Scilab 中，也有类似的输入输出语句。

前面已经讲过，当在 Scilab 中键入指令时，如果该指令不以“;”结尾，则计算机会在 Scilab 主窗口中显示当前指令的执行结果，这样做能提供一些方便，但也使数据显示过于杂乱。另外，某些程序需要在执行的过程中等待用户的输入来决定下一步程序的走向。因此，输入输出语句在 Scilab 中是不可或缺的。

2.2.1 输入语句

Scilab 提供了很多有输入功能的语句，他们全部通过调用相应的函数来实现（如 input，read，file 等）。在此仅介绍最常用的输入函数 input。

调用格式：

```
x = input(message [, "string"])
```

参数及函数功能说明如下：

message：字符串，当调用 input 函数时，字符串 message 将显示在屏幕上，用来提示用户输入什么数据，此时计算机停下来等待用户输入相应数据。

“string”：字符串，可以使用缩写形式“s”，如果有此标志，则计算机将输入的信息当字符串处理，反之，如果此标志缺失，则用户输入的信息必须是实数，否则计算机会报错。

2.2.2 输出语句

Scilab 也提供了很多有输出功能的语句，它们全部通过调用相应的函数（如 print、write、printf、disp 等）来完成。下面主要介绍 print 函数和 disp 函数。

print 函数的调用格式为：

```
print('file-name',x1,[x2,...xn])
```

参数与函数功能说明：

$x_i(i=1, 2, \cdots, n)$：已命名变量。

‘file - name’：字符串，表示一个文件名。

该函数将 x_1，x_2，…，x_n 的值以当前采用的格式输出到或写入到文件‘file - name’中去。要输出到当前 Scilab 窗口，文件名‘file - name’处需写上% io(2)

以下实例结合求取巷道通风摩擦阻力系数这一任务，演示了 input 函数和 print 函数的使用：

例 2-5 圆木棚子支护的巷道，其摩擦阻力系数 $a \times 10^4$ 的值见表 2-1，试编写一个查询修正程序，根据输入的木柱直径、纵口径和断面校正系数求 a 的值。

表 2-1 摩擦阻力系数表

直径/cm	支架纵口径 $\Delta = L/d_0$							按断面校正	
	1	2	3	4	5	6	7	断面积/m^2	校正系数
15	88.2	115.2	137.2	155.8	174.4	164.6	158.8	1	1.2
16	90.16	118.6	141.1	161.7	180.3	167.6	159.7	2	1.1
17	92.12	121.5	141.4	165.6	185.2	169.5	162.7	3	1.0
18	94.03	123.5	148	169.5	190.1	171.5	164.6	4	0.93
20	96.03	127.4	154.8	177.4	198.9	175.4	168.6	5	0.89
22	99	133.3	156.8	185.2	208.7	178.4	171.5	6	0.8
24	102.9	138.2	167.6	193.1	217.6	192	174.4	8	0.82
26	104.9	143.1	174.4	199.9	225.4	198	180.3	10	0.78

在 SciNotes 编辑器里面输入如下文本：

```
d=input('输入木柱直径');
delta=input('输入纵口径');
s=input('输入断面积');
//d为木柱直径，delta为支架纵口径，s为断面积。
d_vec=[15,16,17,18,20,22,24,26];
delta_vec=1:7;
s_vec=[1,2,3,4,5,6,8,10];
a_mat=[88.2 115.2 137.2 155.8 174.4 164.6 158.8;...
 90.16 118.6 141.1 161.7 180.3 167.6 159.7;...
92.12 121.5 141.1 165.6 185.2 169.5 162.7;...
94.03 123.5 148 169.5 190.1 171.5 164.6;...
96.04 127.4 154.8 177.4 198.9 175.4 168.6;...
99 133.3 156.8 185.2 208.7 178.4 171.5;...
102.9 138.2 167.6 193.1 217.6 192 174.4;...
104.9 143.1 174.4 199.9 225.4 198 180.3];
adj_vec=[1.2 1.1 1 0.93 0.89 0.82 0.8 0.78];
```

```
[v,kd]=intersect(d_vec,d);
[v,kdelta]=intersect(delta_vec,delta);
[v,ks]=intersect(s_vec,s);
a=a_mat(kd,kdelta)*adj_vec(ks);
print(%io(2),a)
```

保存该文件，并执行，执行结果如下：

```
-->d=input('输入木柱直径');
输入木柱直径15    //输入15并回车。
-->delta=input('输入纵口径');
输入纵口径3    //输入3并回车。
-->s=input('输入断面积');
输入断面积3    //输入3并回车。
-->print(%io(2),a)
 a  =
    137.2
```

注：此处返回的是 $a\times10^4$ 的值，实际值要缩小 10^4 倍。

在这个函数中，用到了 Scilab 的内置函数 intersect，现简介如下：

该函数的功能很多，在此处使用的是 $[v, k_a, k_b]$ = intersect(a, b)。该函数返回两个数组共有的数字以及这些数字在这两个数组中的位置。其中参数 a 和 b 分别为两个数组或向量，返回的变量 v 中存储的是数组 a 和 b 共有的数字，k_a 中存储的是 v 在 a 向量中的位置，k_b 中存储的是 v 在 b 向量中的位置。

在程序与用户交互过程中，还经常用到 disp 函数，这也是一种显示到屏幕的输出函数，其调用格式为：

```
disp(x1,[x2,...xn])
```

参数及函数功能说明如下：

x_i(i=1，2，…，n)：为欲输出的对象，其可以为常量矩阵、字符串等。

此函数的功能是在当前窗口显示各输出对象 x_i 的值。

例2-6 金属风筒的直径 D 与摩擦阻力系数 α 之间的关系见表2-2，试编写一个脚本，根据给定的风筒直径，输出对应的摩擦组力系数。

表2-2 金属风筒摩擦阻力系数

风筒直径/mm	200	300	400	500	600	800
$\alpha\times10^4$/Ns^{2}m^{-4}	49	44.1	39.2	34.3	29.4	24.5

在 SciNotes 编辑器里面输入如下文本：

```
clear
D=[200:100:600,800];
alpha=[49,44.1,39.2,34.3,29.4,24.5];
dinput=input('输入风筒直径，200至800之间');
diffalpha=splin(D,alpha)
//diffalpha里面存储的是关于D、alpha的微分值，详见插值部分。
rt=interp(dinput,D,alpha,diffalpha)    //针对输入的数值进行插值。
disp(rt)    //显示查询结果。
```

2.3 以函数为输入参数的函数

2.3.1 求导

在利用 Scilab 进行最优化运算的时候，经常会用到梯度的概念，而对于未给出表达式的实验数据而言，求解梯度是一个烦琐的计算过程，Scilab 给出了 numdiff 和 derivative 函数来进行数值求导。

numdiff 函数利用有限差分法计算雅可比行列式的数值估计。如果函数有实数值，则会给出梯度估计值。其调用序列为：

```
g=numdiff(fun,x [,dx])
```

各参数的意义和函数功能描述如下：

fun：外部参量，描述被微分的函数。

x：函数 fun 的向量型变量。

d_x：向量，有限差的步长，具体注意事项参看帮助文档。

在 SciNotes 编辑器键入如下文本，并载入 Scilab 环境中执行。

```
function f=myfun(x)
  f=x(1)*x(1)+x(1)*x(2)
endfunction
```

在控制台键入如下命令：

```
-->x=[5 8]
-->g=numdiff(myfun,x)
 g  =
     18.    5.
-->exact=[2*x(1)+x(2)  x(1)]
 exact  =
     18.    5.
```

从这个实例可以看出，numdiff 函数实现了对自定义的函数（例子中的 myfun）求各参数（例子中的$x(1)$、$x(2)$）偏导的功能。

在求解高阶导数时，如果采用数值微分，用于误差的累积作用，最后求解出的高阶导数将会误差很大。这种情况下最好的办法是使用符号微分法，这一方法在类似 maple 的符号运算软件应用较多。如果只需要知道一阶和二阶导数，则可通过 Scilab 的 derivative 函数得到它们的近似值。

该函数的完整语法如下：

```
derivative(F,x)
[J [,H]] = derivative(F,x [,h ,order ,H-form ,Q])
```

各参数和函数功能介绍如下：

F：自定义的 Scilab 函数。

x：n 维实数列向量；

h：有限差分近似中使用的步长，一般最好由软件本身确定。

coder：整数，表示用于逼近导数的有限差分公式的阶数。默认值为 2，也可以取其他阶数。

H－form：字符串，给出 Hessian 返回值的形式，具体说明参见帮助文档。

Q：实正交矩阵，默认值为 $n\times n$ 的单位矩阵（eye(n, n)）。

雅可比行列式通过在 ***Q*** 的列方向上近似 F 各元素的方向导数求得。二阶导数通过一阶导数的合成计算得到。导数的数值近似是一个不稳定的过程。步长 h 必须足够小以使误差足够小；但是步长太小又会由于舍入造成浮点误差。按经验一般不改变默认步长的大小。对数值计算上的困难，可以改变阶数，选择不同的正交矩阵 ***Q*** 默认值为 eye(n, n)，尤其是在近似的导数要用于最优化问题时。所有的可选变量都可以作为指定变量传递。

J：近似的雅可比矩阵。

H：近似的海赛矩阵。

在 SciNotes 编辑器键入如下文本，并载入 Scilab 环境中执行。

```
function y=F(x)
 y=[sin(x(1)*x(2))+exp(x(2)*x(3)+x(1)) ; sum(x.^3)];
endfunction
```

在控制台键入如下命令：

```
-->x=[1;2;3];
-->[J,H]=derivative(F,x,H_form='blockmat')
 H  =
    1092.996      3287.6648     2193.2663
    3287.6648     9868.7896     7676.4324
    2193.2663     7676.4324     4386.5327
    6.            0.            0.
    0.            12.           0.
    0.            0.            18.
```

```
 J  =
     1095.8009    3289.4833    2193.2663
    3.            12.          27.
```

2.3.2 数值积分

Scilab 提供了许多关于数值积分的函数，见表 2-3。

表 2-3 Scilab 中常用的积分函数

函数名	函数意义	函数名	函数意义
int2d	按面积和容积定义二维积分	integrate	对按面积定义的表达式积分
int3d	按面积和容积定义三维积分	intg	定积分
intc	科西积分	intl	科西积分

intg 定积分函数的语法如下：

```
[v,err]=intg(a,b,f)
```

各参数和函数功能简介如下：

a，b：两个实数，代表积分上下线。

f：外部函数或列表或字符串，被积函数。

err：对结果的估计绝对误差。

v：积分值。

函数 intg(a，b，f) 计算 $f(t)\mathrm{d}t$ 从 a 到 b 的定积分，函数 $f(t)$ 应连续。

例 2-7 计算函数

$$y=\frac{x\sin(30x)}{\sqrt{1-\left(\frac{x}{2\pi}\right)^2}}$$

在 0 到 2π 上的定积分值。

新建一个 .sci 文本，在其中定义待积分函数：

```
function y=f(x)
y=x*sin(30*x)/sqrt(1-(x/(2*%pi))^2))
endfunction
```

在控制台键入如下命令，对该函数进行积分：

```
-->I=intg(0,2*%pi,f)
 I  =
  - 2.5432596
```

已论证，该积分通过解析法获得的正确结果是 -2.5432596188，可见数值积分结果还是比较接近的。

int2d 定积分函数的语法如下：

```
[I,err]=int2d(X,Y,f)
```

该函数的各参数和函数的功能描述如下：

X：一个包含有 *N* 个三角形顶点的横坐标的 $3\times N$ 的矩阵。

Y：一个包含有 *N* 个三角形顶点的纵坐标的 $3\times N$ 的矩阵。

f：定义被积函数 $f(u,\ v)$ 的外部函数、序列或字符串。

I：积分值。

err：估计误差。

该函数用于在给定区域上计算函数 *f* 的二维积分，以下实例演示了该函数的使用。

例 2－8　当 x 和 y 均介于 0 到 1 区间时，计算函数 $z=\cos(x+y)$ 的二维定积分

在控制台键入如下命令：

```
-->X=[0,0;1,1;1,0];
-->Y=[0,0;0,1;1,1];
-->deff('z=f(x,y)','z=cos(x+y)')
-->[I,e]=int2d(X,Y,f)
 e  =
     3.569D-11
 I  =
     0.4967514
```

以上命令用于在方形区域［0　1］×［0　1］上计算被积函数 *f*。

2.3.3　求局部最小值

Scilab 提供了一种求解函数局部最小值的函数 fminsearch，该函数使用了无约束优化单纯形法原理，其计算比较简单，几何概念清晰，适用于目标函数求导比较困难或不知道目标函数的具体表达式而仅知道其具体计算方法的情况。

该函数语法结构有很多种，下面仅介绍其最简单的用法：

```
x = fminsearch ( costf , x0 )
```

该函数的各参数意义为：

cost *f*：目标函数，可以理解为要求局部最小值的函数。

x_0：初始猜测值的横坐标。

x：求得的局部最小值所在的横坐标。

以下实例演示了如何求解函数的局部最小值：

例 2－9　求 $f(x)=x^3-2x-5$ 在 0 附近的局部最小值。

首先在 SciNotes 编辑器里定义求局部最小值的函数 $f(x)$ 并保存、运行：

```
function y=myfunc2(x)
y=x.^3-2*x-5;
endfunction
```

在控制台键入如下命令，求解在 0 附近的局部最小值：

```
--> x=linspace(-2,2);
--> y=myfunc2(x);
--> x0=fminsearch(myfunc2,0)
 x0  =
   0.8165039
--> y0=myfunc2(x0)
 y0  =
  -6.0886621
--> plot(x,y,x0,y0,'s')
```

观察以上代码所绘出的图像 2 -4，可知求解结果是正确的。

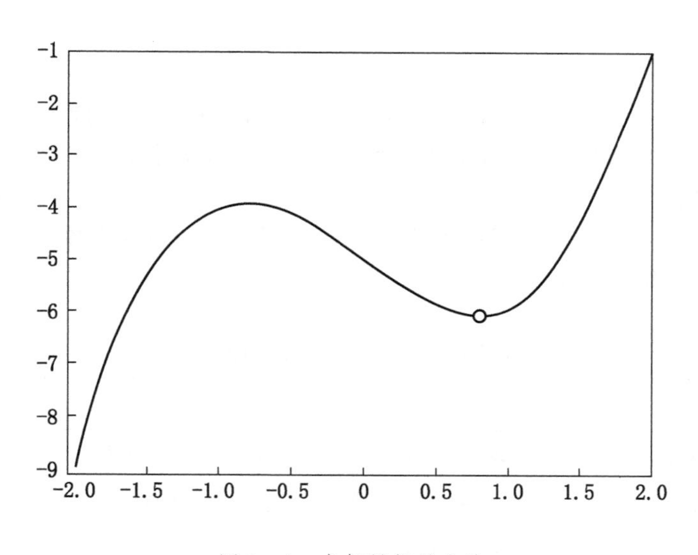

图 2 -4　求解局部最小值

2.4　程序设计中的流程

用计算机进行科学计算，需要按选定的算法编制相应的程序。如何表示一个算法呢？人们从结构化工程设计中得到启发，提出了结构化程序设计的理论，并且已经证明：用顺序结构、选择结构和循环结构这三种基本结构可以表示任何一种算法。对于这三种基本结构，各种程序设计语言都有与之相对应的语句，凭它来实现相应的功能。Scilab 也提供了这三种结构实现的相关语句。在程序执行的过程中，程序根据相应的结构控制指令来决定该结构下的指令集如何执行，从而实现命令流的灵活转向。这种受控制的命令执行方式称之为流程，一般认为程序的流程包含上述三种结构。

本书只介绍选择结构和循环结构。

2.4.1 选择结构程序设计

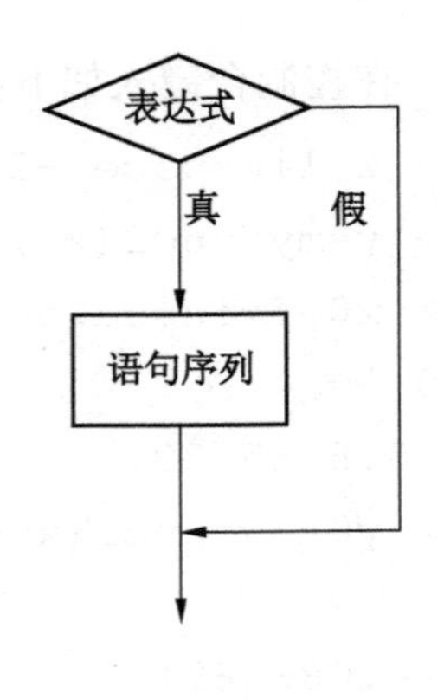

图 2-5 不完整的 if 语句

在解决问题的过程中，经常会遇到依据某个条件的成立与否而做出相应的选择。例如：如果明天天气好，我就出去玩，否则就在家看电视。其中“明天天气好”就是条件，根据这个条件成立与否，来决定我是出去玩还是待在家里看电视。在程序设计语言中设立了条件语句用以表示上述情形，Scilab 中的常用条件选择语句是 if 语句，这个语句可以嵌套。

if 语句的一般形式可以分两种：完整的 if 语句和不完整的 if 语句。不完整的 if 语句如图 2-5 所示。

在 Scilab 中，不完整的 if 语句的一般形式为：

```
if 条件表达式
    语句序列
end
```

执行此语句时，先判断 if 后面的条件表达式是否为真。若条件表达式为真，则依次执行 if 和 end 之间的语句序列，若条件表达式为假，则不执行语句序列，结束此 if 语句，转去执行 end 后的语句。

例 2-10 编写一个程序，根据表 2-4，通过用户手动输入选择，返回砌碹平巷的摩擦阻力系数 $\alpha\times10^4$ 值的范围。

表 2-4 砌碹平巷的 $\alpha\times10^4$ 值

类　别	$\alpha\times10^4$	类　别	$\alpha\times10^4$
混凝土砌碹，外抹灰浆	29.4～39.2	砌砖碹，不抹灰浆	29.4～30.2
混凝土砌碹，不抹灰浆	49～68.6	料石砌碹	39.2～49
砌砖碹，外面抹灰浆	24.5～29.4		

在 SciNotes 里面键入如下函数：

```
function a_bldarch()
a=input('混凝土砌碹1, 砖砌碹2, 料石砌碹3');
b=input('外抹灰浆1, 不抹灰浆2');
if a==1&b==1,printf('混凝土砌碹, 外抹灰浆情况下a=29.4～39.2'); end
if a==1&b==2,printf('混凝土砌碹, 不抹灰浆情况下a=49～68.6'); end
if a==2&b==1,printf('砖砌碹, 外抹灰浆情况下a=24.5～29.5'); end
if a==2&b==2,printf('砖砌碹, 不抹灰浆情况下a=29.4～30.2') ;end
if a==3,printf('料石砌碹情况下a=39.2～49'); end
endfunction
```

将该函数保存并加载到 Scilab 中，在 Scilab 主窗口中键入如下命令测试程序执行情况。

```
-->a_bldarch()
混凝土砌碹1，砖砌碹2，料石砌碹3 3    //输入3回车。
外抹灰浆1，不抹灰浆2 1    //输入1回车。
料石砌碹情况下a=39.2～49
-->a_bldarch()
混凝土砌碹1，砖砌碹2，料石砌碹3 2    //输入2回车。
外抹灰浆1，不抹灰浆2 2    //输入2回车。
砖砌碹，不抹灰浆情况下a=29.4～30.2
```

在本例中，形如 $a==1\&b==1$ 的表达式就是 if 语句的执行条件，该表达式只有在 a 的值为 1，同时 b 的值也为 1 的情况下才返回真值，执行其后的“printf(‘混凝土砌碹，外抹灰浆情况下 $a=29.4\sim39.2$’)”语句。如果 a 和 b 中任何一个值不是 1，则跳过此 if 语句，进入 end 之后的其他语句。其他 if 语句与此类似。

注意条件表达式应该是比较表达式（如 a==1）或逻辑表达式（比如用以 & 为代表的逻辑运算符连接起来的多个比较表达式，如 $a==1\&b==1$），具体如何书写需要根据具体程序实现来决定。

应该指出的是，如果想把 if 语句中的位于条件表达式之后的语句序列部分和条件表达式写在同一行，此时 if 语句就须写为：

```
if 条件表达式 then 语句序列 end
```

在 Scilab 中，完整的 if 语句的一般形式为：

```
if 表达式
    语句序列1
else
    语句序列2
end
```

同不完整的 if 语句一样，若想将 if 语句写在一行，则应该在条件表达式之后加 then 或加逗号“,”，将其与其后的语句顺序隔开，写为：

```
if 条件表达式 then 语句序列1 else 语句序列2 end
```

完整的 if 语句是在语句序列 1 和语句序列 2 中根据条件表达式二选一执行，意即语句序列 1 或语句序列 2 只有一个能得到执行，执行哪一个取决于条件表达式的真假情况。具体的执行流程是这样的：首先计算条件表达式，如果结果为真，执行语句序列 1，否则，执行语句序列 2。只要其中一个语句序列执行完毕，程序流程即跳转到 end 之后的语句（图 2－6）。

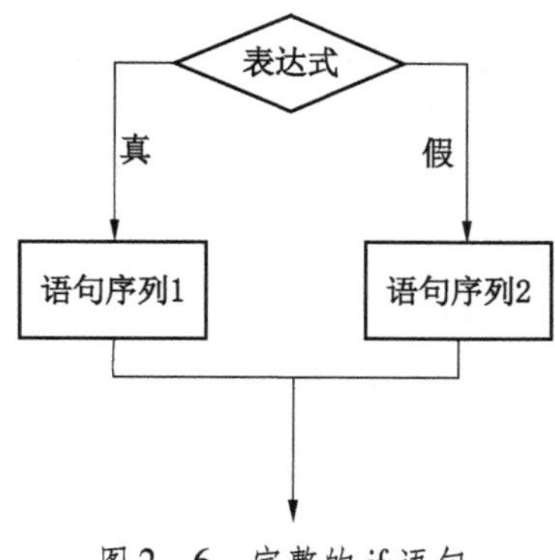

图 2－6 完整的 if 语句

例2-11 试根据表2-5编写一个脚本，根据用户输入的风阻或等积孔，显示出矿井的通风难易程度和阻力大小评级。

表2-5 矿井通风难易程度的分级标准

通风阻力等级	通风难易程度	风阻 $R/(Ns^2 \cdot m^{-8})$	等积孔 A/m^2
大阻力矿	困难	>1.42	<1
中阻力矿	中等	1.42~0.35	1~2
小阻力矿	容易	<0.35	>2

在SciNotes中编写如下函数，并运行。注意仔细分析完整if语句和不完整if语句，搞清其嵌套关系。

```
function ventdifficult()
    s=input('如果你输入的是风阻，请按1，如果你输入的是等积孔，请按2：');
    a=input('请输入具体的数值：');
    if s==1 then a=1.19./sqrt(a); end
//若输入风阻，转化为等积孔，不完整if语句。
    if  a<1   //第一个完整if语句。
        disp('通风阻力等级为：大阻力矿，通风难易程度为：困难')
    else
        if a<2   //第二个完整if语句，嵌套在第一个完整if语句里面。
            disp('通风阻力等级为：中阻力矿，通风难易程度为：中等')
        else
            disp('通风阻力等级为：小阻力矿，通风难易程度为：容易')
        end
    end
endfunction
```

完整的if语句在使用的时候是可以嵌套的，即语句序列1或语句序列2中均可以包含完整的if结构。这种情况下会用到if-elseif-else语句，也是一种常用的选择结构，首先看下列实现闰年判断的函数：

```
function LeapYear(x)
if modulo(x,100)==0   //假如表达式1为真，执行至else之间的命令。
    if modulo(x,400)==0 , disp('闰年')
    else  disp('不是闰年')
    end
else if modulo(x,4)==0 , disp('闰年')
```

```
//假如表达式1为假，执行这句话以后至end之间的命令。
    else  disp('不是闰年')
    end
end   //注意，可以不要else,但是end必须有。
endfunction
```

上述代码中 else 和紧随其后的 if 可以写成 elseif，同时可以少写一个 end，即为 if - elseif - else 结构。

```
function LeapYear(x)
if modulo(x,100)==0   //假如表达式1为真，执行至else之间的命令。
    if modulo(x,400)==0 , disp('闰年')
    else  disp('不是闰年')
    end
elseif modulo(x,4)==0
    disp('闰年')   //假如表达式1为假，执行至end之间的命令。
else
    disp('不是闰年')
end   //注意少了一个end。
endfunction
```

select - case 语句也是一种选择结构，不同于完整的 if 语句，该结构是在多种情形下选择一种执行，具体选择哪种情形执行，取决于检测变量的值。

select 的一般形式为：

```
select 检测变量
    case 值1
    语句序列1
    case 值2
    语句序列2
    ……
    case 值n
    语句序列n
    else
    语句序列n+1
end
```

如欲将 case 及其后相随的检测变量写在一行，则需要在 case 后面的值 i 与语句 i(i = 1，2，…，n）之间加 then 或逗号“,”。其具体形式为：

```
select 检测变量
```

```
    case 值1 then 语句序列1
    ……
    case 值n then 语句序列n
    else 语句序列n+1
end
```

该结构的功能在于指定检测变量，然后判断检测变量的值与值 1 至 n 中的哪一个值相等，与哪一个相等就执行其后的语句，然后退出整个 select – case 判断结构，若检测变量的值与值 1 至 n 都不相等，在 else 缺省的情况下退出该 select – case 语句，否则执行 else 后边的语句（图 2 – 7）。

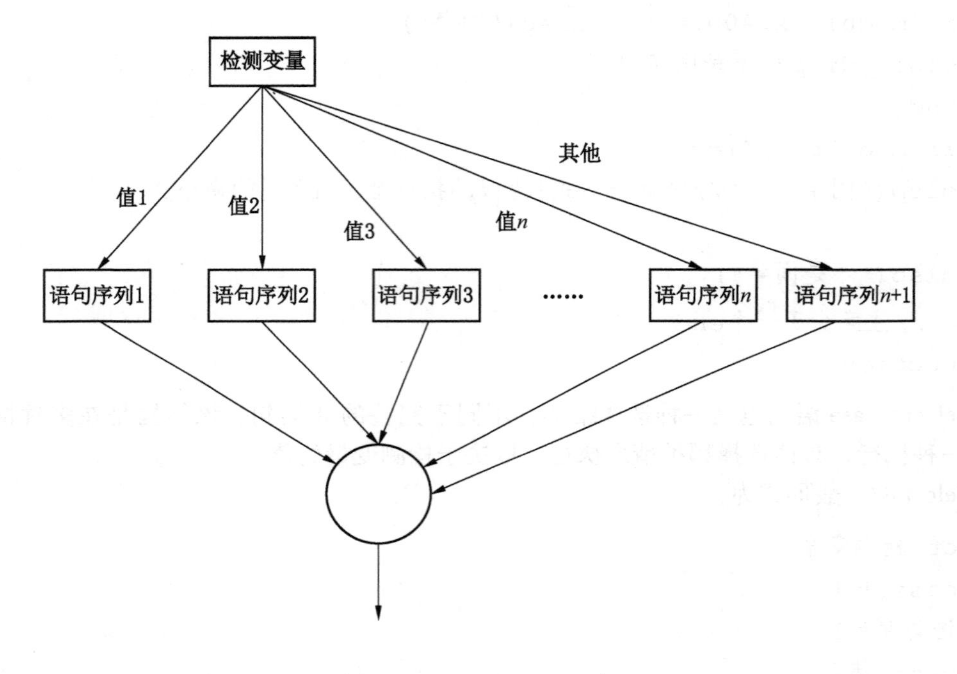

图 2 – 7　select – case 语句

例 2 – 12　编写一函数，根据表 2 – 6 的内容，将用户输入的气压数进行换算并输出。

表 2 – 6　压力单位换算表

帕斯卡 (Pa)	巴 (bar)	毫米水柱 (mmH_2O)	工程大气压 (at)	毫米汞柱 (mmHg)	标准大气压 (atm)
1	10^{-5}	0.101972	0.101972×10^{-4}	7.50062×10^{-3}	9.86923×10^{-6}

在 SciNotes 编辑器里面输入如下函数：

```
function ptrans(p,unit)
    unitstrans=[1,10e-5, 0.101972, 0.101972e-4,7.50062e-3,9.86923e-6]
    flag=1
        select unit
            case 'Pa' then a=unitstrans(1)
 //如果检测到单位是Pa，基准单位取unitstrans数组里的第一项，下同。
            case 'bar' then a=unitstrans(2)
            case 'mmH2O' then a=unitstrans(3)
            case 'at' then a=unitstrans(4)
            case 'mmHg' then a=unitstrans(5)
            case 'atm' then a=unitstrans(6)
        else
            disp('你输入的这个气压单位我不认识，请在Pa，bar，mmH2O...
                 (注意最后一个字符是大写字母O)，at，mmHg，atm中选一个')
            flag=2
        end
     if flag==1   //单位输入的正确，执行下列操作。
     rt=unitstrans*(p/a)
     disp('Pa',rt(1))
     disp('bar',rt(2))
     disp('mmH2O',rt(3))
     disp('at',rt(4))
     disp('mmHg',rt(5))
     disp('atm',rt(6))
//注意disp函数先输出最后一个参数，然后依次往前输出其他参数。
     end
endfunction
```

select－case 语句在实际应用中可以用不完整的 if 语句或 if－elseif－end 语句来代替。为加深理解，大家可以对照着以下替代算法进行分析。

用不完整的 if 语句实现的替代算法：

```
if unit== 'Pa' then a=unitstrans(1) end
if unit=='bar' then a=unitstrans(2) end
if unit== 'mmH2O' then a=unitstrans(3) end
if unit== 'at' then a=unitstrans(4) end
if unit== 'mmHg' then a=unitstrans(5) end
if unit== 'atm' then a=unitstrans(6) end
```

```
if  unit<> 'Pa'&unit<>'bar'&unit<> 'mmH2O'...
        & unit<> 'at'&unit<> 'mmHg' &unit<> 'atm'
           disp('你输入的这个气压单位我不认识，请在Pa，bar，mmH2O...
                (注意最后一个字符是大写字母O)，at，mmHg，atm中选一个')
           flag=2
end
```

用 if – elseif – end 语句实现的替代算法：

```
if unit== 'Pa'
          a=unitstrans(1)
elseif unit=='bar'
          a=unitstrans(2)
elseif unit== 'mmH2O'
          a=unitstrans(3)
elseif unit== 'at'
          a=unitstrans(4)
elseif unit== 'mmHg'
          a=unitstrans(5)
elseif unit== 'atm'
          a=unitstrans(6)
else
            disp('你输入的这个气压单位我不认识，请在Pa，bar，mmH2O...
                 (注意最后一个字符是大写字母O)，at，mmHg，atm中选一个')
            flag=2
end
```

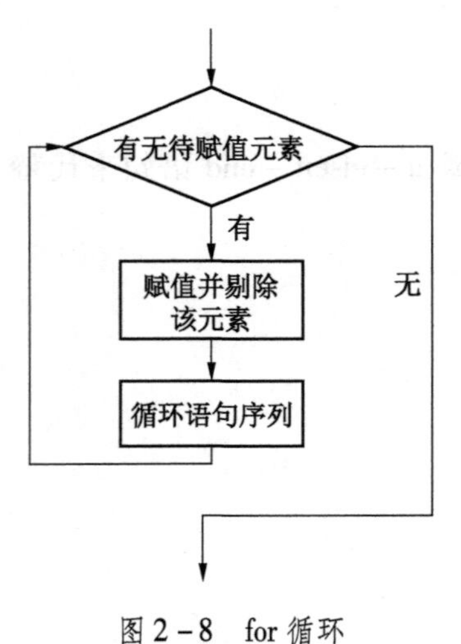

图 2 – 8　for 循环

2.4.2　循环结构程序设计

循环结构是结构化程序设计中的另一类基本结构，它在计算机处理大量雷同的操作或运算时非常有用。

在 Scilab 中，for 语句用于处理循环次数已知的循环（图 2 – 8）。For 语句的一般形式为：

```
for 循环变量=赋值向量
    循环语句
end
```

在使用 for 循环语句时应注意：

（1）将赋值向量里面的每一个元素依次赋给循环变量，赋值向量可以是等差数列，也可以是直接生成的无规律向量。

（2）循环体被执行的次数是可以事先预知的，为赋值向量里面元素的个数。

（3）最后循环变量里仅保存赋值变量最后一个元素。在 Scilab 中，for 语句的应用是比较灵活的，以下例子中循环的控赋值向量取“初值：步长：终值”模式。

例 2－13 编写一个函数，以一个矩阵的形式返回一个矩阵中值等于 1 的元素所在的位置。

在 SciNotes 编辑器里面输入如下函数：

```
function loc=locationofone(mat)
    [rownum,colnum]=size(mat)    //取得矩阵的行数和列数
    loc=[]
    for col=1:colnum
        for row=1:rownum
            if mat(row,col)==1     //对比每个元素是否为1
                loc=[loc,[row;col]]    //请自行分析这句话的意思
            end
        end
    end
endfunction
```

再看一个例子：

例 2－14 编写一个函数，根据输入的矩阵和对应的列号向量，从空矩阵开始逐次增加列，观察生成矩阵的秩的变化情况。

在 SciNotes 环境下键入如下函数：

```
function r=rankofmat(mat,colnum)
    r=[];mattemp=[];    //分别用来记录秩和生成矩阵。
    for i=colnum
        mattemp=[mattemp,mat(:,i)]    //添加列生成矩阵。
        r=[r,rank(mattemp)]    //记录下秩。
    end
endfunction
```

在控制台中输入以下命令，进行验证：

```
-->A=[1 0 0 0 0 0 0 -1
-->-1 1 1 0 0 0 0 0
-->0 -1 0 1 1 0 0 0
-->0 0 -1 -1 0 1 0 0
-->0 0 0 0 -1 -1 1 0
-->0 0 0 0 0 0 -1 1]
-->col=1:8;
```

```
-->rankofmat(A,col)
 ans =
        column 1 to 6
    1.    2.    3.    3.    4.    4.
          column 7 to 8
    5.    5.
```

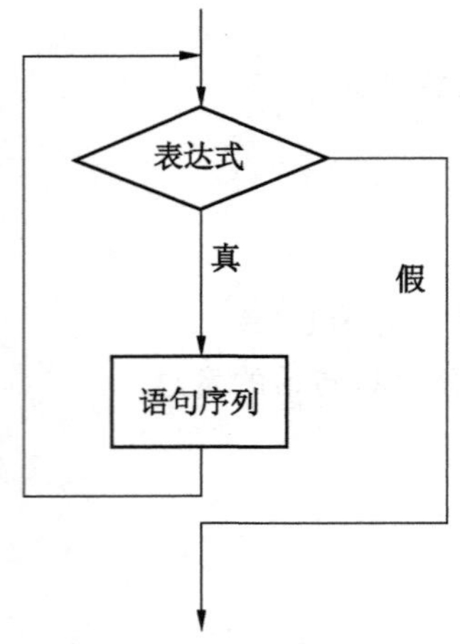

图 2-9 while 循环

由以上可知，当循环次数已知时，都可以用 for 语句来处理，但有些实际问题需用循环来处理，而循环的次数是不可预知的，所能够知道的是让循环继续或使循环终止的条件，此时该如何设计循环语句呢？

一般程序设计语言都有处理这类循环的语句。Scilab 用 while 型循环来处理，其一般形式为：

```
while 表达式
    语句序列
end
```

在使用这类循环体时要注意：

(1) 若 while 后面的条件表达式在第一次计算时为真，则执行循环体一次，再返回来验证条件表达式是否为真，若仍为真，则继续执行循环体，如此反复（图 2-9）。由此可知，在循环体内必须有这样的语句，其功能在于改变条件表达式的值，使其由真变为假，从而结束该循环，也就是使该循环不至于成为死循环。

(2) 若 while 后的条件表达式在第一次计算时即为假，则此循环不被执行就转去执行此 while 语句的后续语句。

以下例子演示了如何用循环语句的方式实现从分支节点对应关系到分支节点关联矩阵的转换。

例 2-15 某风网节点和分支的相对关系见表 2-7。按下列规则将分支节点关系表转换为分支节点关联矩阵 $\boldsymbol{A}$：

(1) 以分支为列号，尾节点为行号，对应位置填数字 1。

(2) 以分支为列号，头节点为行号，对应位置填数字 -1。

(3) 其余未涉及位置全部填 0。

表 2-7 分支节点关系表

分支	尾节点	头节点	分支	尾节点	头节点
1	1	2	5	3	5
2	2	3	6	4	5
3	2	4	7	5	6
4	3	4	8	6	1

这个例子在解算时，先按分支和节点的最大数字为尺寸生成一个全零矩阵。然后以分支号和节点号为索引，在相应位置根据规则填写 1 或者 -1。具体算法如下：

首先在控制台里面将表 2-7 写成 8 行 3 列的矩阵 ***NB***，具体写法略。

在 SciNotes 里编写如下函数：

```
function A=NB2A(NB)
//以NB第一列中的最大数字为列数，第二、三列的最大数字为行数生成全零矩阵。
//以第一列数字为列号，第二列数字为行号的位置填1。
//以第二列数字为列号，第三列数字为行号的位置填-1。
    ColNum=max(NB(:,1))
    RowNum=max(NB(:,2:3))

    A=zeros(RowNum,ColNum)
    ARow=NB(1,:)   //赋初值。
    while ARow<>[]
        if ARow(2)<>0   //防止孤立分支异常。
           A(ARow(2),ARow(1))=1
        end
        if ARow(3)<>0   //防止孤立分支异常。
           A(ARow(3),ARow(1))=-1
        end
      NB(1,:)=[]   //删除首行。
      ARow=NB(1,:)   //当所有行都删除后,ARow是被赋空值。
    end
endfunction
```

具体验证过程从略。本例中最后两行用于创造退出条件，当所有的行都被删除后，ARow 被赋空值，while 语句检查退出条件 ARow < > []，发现该表达式不再成立，从而退出 while 循环。

2.4.3 continue 语句和 break 语句

在循环语句内，有时需要根据某个或某些条件是否满足来决定是否提前终止该次循环或该层循环。Scilab 中设置了这种语句，它们分别是 continue 语句和 break 语句，分别介绍如下：

continue 语句的功能是在执行 for 循环语句或 while 循环语句时，当某种条件满足时，可提前终止该层循环中的此次循环，从而使计算机跳过 continue 语句和本层循环的 end 语句之间的所有语句，直接进入到本层循环中的下一次循环（图 2-10）。

在执行 for 循环语句或 while 循环语句时，当某种条件满足时可提前终止该循环，从而避免了大量不必要的计算，节省了资源，提高了效率。为此，Scilab 中专门设置了 break 语句，其功能就在于提前终止本层循环（图 2-11）。

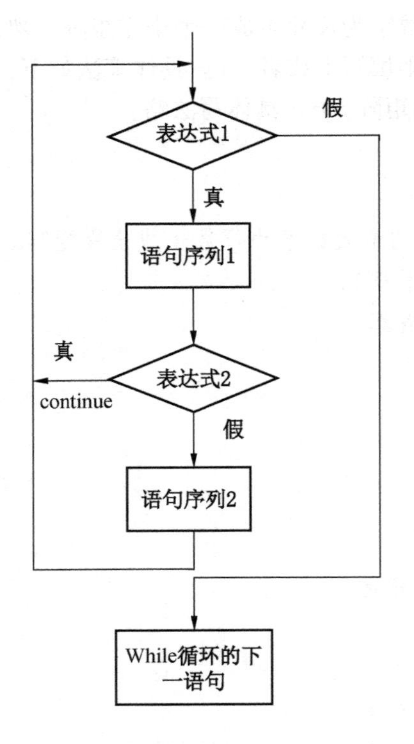

图 2-10　while 循环中的 continue 语句用法

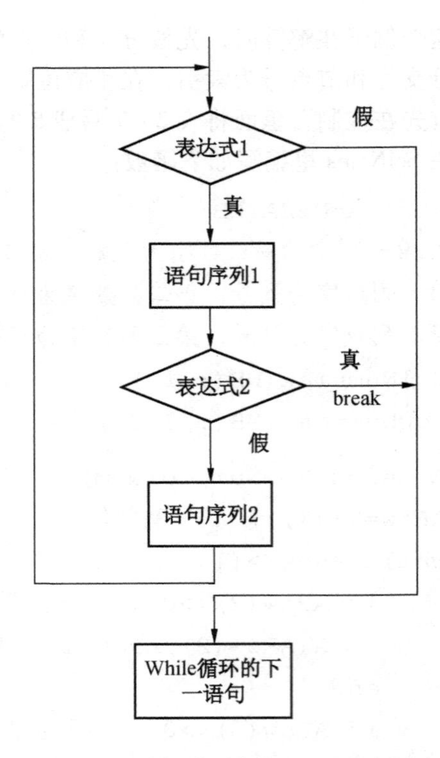

图 2-11　while 循环中的 break 语句用法

例 2-16　试编写判断一个数是否为质数的程序，并给出所有小于给定数的质数。

在 SciNotes 环境下键入如下文本，该文本里的 modulo 函数用于执行求余操作，具体用法参看帮助文档。

```
function prime=SearchPrime(endnumber)
    prime=[2,3]    //初始素数列表。
prime2=prime.^2   //素数的平方。
for i=4:endnumber
    flag=0
    for j=1:length(prime)
       if  modulo(i,prime(j))==0   //只要能被素数整除，就不是素数。
        flag=1
        break
       end
       if i<prime2(j+1)
//小于素数列表的下一个素数的平方，不再继续除数循环。
          break
       end
```

```
        end
        if flag==0   //添加素数列表，更新素数平方列表。
              prime=[prime,i]
              prime2=[prime2,i^2]
            end
    end
endfunction
```

2.5 外部数据的读写和处理

科研是一个需要耗费大量时间的过程，很多的数据需要多次使用。如果每一次打开 Scilab 都重新输入数据，会浪费很多宝贵的时间。基于这一需求，Scilab 可以将常用的数据或数据处理获得的重要结果存储起来，需要时直接调用，从而大大提高了科研数据处理的效率。

2.5.1 数据的存储和调用

常用的数据存储格式有文本和二进制两种，将内存中的数据写入二进制文件或从中读出，用 save 和 load 命令即可实现：

1. save

该命令将一个或一系列变量存储在一个文件里面，以便以后再次使用。其语法格式如下：

```
save(filename [,x1,x2,...,xn])
```

其中 filename 参数为字符串格式，需要在键入的文件名两侧加单引号，形如 'myfile. dat' 格式。中括号里面的 x_1、x_2 等是要存储的变量名，也要用字符串指定，即需要加单引号。如果不指定变量名，默认存储所有的变量。

在控制台键入以下命令，保存变量 A、B 和 C。

```
--> A='Spare the rod and spoil the child';
--> B=rand(3,4);
--> C=3<4;
--> save('d:\myvars.bin','A','B','C')
```

注意无论用户指定的文件后缀名如何，Scilab 的存储格式均为二进制文件，该文件不能用文本编辑器查看。

2. load

该命令从指定的文件里提取以前存储的一个变量或一系列变量。其语法格式如下：

```
load(filename [,x1,...,xn])
```

该函数的参数含义同 save 命令。

在控制台键入以下命令，熟悉 load 命令用法：

```
--> clear
--> load('d:\myvars.bin')
   ans  =
    T
--> A,B,C
  A  =
   "Spare the rod and spoil the child"
  B  =
    0.0437334   0.4148104   0.7783129   0.6856896
    0.4818509   0.2806498   0.211903    0.1531217
    0.2639556   0.1280058   0.1121355   0.6970851
  C  =
   T
```

上述键入中，命令 clear 首先将内存中的所有变量清除。然后用 load 命令将存储在 'd:\myvars.bin' 中的变量调入到内存中，由于没指定变量名，所以将所有存储的变量均调入内存。随后的命令查看了调入内存的变量内容，可以核对一下正确性。

2.5.2 文本文档的读取和写入

很多的科研仪器使用自定义的格式输出采样信息，其中又有很多的文档格式的本质是纯文本，如图 2-12 所示就是一个典型的自定义纯文本格式。在科研过程中，为了验证自定义算

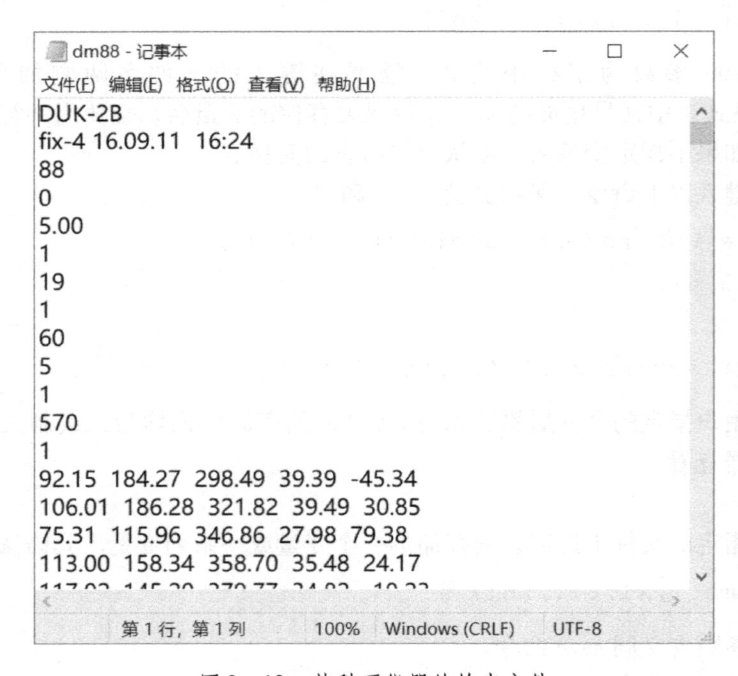

图 2-12 某科研仪器的输出文件

法，需要将某些特定格式的文件读入到 Scilab 中，这时，就牵涉文本文档的输入输出问题。

为了简化起见，我们只读取图 2－12 所示格式文本第 14 行以后的内容，并把所有信息存储成一个矩阵形式，方便科研上的数据处理。

```
function mydata=readfile()
//将数据从第14行一直读到最后，将所有数据存储到best_data。
[name,path]=uigetfile('*.dat');
//以对话框形式打开文件，返回文件。
fid=mopen(strcat([path,'\',name]),'r');
mydata=[];
i=1;
while 1
    tline=mgetl(fid,1);
    if tline==[],break;end   //假如读取标志输出为[],到文件尾部了,退出。
    if i>13
        tline=tokens(tline)   //将同一行的数据根据分隔符进行切割。
        tline=tline'
        tline=strtod(tline);   //字符串变数值。
        mydata=[mydata;tline];   //数据一行一行的添加到文件尾部。
    end
     i=i+1;
end
mclose(fid);
endfunction
```

在上述函数中，用到了 Scilab 的内置文本相关读写函数，现逐一介绍如下：

（1）uigetfile 以对话框的形式打开文件。该函数的输出有两个，在本实例中 name 接收的是用户要打开文件的文件名，path 接收该文件的路径，以上两个输出均为文本格式。函数的输入参数（文中的‘*.dat’）是用来进行文档格式筛选的，表示默认只显示以 dat 为后缀的文件。

（2）mopen 以指定方式打开指定的文件。该函数的输出（文中的 fid）是打开的文本在 Scilab 的身份标记，该函数接收的参数有两个，第一个为含有完整路径的文件名（strcat([path, '\', name])），第二个（‘r’）告诉函数如何打开文档，文中的‘r’代表只读。

（3）strcat 将几个字符串连接成一个大字符串。文中的作用是将用 uiget. le 得到的文件名和路径连接起来，得到一个完整的含有路径的文件名。注意中间人为添加了字符'\'。

（4）mgetl 以行为单位读出文本内容。tline 为读出的文本行（可以是很多行），mgetl 的第一个输入参数（文中的 fid）是用 mopen 函数打开的文件的身份标记，第二个参数（文中的 1）表明一次读出行数，本文中一次读出 1 行。

（5）tokens 将一个大字符串根据空格分割成几个独立的小字符串。

上文中得到的字符串形如：

```
"92.15   184.27   298.49   39.39   -45.34   "
```

经过 tokens 处理后，输出结果为：

```
tline  =
   "92.15"
   "184.27"
   "298.49"
   "39.39"
   "-45.34"
```

转置后变为：

```
tline  =
   "92.15"  "184.27"  "298.49"  "39.39"  "-45.34"
```

（6）strtod 将文本变为数字。经过该函数处理，上文中的 tline 变为一个行向量：

```
tline  =
    92.15   184.27   298.49   39.39  -45.34
```

（7）mclose 关闭打开的文件。该函数接收已经打开的文件身份标记（文中的 fid），并根据该标记将文件关闭。

以上命令读入的矩阵，经过加工后，需要根据应用到的处理软件，按特定格式存储起来，这就牵涉到文件的写入。写入文件的格式如图 2 – 13 所示，用下列程序可以实现文件的写入（图 2 – 13）。

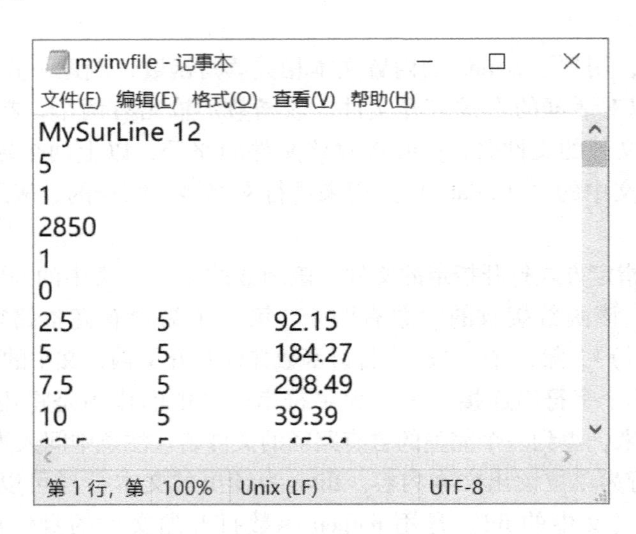

图 2 – 13　写入的文本文件样本

```
function WriteMat2File(SciMat)
//把SciMat所代表的矩阵写入到文本文件中，并根据处理软件要求添加文件信息。
savemessage=x_mdialog('请输入测线信息',['测线名称','最小电极间距'],...
['Surveyline 1','1'])
surveyname=savemessage(1);
zxdjjj=evstr(savemessage(2));
flag=0
res2dinv=[]
[r,c]=size(SciMat);
for i=1:r
    for j=1:c
        if SciMat(i,j)<>0
            flag=flag+1;
            res2dinv=[res2dinv;[j/2,i,SciMat(i,j)]]
        end
    end
end
//把电极间距再乘回去。
res2dinv(:,1:2)=res2dinv(:,1:2)*zxdjjj;
 shujuzongshu=flag
[filename,pathname]=uiputfile('*.dat');
savename=strcat([pathname,'\',filename])
fid = mopen(savename,'w');
//添加测线信息。
    mfprintf(fid,'%s\n',surveyname);
    mfprintf(fid,'%d\n',zxdjjj);
    mfprintf(fid,'%s\n','1');
    mfprintf(fid,'%d\n',shujuzongshu);
    mfprintf(fid,'%s\n','1');
    mfprintf(fid,'%s\n','0');
[r,c]=size(res2dinv);
//写入测量数据。
for i=1:r
    for j=1:c
    mfprintf(fid,'%g\t',res2dinv(i,j));
    end
```

```
    mfprintf(fid,'\r\n');
end
//写入文件结尾信息（五个0）。
for k=1:5
    mfprintf(fid,'%s\t','0');
    mfprintf(fid,'\r\n');
end
mclose(fid);
endfunction
```

在上述函数中，用到了 Scilab 的内置文本相关读写函数，现逐一介绍如下：

（1）x_mdialog 文本输入对话框。该对话框用来提示用户输入特定信息，并以文本形式存储在输出变量里面（文中的 savemessage）。该函数的输入参数给出了对话框的分组框提示信息，文本输入框提示信息，文本输入框初值等内容。对照图 2 – 14，读者可以获悉输入参数如何显示。

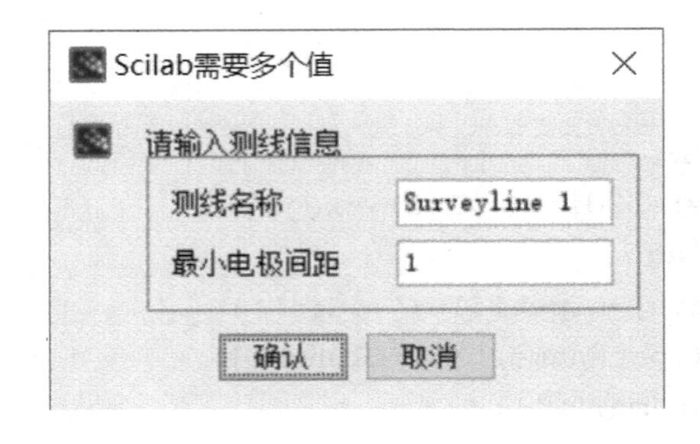

图 2 – 14　文本输入对话框

（2）evstr 将文本变为数字。类似于前面的 strtod 函数，该函数通过将输入的以文本形式表示的公式进行赋值计算，从而实现了将文本变为数字的功能。具体信息参考帮助文档。

（3）uiputfile 保存文件对话框。该函数输出要保存的文件名和文件路径，输入参数用来设置默认的保存格式。

（4）mopen 以指定方式打开指定的文件。该函数的功能上文已经介绍，注意文中的‘w’代表写入。如果文件已经存在，原文件内容会被破坏掉。如果文件不存在，会创建一个新文件。

（5）mfprintf 将数据格式化输入到一个文件中。这是一个 c 语言函数，其中的第一个参数（文中的 . d）表示数据写入到哪里，第二个参数（如文中的'% s\n '）表示数据写入的格式。第三个参数代表实际数据。

常见的数据写入格式如下：

① %d,%i 十进制有符号整数。

② %u 十进制无符号整数。

③ %f 浮点数。

④ %s 字符串。

⑤ %c 单个字符。

⑥ %e,%E 指数形式的浮点数。

⑦ %x,%X 无符号以十六进制表示的整数。

⑧ %o 无符号以八进制表示的整数。

⑨ %g 自动选择合适的表示法。

⑩ \r 回车（不换行），后边的数字替代这一行最开始的相等数目的数字。

⑪ \n 换行。

⑫ \t 跳到下一个制表位。

3 数据视觉呈现

3.1 二维图像的绘制

3.1.1 plot 命令及其标注

在 Scilab 中面能用来绘图的命令很多，但使用最多的是 plot 命令。plot 命令的使用语法有好几种，本书只介绍最常用的语法格式。同初中时绘制函数图像一样，plot 绘图一般要分为如下几个步骤：

1. 数据准备

需要分别在两个向量里面存储要绘制的图像的数据点的横坐标和纵坐标。注意，两个向量长度必须完全相等，可以都是行向量，也可以都是列向量。

在 Scilab 窗口键入如下命令进行数据准备：

```
-->x=linspace(0,2*%pi,20);
-->y=sin(x);
//此处正弦函数输入是向量x，则输出的也是一个向量y。x、y就是需要的横、纵坐标值。
```

2. 描点绘图

Scilab 分别从横坐标向量和纵坐标向量提取数据，描点，按坐标存储顺序用直线连起来，如果点取得比较密集，则图像看起来就很平滑。

```
-->plot(x,y,'rd-')
//第三个参数‘rd-‘指定绘制的图形的颜色、数据点标记和线型。
```

本例中 r 代表红色，d 代表菱形，- 代表实线，绘制出的图形如图 3－1 所示。

具体的颜色、数据标记、线型与字母或符号的对应关系见表 3－1。

3. 对图形进行标注

常见的有题头、图例、纵横坐标文字等。这一步不是必需的，可根据具体情况决定是否添加和添加哪些选项。

```
-->title('sine wave')   //添加图形的题头。
-->legend('y=sinx')   //添加图例。
-->xlabel('x')   //设置横坐标说明文字。
-->ylabel('y')   //设置纵坐标说明文字。
```

执行上述三步命令后，得到的图形如图 3－1 所示。

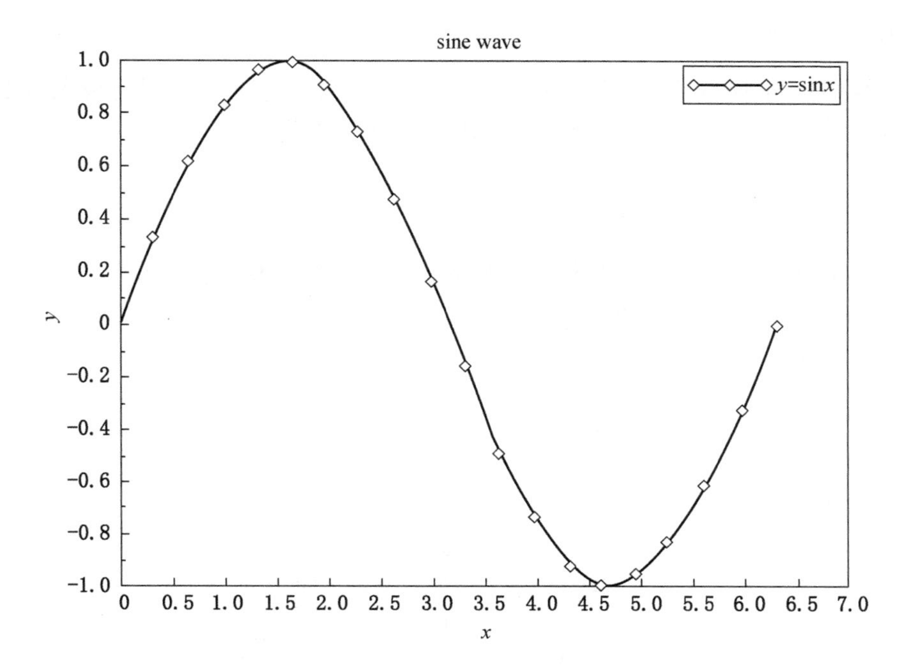

图 3－1　用 Scilab 绘制的正弦函数图像

表 3－1　Scilab 绘图中常用的标记符号

符　号	意　义	符　号	功　能
r	Red 红色	g	Green 绿色
b	Blue 蓝色	c	Cyan 青绿色
m	Magenta 品红色	y	Yellow 黄色
k	Black 黑色	w	White 白色
+	加号标记	o	圆圈标记
*	星号标记	.	点号标记
x	叉号标记	‘square’ 或 ‘s’	方形标记
‘diamond’ 或 ‘d’	菱形标记	^	上尖号标
v	下尖号标记	>	大于号标记
<	小于号标记	‘pentagram’	五角星标记
–	实线	–	虚线
–. 点划线	..	点线	

3.1.2 极坐标绘图

前面学习的 plot 函数适用于笛卡尔坐标下的绘图，有时我们需要进行极坐标绘图，这时就需要用到极坐标绘图函数 polarplot。该函数的语法格式如下：

```
polarplot(theta,rho,[style,strf,leg,rect])
polarplot(theta,rho,<optargs>)
```

其中 theta 为角度值，rho 为半径值。其余参数使用方法参见帮助文档。

在 Scilab 主窗口键入如下命令：

```
-->clf() //清除当前窗口的内容。
-->t=linspace(0,2*%pi,1000);
-->polarplot(sin(7*t),cos(8*t))
```

绘制的图形如图 3－2 所示。

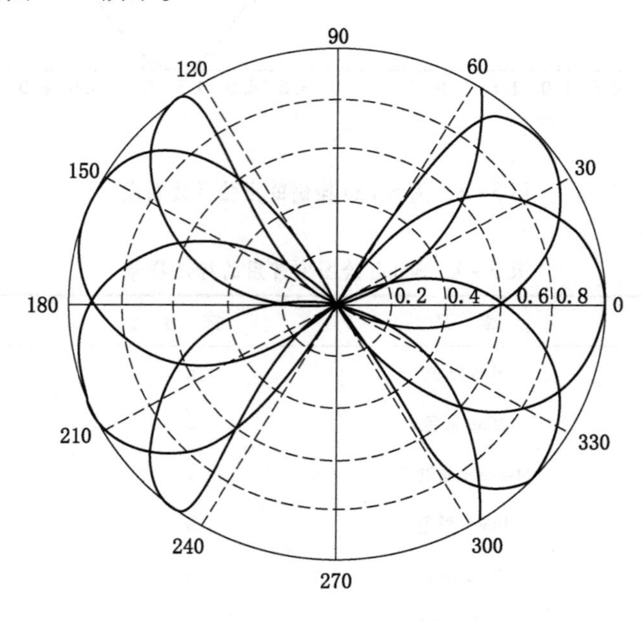

图 3－2 极坐标图

3.1.3 在同一个窗口里面绘制多个图形

在执行 plot 命令的时候，如果当前没有图形窗口，Scilab 会自动打开一个图形窗口，并自动命名为“图像窗口 0”（本书采用 Windows 10 系统，Scilab 版本为 6.6.1，在不同操作系统和不同版本下显示的图形窗口文字会有差异），Scilab 将在这个图形窗口里面进行绘图。

如果当前已经有图形窗口打开，则会在已有图形窗口中的当前窗口绘图，绘制的图形与以前的图形在同一个窗口里面叠加。

在 Scilab 主命令窗口键入如下命令：

```
-->figure(2)
//新建一个图形窗口，窗口Id为2，返回值为该窗口的句柄， Scilab给出了该句柄的一
//些说明信息，具体返回信息从略。
-->x=linspace(0,2*%pi,20);
-->plot(x,sin(x),'rs-')    //分别绘制正弦和余弦图形，图形自动叠加。
-->plot(x,cos(x),'r*--')
```

上面两句也可以改写成如下格式，在显示结果上是一致的，即可以用一个 plot 语句绘制多个图形。

```
-->clf()    //清除或重设当前绘图窗口到默认状态。
-->plot(x,sin(x),'rs-',x,cos(x),'r*--')
```

得到的图形如图 3－3 所示。

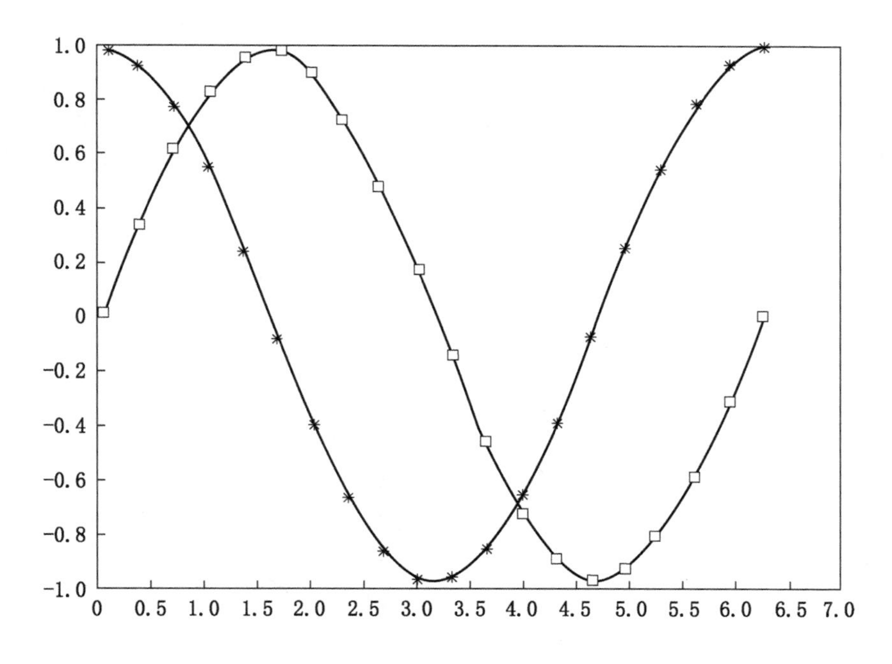

图 3－3　同一窗口绘制多个图形

3.1.4　绘制子图

有时候我们需要将同一个绘图窗口切分成几块，分别在每一块里面绘制不同的图形，以便于图形之间的互相对照。这就要用到 Scilab 里面的子图绘制功能。

绘制子图用到的命令是 Subplot，其语法格式如下：

```
subplot(m,n,p)
```

其中参数 m 代表图形窗口分割的行数，n 代表图形窗口分割的列数，p 代表当前要绘

制图形的子图的位置。

在 Scilab 主窗口键入如下命令：

```
-->x=linspace(0,2*%pi,20);
-->subplot(2,2,1),plot(x,sin(x));
//在2行2列的第1个子图绘制正弦图形。
-->subplot(2,2,2),plot(x,cos(x));
//在2行2列的第2个子图绘制余弦图形，注意图形的位置。
-->subplot(2,2,3),plot(x,x.^2);
//在2行2列的第3个子图绘制x2的图形，注意图形的位置。
-->subplot(2,2,4),plot(x,x.^0.5);
```

绘制出的图形如图 3 -4 所示，从图中可以看出，子图的位置是按照先行后列的顺序进行逐一排定的。

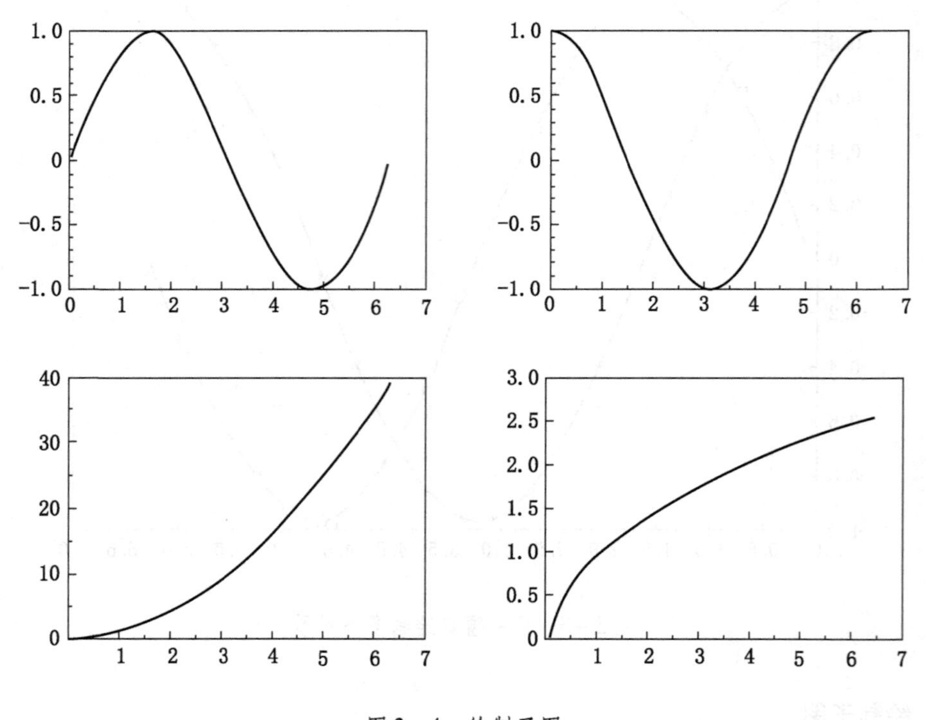

图 3 -4　绘制子图

3.1.5　定制坐标轴的显示方式

在很多情况下，我们都需要控制图形如何显示，比如：指定坐标轴的显示范围，指定纵横坐标显示比例相等。为了实现这一目的，需要用到 Scilab 里的 mtlb axis 函数，该函数以 mtlb 开头，表明该函数是模仿 Matlab 函数重写而成。

该函数有如下两种语法格式：

```
mtlb_axis(X)
mtlb_axis(st)
```

函数的输入参数简介如下：

X：一个向量，形如［xmin xmax ymin ymax］或者［xmin xmax ymin ymax zmin zmax］，里面存储了各坐标轴显示的最小最大坐标值。

st：字符串，分别可以取如下值："auto"，自动选取，这是默认值；"manual"，人工选取；"tight"，紧凑模式；"ij"，零点在左上角，*x* 轴正方向垂直向下；"*xy*"，笛卡尔坐标；"equal"，纵横坐标轴显示比例相等；"square"，显示区域强制缩放为正方形；"vis3d"，三维视图；"off"，不显示坐标轴；"on"，显示坐标轴，这是默认值。

在控制台里面键入如下命令可得到一个图 3 - 5 所示的椭圆，该圆没有达到预期目的。

```
-->ang=linspace(0,2*%pi);
-->x=cos(ang);y=sin(ang);
-->plot(x,y)
```

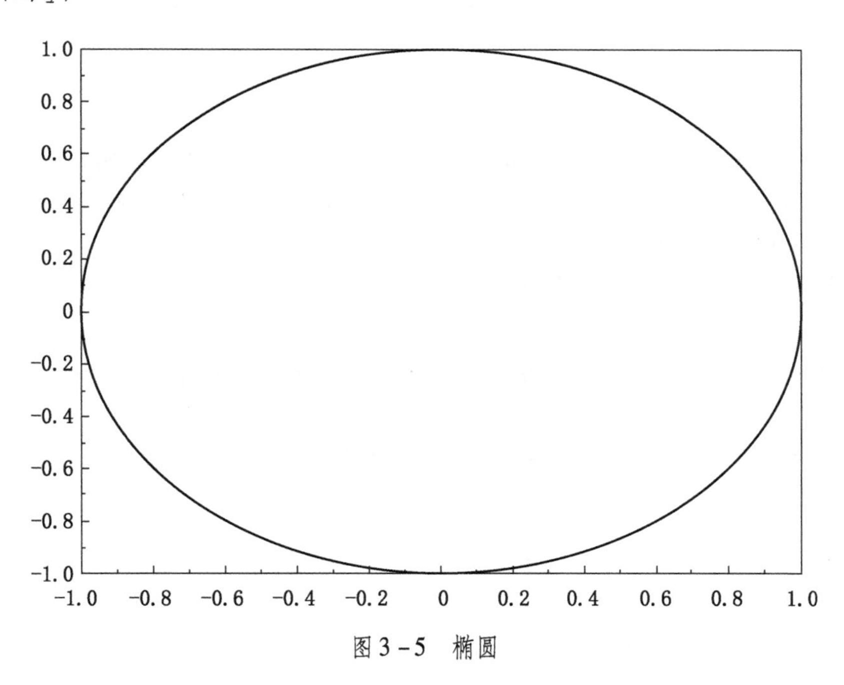

图 3 - 5 椭圆

在控制台里接着键入如下命令，得到图 3 - 6 所示的正圆，该圆已达到预期目的。

```
-->mtlb_axis('equal')    //指定纵横坐标轴显示比例相等。
```

3.1.6 图形的变换

从本质上讲，所有图形的变换都是其纵横坐标数据的变换。常见的图形变换有缩放、平移和旋转，现将如何用 Scilab 语言实现这些功能介绍如下。

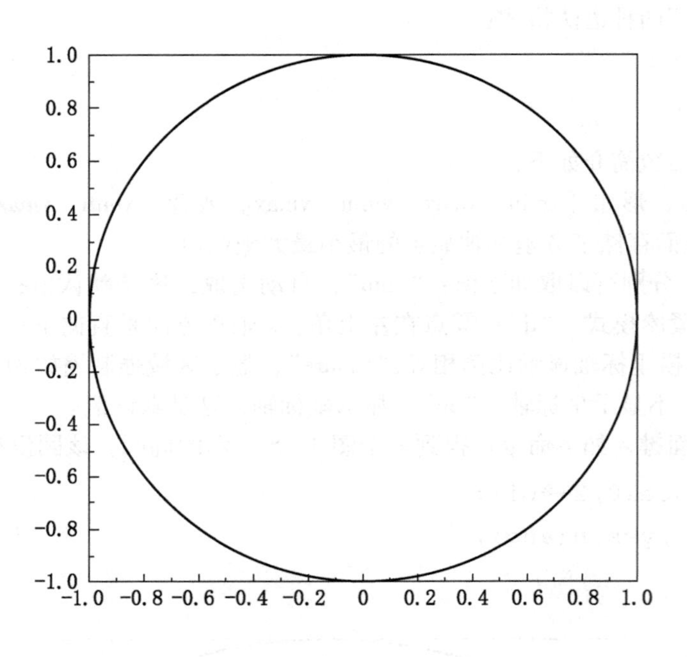

图 3-6 正圆

假如有一组数据（向量）x_1，经过一个线性变换 $a+kx_1$ 得到另一组数据（向量）x_2。把变换后的 x_2 代替原来的 x_1 进行绘图，则相对于初始图形，该图形进行了一次线性变换。在这里，a 称之为平移系数，k 称之为缩放系数。

例 3-1 墨西哥草帽函数的表达式如下：

$$m_h=(1-t^2)e^{-\frac{t^2}{2}}$$

试在 -5 到 5 这个区间绘制函数图像。然后将该图像在水平方向上缩小到原来的一半，并向右平移 3。

在控制台内键入如下代码，观察函数的平移和缩放情况：

```
-->t=linspace(-5,5);
-->mh=(1-t.^2).*exp(-t.^2/2);
-->t2=0.5*t+3;
-->plot(t,mh,'r:',t2,mh)
```

得到的图形如图 3-7 所示。

怎样实现图形的旋转呢？以围绕坐标原点旋转为例，在极坐标下，通过对 θ_1 进行线性变换 $\theta_2=\theta_1+\delta$ 获得 θ_2，以 θ_2 取代 θ_1 进行绘图，就实现了图形的旋转功能。

例 3-2 在极坐标下绘制函数

$$r(\theta)=6\sin\frac{\theta}{4},0<\theta<24\pi$$

的图像，并将其逆时针旋转 90°。

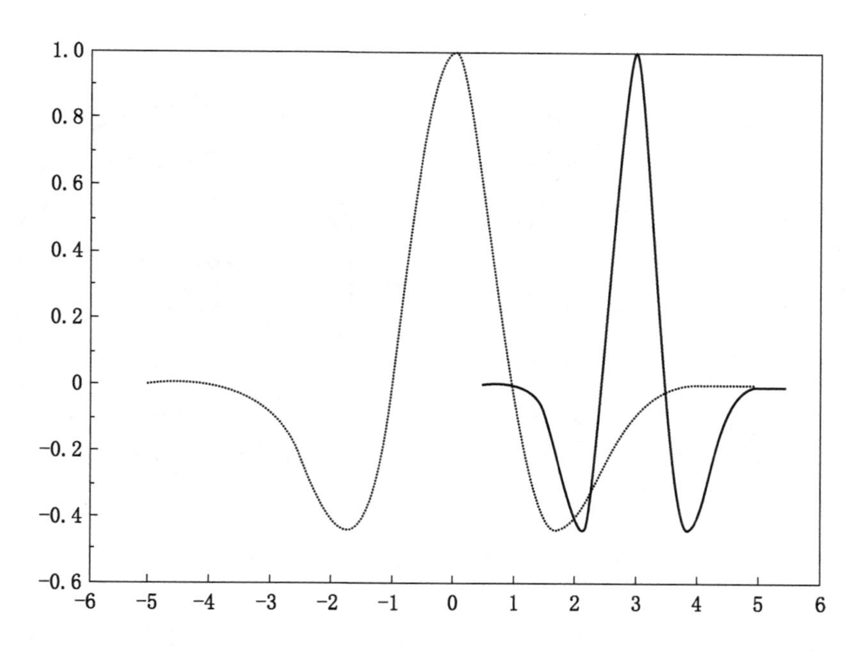

图 3－7 墨西哥草帽的缩放

在控制台键入如下命令，得到的图形如图 3－8 所示。

```
--> theta=linspace(0,24*%pi,1000);
--> rho=6*sin(theta/4);
--> theta2=theta+%pi/2;
--> subplot(1,2,1)
--> polarplot(theta,rho,style=5)
//左侧图形，原图。
--> subplot(1,2,2)
--> polarplot(theta2,rho,style=2)
//右侧图形，旋转90°。
```

假定笛卡尔空间有两点 $p_1=(x_1,\ y_1)$，$p_2=(x_2,\ y_2)$，则两点间的距离为：

$$d=\sqrt{(x_2-x_1)^2+(y_2-y_1)^2}$$

两点首尾相连形成的矢量，与水平轴之间的夹角为：

$$\theta=a\tan\frac{y_2-y_1}{x_2-x_1}$$

同理，假定在极坐标下由两点 $p_1=(\theta_1,\ \rho_1)$，$p_2=(\theta_2,\ \rho_2)$，这两点在水平方向上的距离为：

$$\Delta x=\rho_2\cos\theta_2-\rho_1\cos\theta_1$$

在竖直方向上的距离为：

$$\Delta y=\rho_2\sin\theta_2-\rho_1\sin\theta_1$$

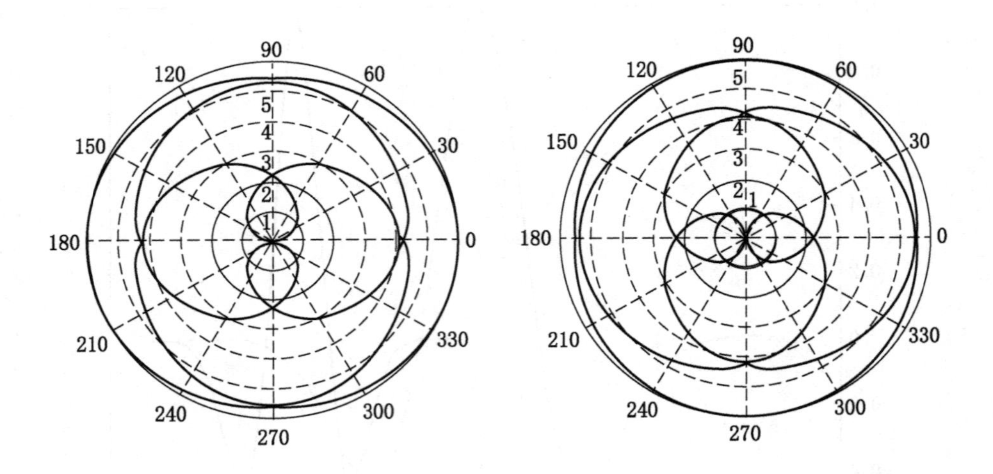

图 3-8　正弦函数在极坐标中的表示

根据以上四个公式，就可以实现笛卡尔坐标下和极坐标下图形的互相转换。

例 3-3　在笛卡尔坐标下绘制 0～8π 取值范围内公式

$$y = x\sin x$$

的图形，并转换到极坐标下。

在控制台内键入如下代码：

```
//本例中的转换均以两个坐标的原点为参考点。
-->x=linspace(0.01,8*%pi);    //不从零开始，避免出现被零除的错误。
-->y=x.*sin(x);
-->rho=(x.^2+y.^2).^0.5;
-->theta=atan(y./x);
-->subplot(1,2,1)    //第一个子图用笛卡尔坐标。
-->plot(x,y)
-->subplot(1,2,2)    //第二个子图用极坐标。
-->polarplot(theta,rho)
```

绘制的图像如图 3-9 所示。

例 3-4　已知心形图可用极坐标函数

$$\rho = a\cos(\sin\theta), 0 < \theta < 2\pi$$

来表示，试在极坐标下绘制出这个图形，并转换到笛卡尔坐标。

在控制台内键入如下命令：

```
-->theta=linspace(0,2*%pi);
-->rho=acos(sin(theta));
-->deltax=rho.*cos(theta);
```

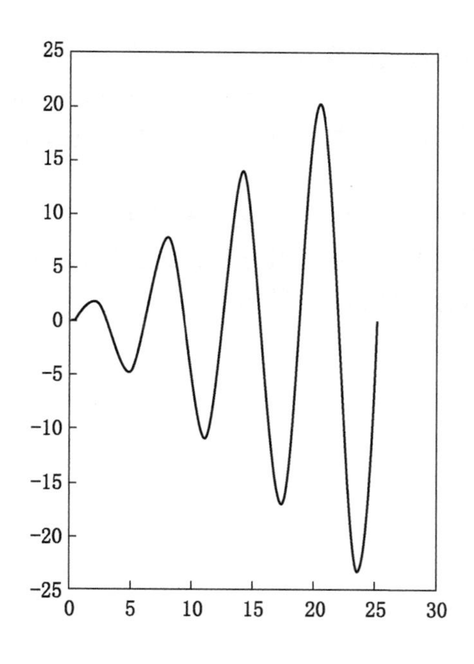

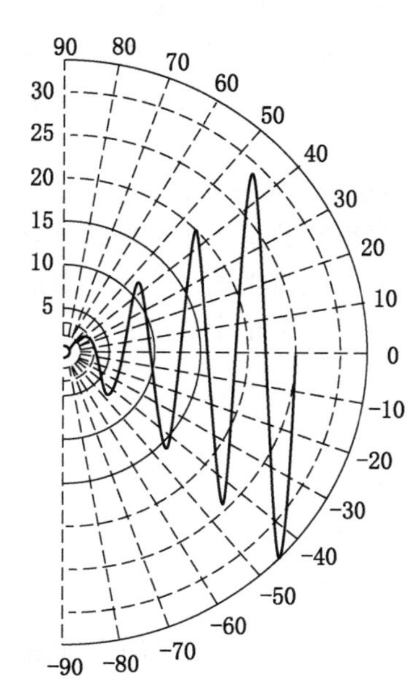

图3－9 笛卡尔坐标到极坐标

```
-->deltay=rho.*sin(theta);
-->subplot(1,2,1)    //子图1绘制极坐标。
-->polarplot(theta,rho,style=5)    //style制定颜色为红色。
-->subplot(1,2,2)    //子图2绘制笛卡尔坐标。
-->plot2d(deltax,deltay,5,frameflag=4)
//后两个参数制定红色，坐标等比例。
```

得到的图形如图3－10所示。

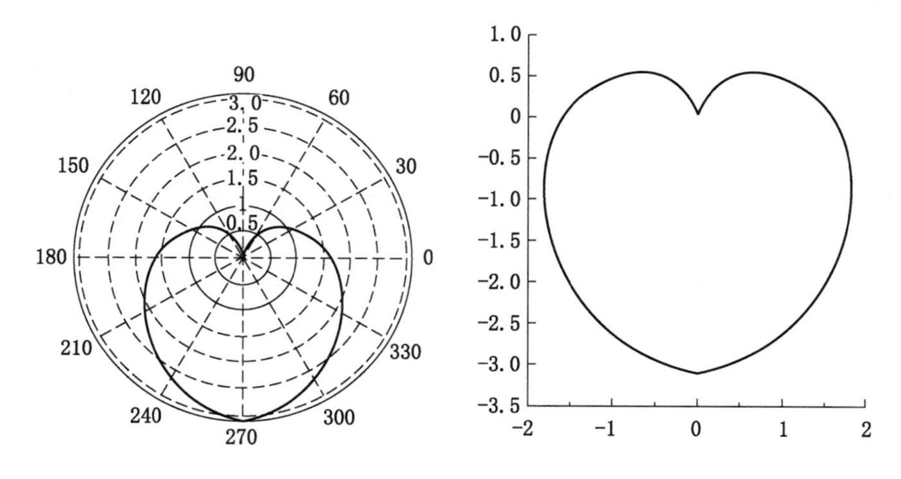

图3－10 心形曲线

如前所述，图形的变换本质上就是对于绘图数据的修改。平移、缩放、旋转或坐标系变换，本质上是对所有数据按同一规则进行了变换。事实上，我们也可以对某一部分数据使用一种规则变换，对另外一部分数据使用别的规则变换。这在实际的图形处理中经常会用到。

例3-5 绘制一个正十边形，并将部分点的位置内缩，使之变为五角星。

由于要绘制的正十边形曲线闭合，首先应该考虑使用参数方程，其次从 plot 函数的绘图方式来讲，应该将第一个点和最后一个点重合，故总的点数为11。

首先绘制一个正十边形：

```
-->t=linspace(%pi/2,2.5*%pi,11);
-->x=cos(t);
-->y=sin(t);
-->subplot(1,2,1)
-->plot2d(x,y,5,frameflag=3)
```

然后将双数点的数据缩小到原来的40%。

```
-->x2=x;y2=y;
-->x2(2:2:10)=x2(2:2:10)*0.4;
-->y2(2:2:10)=y2(2:2:10)*0.4;
-->subplot(1,2,2)
-->plot2d(x2,y2,5,frameflag=3)
```

得到的图形如图3-11所示。

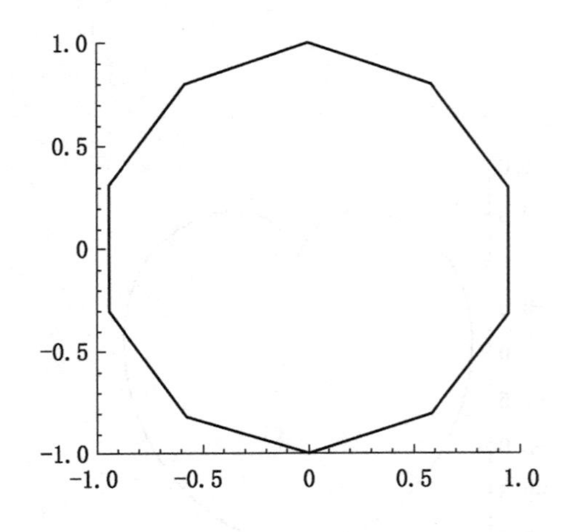

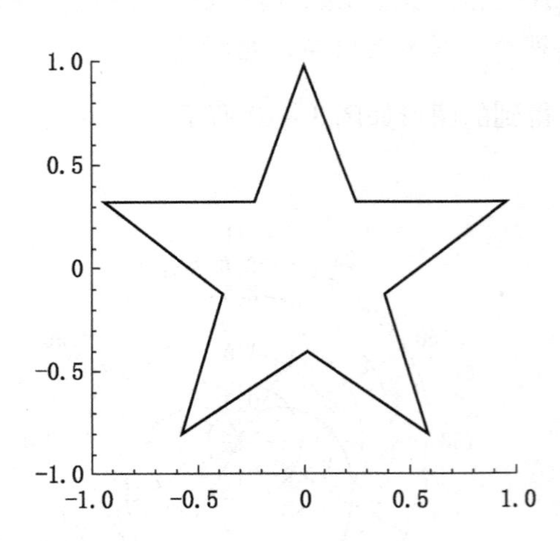

图3-11 正十边形和五角星

3.2 简单的三维图像呈现

3.2.1 三维空间曲线的绘制

函数 param3d 用于绘制由坐标向量定义的空间参数曲线，输入指令 param3d ( )，即可观看演示该函数功能的图形。其基本调用格式为：

```
param3d(x,y,z,[theta,alpha,leg,flag,ebox])
```

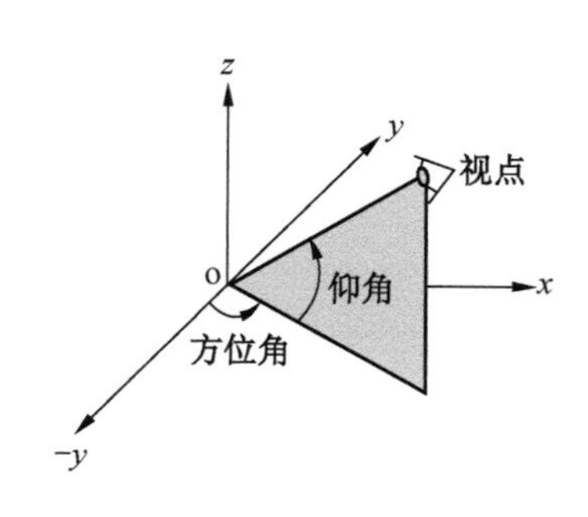

图 3－12 方位角和仰角的示意图

其中参数说明如下：

x，y，z：具有相同维数的三个向量，为空间曲线上点的坐标。

Theta，alpha：以角度值给出观察点的方位角（Azimuth）和仰角（Elevation），具体角度对应关系如图 3－12 所示。

leg：定义每个坐标轴的标示符，各轴标示符以@ 为分隔符，以字符串形式出现，如“X@ Y@ Z”，则三个坐标轴的标示符分别是 X、Y 和 Z。

flag：一般形式为 fiag = ［type，box］，其中 type 和 box 的具体含义如下：

type：一整数，可取 0，1，2，3，4，5，6 等值，不同的取值代表了坐标轴的显示方式。

box：为一整数，用来表示围绕三维图形的框架或包络盒画法。

ebox：该选项用向量［xmin，xmax，ymin，ymax，zmin，zmax］来指定所画图形的边界，这个可选项应该与 fiag 选项中的 type＝1，3 或 5 时一起使用，若 fiag 选项缺失，则 ebox 不在考虑之内。

更详细的说明文字请参看帮助文档。

在 Scilab 主窗口键入如下命令，绘制出的图像如图 3－13 所示：

```
//绘制螺旋线图。
-->x=0:0.1:5*%pi;
-->param3d(sin(x),cos(x),x*0.1,35,45,"x@y@z",[2 3]);
//设置方位角35度，仰角45度，分别设置x、y、z轴的文字，设type=2，box=3。
```

3.2.2 三维曲面的绘制

1. meshgrid 命令

该命令用于三维绘图时，将定义在一维坐标上的取值范围交织成网格，该网格表示三维绘图时分布在某个平面上的二维取值范围。

在 Scilab 主窗口键入如下命令，并观察 meshgrid 函数的输入输出情况：

```
-->x=1:3
 x  =
```

```
     1.     2.     3.
-->y=4:2:10
 y  =
     4.     6.     8.     10.
-->[x2d,y2d]=meshgrid(x,y)   //如果函数有两个或以上输出，要用[]括起来。
 y2d  =
     4.      4.      4.
     6.      6.      6.
     8.      8.      8.
     10.     10.     10.
 x2d  =
     1.     2.     3.
     1.     2.     3.
     1.     2.     3.
     1.     2.     3.
```

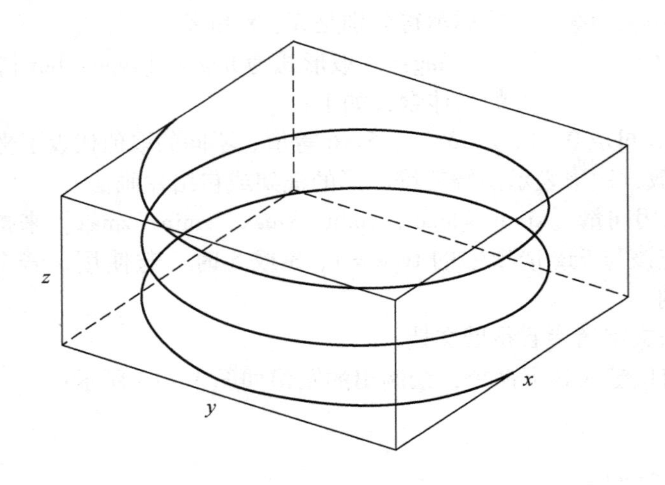

图 3-13　利用 param3d 绘制出的螺旋线图

上述命令中，x 有 3 个数，y 有 4 个数，meshgrid 将 x 按照 y 中元素的个数扩充成 4 行，将 y 首先改成列向量，然后按照 x 中元素的个数将 y 扩充成 3 列。输出的 $x2d$、$y2d$ 恰好是由 x、y 定义的取值范围在 $x-y$ 平面上交织出的取值区域的 x、y 坐标矩阵。

2. plot3d、mesh 和 surf

这三个函数均可用来绘制三维曲面图，不同之处在于 plot3d 是以截面形式表示 3d 曲面，mesh 是以网格形式表示，而 surf 是以面元的形式表示。

以 plot3d 为例，其基本调用格式如下：

```
plot3d(x,y,z,[theta,alpha,leg,flag,ebox])
```

各参数含义如下：

x、y：维数分别为 $1\times n_1$ 和 $1\times n_2$ 的行向量，分别表示 x 和 y 方向的采样点。

z：为 $n_1\times n_2$ 的矩阵，其中 $z(i, j)$ 为曲面上与（$x(i)$，$y(j)$）点对应的值。

theta，alpha：以角度值给出观察点的方位角（Azimuth）和仰角（Elevation），具体角度对应关系如图 3－12 所示。

leg：用@来分隔的每个坐标轴的标示字符数串，该字符串即为所绘制的坐标轴的标示。

flag：长度为 3 的一组实向量，fiag＝［mode，type，box］，其中 mode、type、box 分别说明如下：

mode：用来标示曲面颜色的一个整数，具体取值和颜色对应关系请查看帮助文档。

type：一个正整数，可以取 1 至 6，用来确定坐标轴的一些属性，具体使用请参看帮助文档。

box：用来确定围绕图像的包络盒的显示属性，具体使用请参看帮助文档。

另外两个函数的语法与 plot3d 类似，不再详细介绍。

在 Scilab 主窗口中键入如下命令，绘制出的图形如图 3－14 所示：

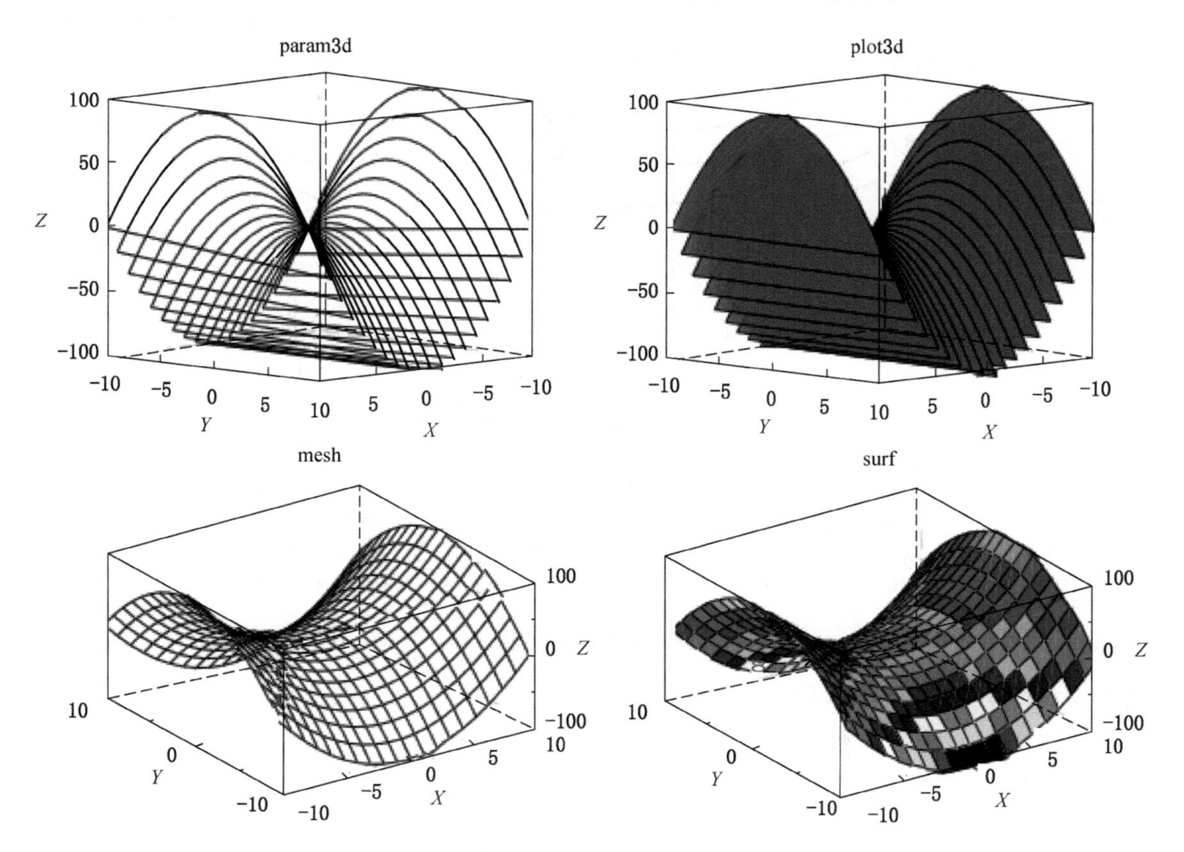

图 3－14　曲面图绘制函数效果对比

```
-->x=linspace(-10,10,20);y=x;    //设定取值范围
-->[x,y]=meshgrid(x,y);    //织网设定计算区域
-->z=x.^2-y.^2;    //函数计算
-->subplot(2,2,1);param3d(x,y,z);xtitle('param3d')
//指定子图，绘图，加标题，下同。
-->subplot(2,2,2);plot3d(x,y,z);xtitle('plot3d')
-->subplot(2,2,3);mesh(x,y,z);xtitle('mesh')
-->subplot(2,2,4);surf(x,y,z);xtitle('surf')
```

3. 等高线图

测绘工程上常用等高线图来表示实际地形，推广到其他领域，可以用等值线图在二维平面内表征三维信息，如等温曲线图等。绘制这一种类型的图需要用到 contour 函数。其语法格式如下：

```
contour(x,y,z,nz,<opt_args>)
```

其中 x、y 为两个行向量，也就是绘图时 x、y 轴的取值范围。z 为矩阵，其行数和列数与 x、y 中的元素个数相等。n_z 为要绘制的等高线条数。在控制台内键入如下命令，结合代码，观察等高线的绘制情况（图 3 - 15）。

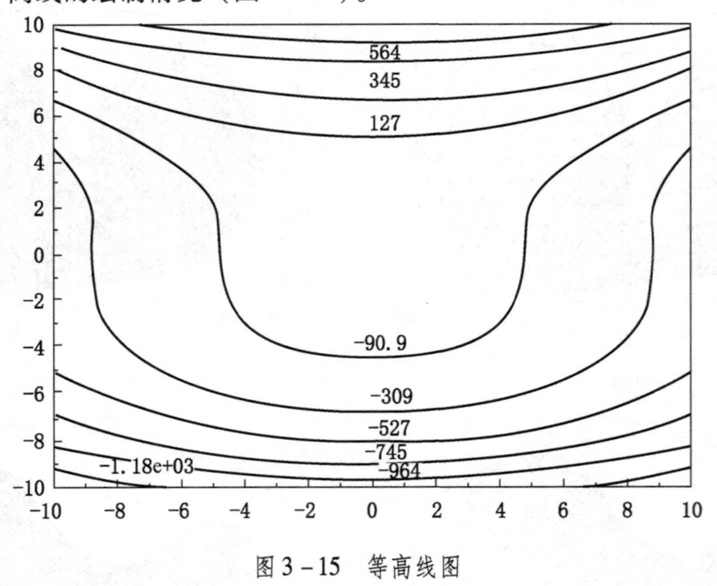

图 3 - 15　等高线图

```
-->x=linspace(-10,10);
-->y=x;    //指定取值范围。
-->[xmesh,ymesh]=meshgrid(x,y);    //编制取值范围网格。
-->z=xmesh.^3-4*ymesh.^2;    //计算对应第三维。
-->contour(x,y,z,10)    //绘制登高线图，注意前两个参数为向量，第三个参数为
矩阵，第四个参数为等高线个数。
```

3.2.3 高级绘图函数

前面的 mesh 等函数在计算时需要根据表达式计算出具体的绘图数据，而高级绘图函数不用再计算具体数据，只需要指定图像的公式和取值范围，就可以绘图。

常用的高级绘图函数 fplot3d，其语法格式如下：

```
fplot3d(xr,yr,f,<opt_args>)
```

其中，x_r 为 x 取值范围，为一个行向量，y_r 为 y 取值范围，为一个行向量，f 在线定义的绘图函数表达式。在线定义函数表达式在 Scilab 与编程一章中已经讲过，不再赘述。除上述语法外，以上两个命令还有更复杂的表达方式，基于篇幅所限，本书不述及，读者可自行查阅帮助文档。

在控制台键入如下命令，得到的三维图像如 3－16 所示：

```
-->x=-3:0.2:3 ;y=x ;
-->deff('z=f(x,y)','z=x.^2-y.^3')
-->fplot3d(x,y,f)
```

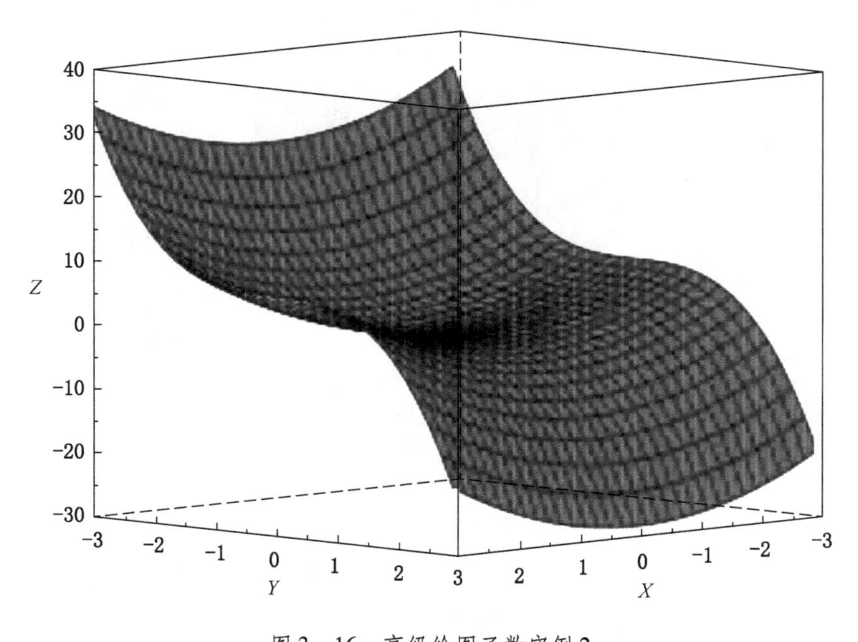

图 3－16 高级绘图函数实例 2

3.3 色表以及高维信息的展示

例 3－6 以地球经纬度为网格大小，绘制一个三维球体，并施加不同的色表，观察色表效果。

球体的三维坐标一般用参数方程求得。假设球体的直径为 1，则其他的两个参数分别为经度和纬度。将经纬度值用 meshgrid 函数处理后，用纬度求出 z 值和小圆半径。再根据小圆半径和经度求取 x 值和 y 值。具体命令如下：

```
-->az=linspace(0,2*%pi,37);    //经度。
-->ez=linspace(-%pi/2,%pi/2,17);    //纬度。
-->[azs,ezs]=meshgrid(az,ez);    //织网。
-->z=sin(ezs);
-->x=cos(ezs).*cos(azs);
-->y=cos(ezs).*sin(azs);
-->surf(x,y,z)
-->mtlb_axis('equal')
```

绘制出的图像如图 3－17 所示。

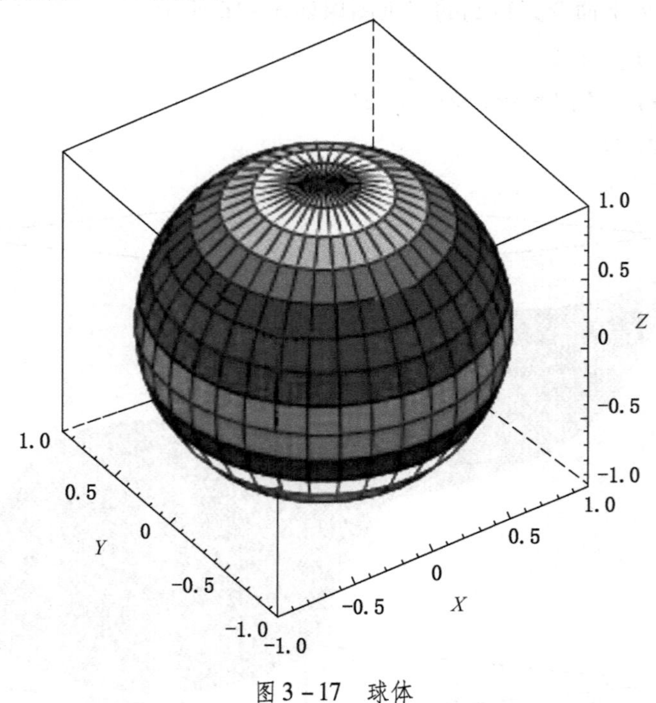

图 3－17　球体

Scilab 中色表是图形的一个属性，一般通过 scf（）函数得到图形的句柄，然后利用句柄调用图形的色表属性进行设置。举例如下：

```
-->f=scf()
-->surf(x,y,z)
-->mtlb_axis('equal')
-->f.color_map = autumncolormap(32);
```

得到的图形如 3－18 所示。

类似的色表还有 jetcolormap，hotcolormap，hotcolormap，summercolormap 等。详见说

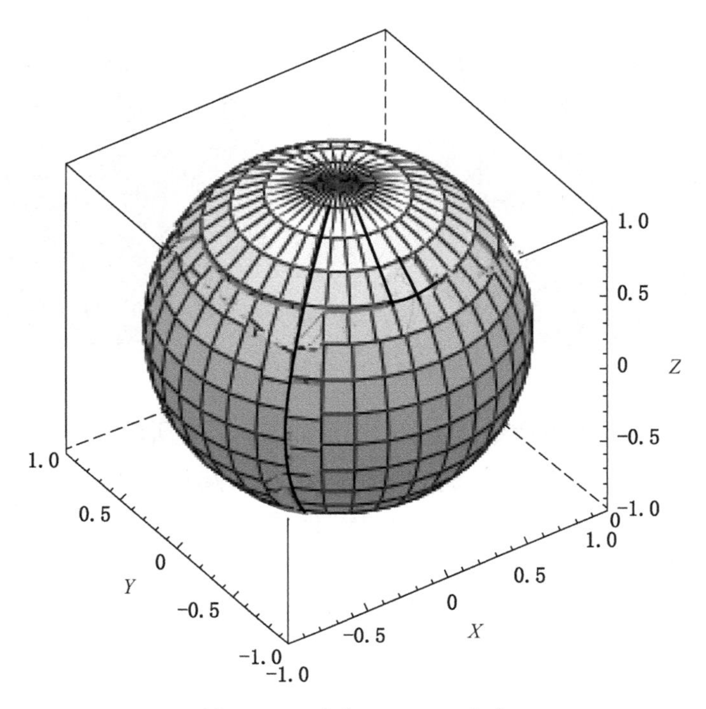

图3-18　球体-Autumn色表

明文档Scilab Help - Graphics - Color management。

3.4　常见统计图

1. pie：绘制饼图

其语法格式如下：

```
pie(x[,sp[,txt]])
```

其中：*x*为正整数或向量，如果是正整数，Scilab绘制分割成大小相等的整数块的饼图，如果是向量，按向量各元素相对大小关系分割饼图；*sp*为向量，用于标示用来切取出来重点显示的块；*txt*为字符串，用来说明每一块的名称。

在Scilab主窗口键入如下命令，绘制的图像如图3-19所示：

```
-->subplot(1,2,1);pie([1 3 4 2])
-->subplot(1,2,2);pie([1 3 4 2],[0 1 0 0],['ora','ban','app','pea'])
//设置第二块切出显示，并在各块上显示相应的说明文字。
```

2. bar：绘制条形图

其语法格式如下：

```
bar([h],x,y,[,width,[,color[,style]]])
```

其中：*h*为轴句柄，*x*为条形图的位置，*y*为条形图高度，width为条形图的宽度，color为条形图颜色，style为条形图风格。

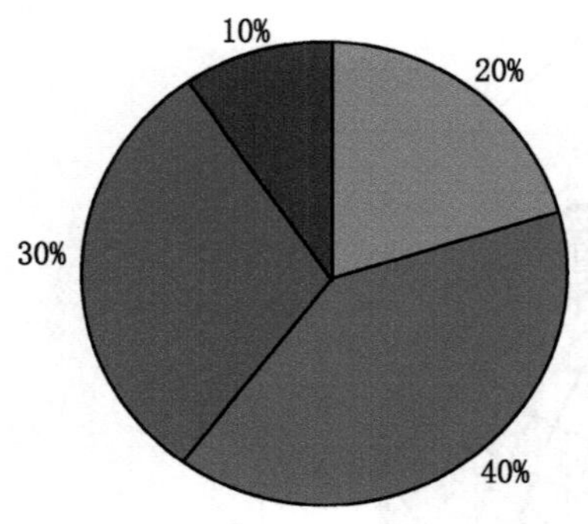

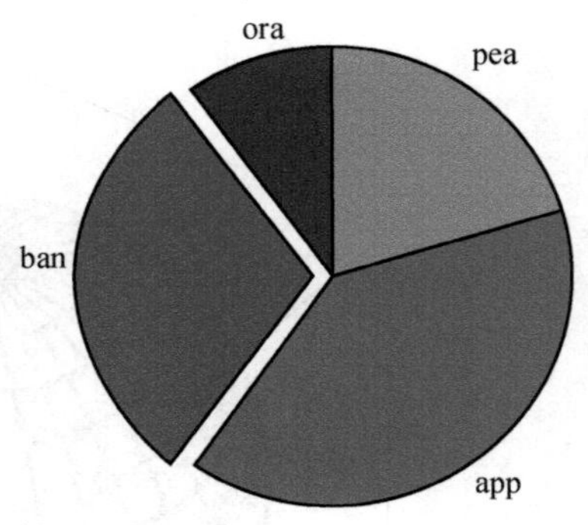

图 3－19　饼图

在 Scilab 主窗口键入如下命令，绘制的图形如图 3－20 所示：

```
-->subplot(2,2,1);y=[1 -3 5];bar(y,0.5,'yellow');
//此处x缺失，Scilab默认为x=1: n，n为y的长度。
-->subplot(2,2,2);x=[1 2 5];
//绘制如图3-20所示图形，分三组，位置在1，2，5。
-->y=[1 -5 6;3 -2 7;4 -3 8];bar(x,y)
//y的每一行分别指定每组里面条形图的高度。
-->subplot(2,2,3); x=[1 2 5];
-->y=[1 4 7;2 5 8;3 6 9];bar(x,y,'stacked');
//指定每一组里面条形图的绘图方式为叠加。
-->subplot(2,2,4);x=[1 2 5];
-->y=[1 4 7;2 5 8;3 6 9];bar(x,y,0.2,'green');
//指定每一组里面条形图的颜色为绿色。
```

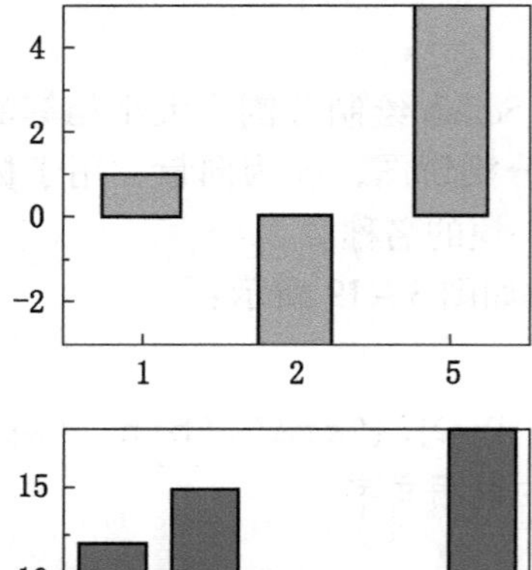

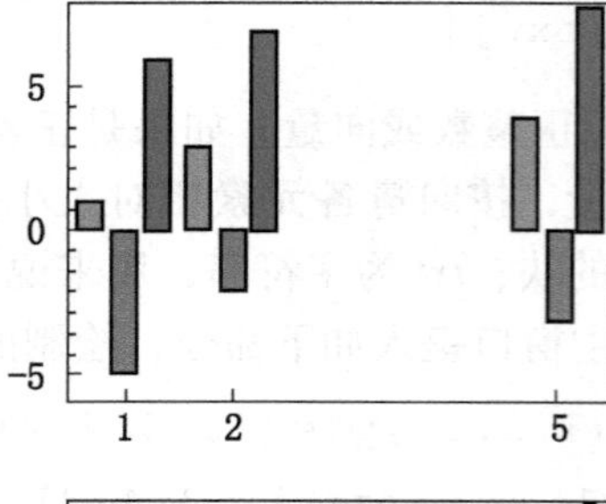

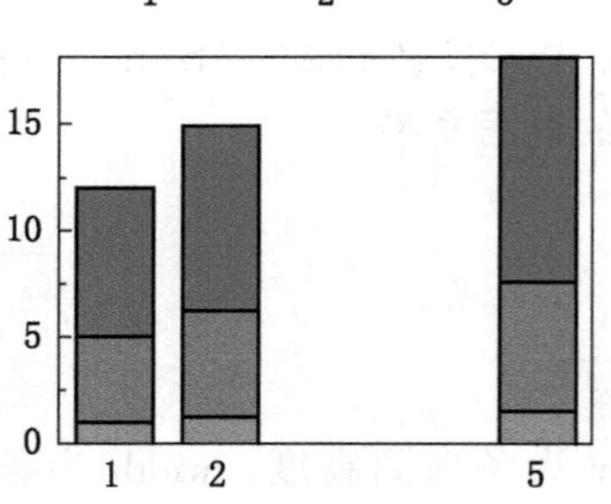

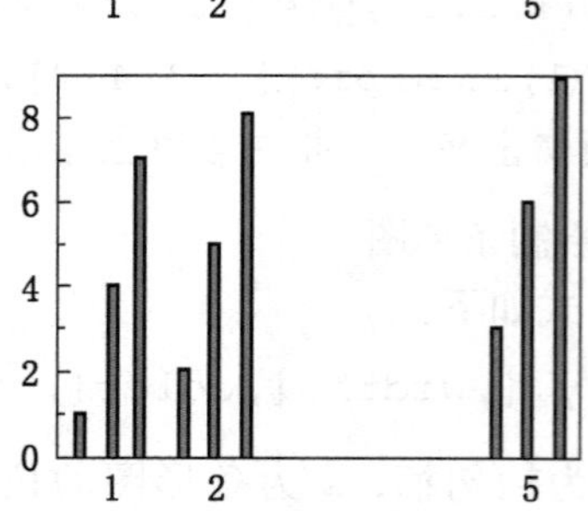

图 3－20　条形图

4 数据规律的提取

数据分析是科学研究和工程实践当中经常会遇到的问题，针对某一个研究对象或过程，通过持续的观察或实验，能得到大量的反映该对象或过程的数据，这些数据如果不通过特定的分析方法找出其内在的规律性，那么这些数据就毫无意义。因此，通过数据分析来研究这些数据内在的规律性，进而获取关于该对象或过程的相关理论，在科学研究和工程实践中具有重要的意义。

数据分析的方法有很多，常用的有曲线拟合、数据插值等，本书将针对常用的数据分析函数进行逐一介绍。

4.1 曲线拟合

曲线拟合是进行数据分析时经常遇到的问题，它指的是根据一组或多组测量数据找出一条数学上可描述的曲线的过程。这条曲线有时候能穿过测量的数据点，而有时候将会非常接近但不会穿过测量的数据点。评价一条曲线是否准确地描述了测量数据的最通用的方法是看该测量数据点与该曲线上对应点之间的平方误差是否达到最小，这种曲线拟合的方法称为最小二乘曲线拟合。原则上，我们可以选择任何一组基本函数实现最小二乘曲线拟合，其中使用多项式是最简单最常用的方法。

Scilab 中实现数据拟合的函数有很多，本书仅介绍最常用的 datafit 函数。该函数的语法格式如下：

```
[p,err]=datafit([imp,] G [,DG],Z [,W],[contr],p0,[algo],...
[df0,[mem]],[work],[stop],['in'])
```

从该函数的语法格式来看，只要知道输入三个参数 G、Z、p_0 即可实现数据拟合。

式中各参数的意义和函数的功能介绍如下：

G：要拟合成的函数的形式描述（$e=G(p,z)$，$e:n_e\times 1$，$p:n_p\times 1$，其中 n_e 为方程 G 中方程的个数，n_p 为 p 中参数的个数）

Z：观测数据，一般写成两行的形式，第一行为 x 变量，第二行为 y 变量。

p_0：p 的初始估计值，要写成列向量的形式。

p：找到的最优解，为一列向量。

err：最小二乘误差。

其余参数不再赘述，可参看 Scilab 帮助文档。

例 4-1 2K60-1No18 风机的实测数据见表 4-1，试用二次多项式拟合出该风机的特性曲线。

二次多项式形如 $y=ax^2+bx+c$ 的形式，在本例中，p 为三行的列向量，分别存储 a、

b、c 的值。z 的第一行存储 Q_t，z 的第二行存储 H_{tj}。

表4-1 风机实测数据

$Q_t/(m^3 \cdot s^{-1})$	50	60	70	80	90
H_{tj}/kPa	4.4	4	3.1	2	0.4

在 Scilab 控制台键入如下命令：

```
-->z=[50:10:90;4.4 4 3.1 2 0.4];
-->plot(z(1,:),z(2,:),'r*')    //绘制出数据点，观察数据点的分布情况。
-->deff('e=G(p,z)','e=z(2)-p(1)*z(1).^2-p(2)*z(1)-p(3)');
//定义要拟合成的函数的形式，注意对y=f(x)形式的函数，需改写成e=y-f(x)的
//形式。
-->p0=[0 0 0]';   //各参数的估计初值。
-->[p,err]=datafit(G,z,p0);    //求解拟合方程的参数和误差。
-->x=linspace(40,100);
-->y=p(1)*x.^2+p(2)*x+p(3);
-->plot(x,y)   //绘制拟合出的曲线。
```

在本例中：$p=[-0.0018634;\ 0.1608764;\ 1.0219396]$

即：$H_{tj}=-0.0018634Q_t^2+0.1608764Q_t+1.0219396$

绘制出的图像如图4-1所示。

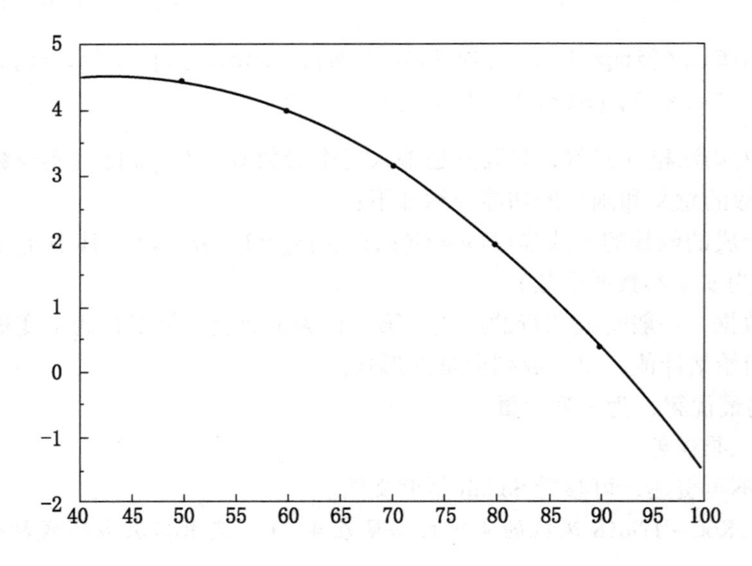

图4-1 二次项拟合曲线

例 4-2 将上一例的风机数据拟合成 $y = ae^{bx} + c$ 的形式。

在 Scilab 控制台键入如下命令：

```
-->z=[50:10:90;4.4 4 3.1 2 0.4];
-->p0=[0 0 0]';
-->deff('e=G(p,z)','e=z(2)-p(1)*exp(z(1)*p(2))-p(3)');
-->[p,err]=datafit(G,z,p0,"ar",nap=1000,iter=1000);
//nap、iter用来设置停止条件的选项，具体说明请参看帮助文档。
-->x=linspace(50,90);
-->y=p(1)*exp(p(2)*x)+p(3);
-->plot(x,y)
-->plot(z(1,:),z(2,:),'r*')
```

本例中 $p = [226.66136;\ -0.0004545;\ -216.78665]$

即 $h_{tj} = 226.66136e^{-0.0004545Q_t} - 216.78665$

拟合出的图形如图 4-2 所示。

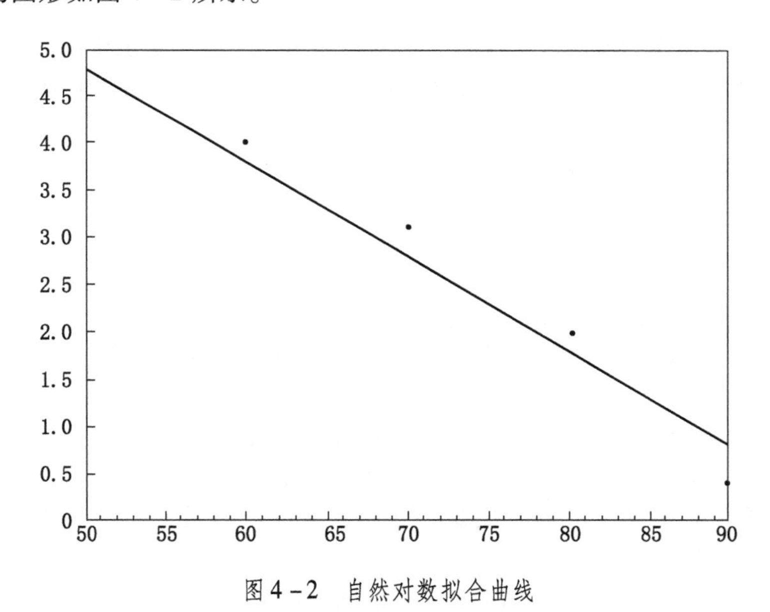

图 4-2 自然对数拟合曲线

4.2 数据插值

有时候，我们并不仅仅对给定数据点处的函数值感兴趣，还对这些数据点中间的某些点处的函数值感兴趣。当用户无法快速地对这些中间点执行函数运算时（例如，这些中间数据需要进行专门的实验测量或者进行长时间的计算才能得到时），就需要用到数据插值。所谓数据插值就是在离散数据的基础上，利用某些数学方法，得出未给出的数据点上的置。

Scilab 给出的插值方法有很多，表 4-2 列举了常用的插值函数。

表 4-2　Scilab 常用的插值函数

Scilab 插值命令	函数意义	Scilab 插值命令	函数意义
bsplin3val	3d 样条任意导数估值函数	intsplin	样条插值数据的积分
cshep2d	二维立方谢波德（发散）插值	linear_interpn	*n* 维线性插值
eval_cshep2d	二维立方谢波德插值估值	lsq_splin	最小平方加权三次样条拟合
interp	三次样条估值函数	smooth	用样条函数平滑曲线
interp1	一维插值函数	splin	三次样条插值
interp2d	双三次样条二维估值函数	splin2d	双三次样条二维插值
interp3d	三维样条估值函数	splin3d	三维样条插值
interpln	线性插值		

例 4-3　对前例中的风机数据进行三次样条插值，并绘出插值曲线。

要对前例的风机数据进行插值，需要用到两个函数：三次样条插值函数和三次样条估值函数，现分别介绍如下：

1. splin 三次样条插值函数

函数语法格式如下：

```
d = splin(x, y [,spline_type [, der]])
```

各参数和函数的功能介绍如下：

x：一个严格递增的行（列）向量，至少应该有两个元素。该向量是已知数据点的横坐标。

y：同 *x* 格式相同的向量。该向量是已知数据点的纵坐标。

spline_type：（可选项）用来表征要进行的样条插值的类型。

der：（可选项）有两个元素的向量，存储末数据点的微分值（只有当 *spline_type* = "*clamped*" 时才提供）

d：同 *x* 格式相同的向量，存储 *x* 对应点的微分值。

该函数返回选定的样条插值函数在给定数据段处的微分，要想进行三次样条插值，还需要用到三次样条估值函数。

2. interp 三次样条估值函数：

函数语法格式如下：

```
[yp [,yp1 [,yp2 [,yp3]]]]=interp(xp, x, y, d [, out_mode])
```

各参数和函数的功能介绍如下：

xp：一个实向量或矩阵。

x、y、d：定义一个三次样条或子样条的尺寸相同的向量（下文中称为 s）。

out_mode：（可选项）定义 s 在区间［x_1，x_n］之外时的估值方法的字符串。

yp：同 *xp* 尺寸相同的向量或矩阵，存储 s 在 *xp* 上的元素估值($yp(i) = s(xp(i)$ or$yp(i,j) = s(xp(i,j))$)。

yp_1、yp_2、yp_3：同 *xp* 尺寸相同的向量或矩阵，s 在 *xp* 上的连续微分的元估值。

该函数用来得到给定数据点处的估值，需同 splin 配合使用。

在 Scilab 控制台中键入如下命令进行插值：

```
-->x=50:10:90;y=[4.4 4 3.1 2 0.4];
-->d=splin(x,y)    //d里面存储的是关于x、y的微分值。
 d  =
   - 1.388D-16  - 0.0725  - 0.1  - 0.1275  - 0.2
-->xx=linspace(49,91);
-->yy=interp(xx,x,y,d);
//对未知数据点xx在已有数据x，y基础上进行插值。
-->plot(x,y,'rs',xx,yy);
-->legend('数据点','插值曲线');
```

绘制出的图像如图 4－3 所示，由图 4－3 可知，由于本例未指定对给定数据点范围之外进行插值时的方法，所以在给定数据范围之外插值所得为两水平直线。

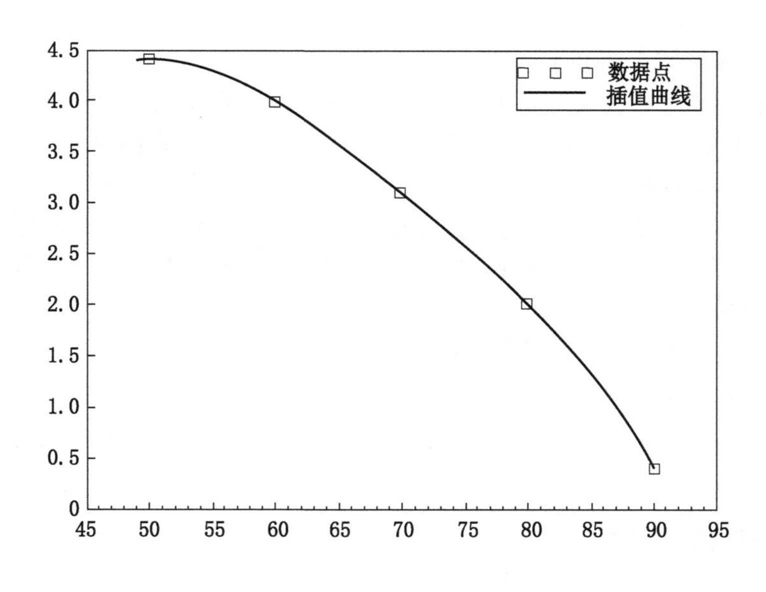

图 4－3　三次样条插值图像

例 4－4　某煤炭的发热量系数情况见表 4－3，试计算当焦渣特性等于 4，挥发分等于 23 时的发热量系数。

这是一个典型的二维插值问题，要解决这个问题，可以用二维平面上的三次样条插值函数来实现。需要用到如下两个函数：

1. splin3d，三次样条二维插值函数

该函数的语法格式如下：

```
C = splin2d(x, y, z, [,spline_type])
```

表4-3 发热量系数表

焦渣特性	挥发分							
	10	15	20	25	30	35	40	45
1	84.5	82	79	78	76	74.5	74.5	74
2	85	84.5	82	80.5	80	78.5	77.5	76.5
3	85.5	85.5	84.5	82.5	81.5	80.5	80	78.5
4	86	86	85	84	83	82	81	79.5
5	86	86	86	85.5	84.5	83.5	82.5	81.5
6	86	86	86	85.5	84.5	83.5	82.5	81.5
7	86	86	87	86.5	86	85.5	84	83

各参数和函数功能介绍如下：

x，*y*：严格递增的行向量，至少要有两个元素，用来定义插值网格。

z：$nx \times ny$ 的矩阵，其中 *nx* 是 *x* 的长度，*ny* 是 *y* 的长度。存储对应 *x*、*y* 的 *z* 值。

spline_type：（可选项）用来选定要运行的双三次样条的类型的字符串。

C：存储有关双三次样条插值用的面的系数的一个大的向量，为函数返回值。

该函数根据三维空间上的一系列数据，返回关于该三维数据同双三次样条的模式匹配情况，为三维估值做准备。

2. interp2d，三次样条二位估值函数

该函数的语法格式如下：

```
[zp[,dzpdx,dzpdy[,d2zpdxx,d2zpdxy,d2zpdyy]]]=interp2d(xp,...
yp,x,y, C [,out-mode])
```

各参数和函数功能介绍如下：

xp、*yp*：同样尺寸的向量或矩阵。

x、*y*、*C*：定义一个双三次样条或子样条的实向量（下文中统称 *s*）。

out_mode：（可选项）定义区间 $[x(1),x(nx)]x[y(1),y(ny)]$ 外的 *s* 的估值方法的字符串。

zp：返回的 *xp*，*yp* 在 *s* 上的元素估值。同 *xp*、*yp* 尺寸相同。

dzpdx、dzpdy：与 xp 和 yp 尺寸相同的向量或矩阵，存储在 s 上的由 xp、yp 定义的点的一阶微分的估值。

d2zpdxx、d2zpdxy、d2zpdyy：与 xp 和 yp 尺寸相同的向量或矩阵，存储在 s 上的由 xp、yp 定义的点的二阶微分的估值。

该函数返回给定点的函数值、一阶微分值和二阶微分值。

在 Scilab 控制台中键入如下命令进行解算：

```
-->xcoal=1:7;
-->ycoal=10:5:45;
-->zcoal=[84.5 82 79 78 76 74.5 74.5 74
-->85 84.5 82 80.5 80 78.5 77.5 76.5
-->85.5 85.5 84.5 82.5 81.5 80.5 80 78.5
-->86 86 85 84 83 82 81 79.5
-->86 86 86 85.5 84.5 83.5 82.5 81.5
-->86 86 86 85.5 84.5 83.5 82.5 81.5
-->86 86 87 86.5 86 85.5 84 83];
-->d=splin2d(xcoal,ycoal,zcoal);
-->z=interp2d(4,23,xcoal,ycoal,d)
 z  =
     84.38911
```

4.3 基于统计学的数值特征提取

例 4-5 某选煤厂测定的精煤水分为 $x/\%$，试对该数据进行分析，数据见表 4-4。

表 4-4 某选煤厂精煤水分测量数据

取样号	1	2	3	4	5	6	7
水分 $x/\%$	10.8	11.47	12.3	11.9	11.6	11.2	10.9

在 Scilab 窗口中键入如下指令：

```
-->mean(x)
 ans  =
     11.452857
```

很显然，该函数返回 x 的算数平均值，该命令有如下几种用法：mean(x,'r') 返回 x 矩阵列的平均值；mean(x,'c') 返回 x 矩阵行的平均值；mean(x,'m') 若矩阵为单行或单列，返回该行或列的平均值，若矩阵为多行多列，返回列的平均值。'r''c''m' 也可以写成 1、2、3。

```
-->median(x)
ans  =
   11.47
-->mad(x)
ans  =
    0.4167347
```

median 函数返回 x 的中位数，即在 x 向量中大于中位数的数字个数和小于中位数的数字个数相等。该命令也有类似 mean 的按行返回、按列返回等几种形式，具体说明参见帮助文档。

mad 函数计算 x 的平均绝对偏差。若 x 是向量，返回 mean(abs(x - mean(x)))。若 x 是矩阵，也有按行返回和按列返回两种形式，具体说明参见帮助文档。

例4-6 某矿在建相邻井筒连续五天的平均涌水量见表4-5，试计算该数据的方差、标准差、协方差、相关系数。

表4-5 矿井的涌水量表

日期	1	2	3	4	5
1号涌水量/($m^3 \cdot h^{-1}$)	11	11.25	11.5	11.75	12
2号涌水量/($m^3 \cdot h^{-1}$)	12.6	15.1	11.6	16.2	17

在 Scilab 中，方差和标准差均被 $n-1$ 标准化，具体使用情况及定义不再赘述。

协方差函数 covar 的语法格式如下：

$$s = \text{covar}(x, y, fre)$$

该函数的各参数说明如下：

x，y：要进行求算协方差的实数或复数向量。

fre：大小为 length(x) × length(y) 的矩阵，该矩阵中索引号为 (i, j) 的元素的值对应着 $x(i)$ 与 $y(j)$ 同时发生的频率。

在本例中，由于两组数据是在连续五天的两个相邻井筒的用水数据，故同一天内的两个数据发生的频率为1，不同天的两个数据发生的频率均为0，所以该频率矩阵为单位矩阵。

相关系数函数 corref 的语法格式如下：

$$\text{rho} = \text{correl}(\text{x}, \text{y}, \text{fre})$$

该函数的各参数与协方差函数中的各参数意义相同，不再赘述。

在概率论和统计学中，协方差用于衡量两个变量的总体误差。而方差是协方差的一种特殊情况，即当两个变量是相同的情况。相关系数是度量两个变量间关联程度的量。相关系数的取值范围为（-1，+1）。当相关系数小于0时，称为负相关；大于0时，称为正相关；等于0时，称为零相关。

在 Scilab 窗口中键入如下指令：

```
-->xwat=[11 11.25 11.5 11.75 12;12.6 15.1 11.6 16.2 17];
-->variance(xwat,'c') //求解矩阵xwat每行的方差
 ans  =
     0.15625
     5.38
-->st_deviation(xwat,'c') //求解矩阵xwat每行的标准差
 ans  =
     0.3952847
    2.3194827
-->covar(xwat(1,:),xwat(2,:),eye(5,5))
//求解矩阵xwat中两行的协方差，协方差频率矩阵为单位矩阵。
//意即只有同xwat中同一列的数据同时发生的频率为1，其余数据同时发生的频率为0。
 ans  =
     0.495
 -->correl(xwat(1,:),xwat(2,:),eye(5,5))
//求解xwat中两行的相关系数，协方差频率矩阵为单位矩阵，意义同上。
 ans  =
     0.6748606
```

例4-7 某矿井掘进采用‘四八’制，三班掘进，一班支护，掘进与支护平行作业，现有两个掘进头六个掘进班某日的班进尺见表4-6，试对所有班进行排序，返回每班进尺的最大（小）值，对每个掘进头进尺进行求和。

表4-6 掘进进尺情况表

班次	掘进头1			掘进头2		
	1	2	3	4	5	6
进尺/m	2.1	1.9	2.3	1.3	1.4	1.2

在 Scilab 主窗口键入如下命令：

```
-->xboring=[2.1 1.9 2.3 1.3 1.4 1.2];
-->gsort(xboring)
//对矩阵进行降序排列，若要升序排列，对降序排列的结果进行反向索引即可。
 ans  =
     2.3    2.1    1.9    1.4    1.3    1.2
 -->sum(xboring(1:3)),sum(xboring(4:6))
```

```
//分别对前三个数和后三个数进行求和。
 ans  =
     6.3
 ans  =
     3.9
-->[m,k]=max(xboring)
//求向量中元素的最大值，并返回该最大值的索引号。
 k  =
     3.
 m  =
     2.3
-->[n,l]=min(xboring)
//求向量中元素的最小值，并返回该最小值的索引号。
 l  =
    6.
 n  =
     1.2
```

Scilab 给出了概率与统计中以正态分布为代表的十余种分布的累积函数，每一种函数又有多种不同的用法，现将正态分布累积函数介绍如下。

正态分布累计函数的使用语法如下：

```
[P,Q]=cdfnor("PQ",X,Mean,Std)
X=cdfnor("X",Mean,Std,P,Q)
Mean=cdfnor("Mean",Std,P,Q,X)
Std=cdfnor("Std",P,Q,X,Mean)
```

式中各参数的意义及函数功能如下：

"*PQ*""*X*""*Mean*""*Std*"：说明该函数目前状态下用来求解的量。

P、$Q(Q=1-P)$：正态分布密度函数从 $-\infty$ 到 x 的积分值，取值范围从 0 到 1。

X：正态分布密度函数的积分上限，取值范围为：$(-\infty,\infty)$。

Mean：正态分布密度函数中的数学期望值 μ，即样本的均值，取值范围为：$(-\infty,\infty)$。

Sd：正态分布密度函数中的标准差，取值范围为：$(0,\infty)$。

例 4-8 已知某矿煤的硫分布呈正态分布，并知 $\mu_x=1.55\%$，$\sigma_x=0.20\%$，现从中抽取样本 $n=50$，求 x 小于 1.48% 的概率。

在 Scilab 窗口中键入如下命令：

```
-->ux=0.0155;sigmax=0.002;n=50;x=0.0148;
 -->[p,q]=cdfnor("PQ",x,ux,sigmax/sqrt(n))
 q  =
```

```
    0.9933358
p  =
    0.0066642
```

即 x 小于 1.48% 的概率很小，仅有 0.666% 左右。

例 4－9 试计算 $p=[0.5, 0.5987, 0.6915, 0.7734, 0.8413]$ 时的逆标准正态分布函数值 x。

在 Scilab 主窗口中键入如下命令：

```
-->n=1;
-->for pp=p
-->X(n)=cdfnor("X",ux,sigmax,pp,1-pp);
-->n=n+1;
-->end
-->X
 X  =
     0.
    0.2499836
    0.5001066
    0.7500908
    0.9998151
```

因为 cdfnor 函数要求各参数必须大小一致，本例用编程的方法逐一进行运算。

其他累积分布函数的使用见表 4－7，篇幅所限，仅举出一部分例子，更多函数请参考 Scilab 的帮助文档。

表 4－7 累积分布函数及使用说明

函数名称	语 法 格 式	简要参数说明
β 分布	[P,Q] = cdfbet("PQ",X,Y,A,B) [X,Y] = cdfbet("XY",A,B,P,Q) [A] = cdfbet("A",B,P,Q,X,Y) [B] = cdfbet("B",P,Q,X,Y,A)	$P,Q(Q=1-P)$:β 分布从 0 到 x 的积分值，取值范围:[0,1] $X,Y(Y=1-X)$:β 分布积分上限，取值范围:[0,1] A,B:β 分布的两个参数，取值范围:[0, +∞)
二项式分布	[P,Q] = cdfbin("PQ",S,Xn,Pr,Ompr) [S] = cdfbin("S",Xn,Pr,Ompr,P,Q) [Xn] = cdfbin("Xn",Pr,Ompr,P,Q,S) [Pr,Ompr] = cdfbin("PrOmpr",P,Q,S,Xn)	$P,Q(Q=1-P)$:二项式分布从 0 到 s 的累积值。取值范围:[0,1] S:观察到的成功次数，取值范围:[0,XN] X_n:二项式实验的次数，取值范围:(0, +∞) $Pr,Ompr(Ompr=1-Pr)$:每个二次项实验成功的概率。取值范围:[0,1]
卡方分布	[P,Q] = cdfchi("PQ",X,Df) [X] = cdfchi("X",Df,P,Q); [Df] = cdfchi("Df",P,Q,X)	$P,Q(Q=1-P)$:卡方分布从 0 到 x 的积分。取值范围:[0,1] X:非中心卡方分布的积分上限，取值范围:[0, +∞) Df:卡方分布的自由度，取值范围:(0, +∞)

表4-7（续）

函数名称	语法格式	简要参数说明
f分布	[P,Q] = cdff("PQ",F,Dfn,Dfd) [F] = cdff("F",Dfn,Dfd,P,Q); [Dfn] = cdff("Dfn",Dfd,P,Q,F); [Dfd] = cdff("Dfd",P,Q,F,Dfn)	$P,Q(Q=1-P)$:f分布从0到F的积分，取值范围:[0,1] F:f分布的积分上限，取值范围:[0,+∞) Dfn:f分布的分子自由度，取值范围:[0,+∞)] Dfd:f分布的分母自由度，取值范围:[0,+∞)
γ分布	[P,Q] = cdfgam("PQ",X,Shape,Rate) [X] = cdfgam("X",Shape,Rate,P,Q) [Shape] = cdfgam("Shape",Rate,P,Q,X) [Rate] = cdfgam("Rate",P,Q,X,Shape)	$P,Q(Q=1-P)$:γ分布从0到x的积分，取值范围:[0,1] X:γ分布的积分上限，取值范围:[0,+∞) $Shape$:γ分布的形状参数，取值范围:[0,+∞) $Rate$:γ分布的尺度参数，取值范围:[0,+∞)

5 常用方程（组）的解法

5.1 线性方程组的解法

例5-1 某铅锌矿选矿厂生产的产品为铅、锌、硫精矿和尾矿，已化验知各产品的金属品味见表5-1，试计算个产品的产率和回收率。

表5-1 各产品的化验品味

金属名称	品味		
	铅（金属1）	锌（金属2）	硫（金属3）
原矿	3.14	3.63	15.41
铅	71.04	3.71	15.7
锌	1.2	51.5	30.8
硫	0.38	0.35	42.38
尾矿	0.34	0.1	1.4

设铅、锌、硫和尾矿的产率为 x_1、x_2、x_3 和 x_4，按照金属平衡与产率平衡的关系，可以建立如下线性方程组：

$$71.04x_1 + 1.20x_2 + 0.38x_3 + 0.34x_4 = 100 \times 3.14 \tag{5-1}$$

$$3.71x_1 + 51.50x_2 + 0.35x_3 + 0.10x_4 = 100 \times 3.63 \tag{5-2}$$

$$15.70x_1 + 30.80x_2 + 42.38x_3 + 1.40x_4 = 100 \times 15.41 \tag{5-3}$$

$$x_1 + x_2 + x_3 + x_4 = 100 \tag{5-4}$$

这是一个典型的线性方程组，解这个方程组的方法很多，首先在Scilab主窗口里面键入如下命令，建立该线性方程组的系数矩阵和常数矩阵。

```
-->a=[71.40 1.2 0.38 0.34;3.71 51.5 0.35 0.1;...    //转下一行。
15.7 30.8 42.38 1.4;1 1 1 1];
-->b=[314;363;1514;100];
```

（1）利用矩阵除法或逆矩阵求解，该方法是最常用的方法，由于需要求解逆矩阵，当系数矩阵 $\boldsymbol{a}$ 比较大时，需要的求算时间会比较长。另外当 $\boldsymbol{a}$ 对应的行列式值接近于零时，会使结果的可靠性降低。

```
--> x=inv(a)*b
  x  =
     3.8465998
     6.4635502
     27.549176
     62.140674
```

（2）利用左除或 *Lu* 分解，该方法基于初中解方程组时使用的高斯消元法，当系数矩阵 ***a*** 比较庞大时，利用该方法相对效率比较高

```
-->x=a\b;
```

（3）利用 linsolve 函数，该方法用于解算形如 $Ax+b=0$ 形式的方程或方程组。具体函数的使用说明不再赘述。

```
-->linsolve(a,-b)
 //注意此处应用的是-b，这是因为同前两种方法a、b定义不一致所致。
  ans  =
     3.8465998
     6.4635502
     27.549176
     62.140674
```

（4）消元法解线性方程组。消元法是中学教育阶段解线性方程组的主要方法，也是最古老的求解线性方程组的方法之一，我国早在公元前 250 年就掌握了解方程组的消元法。

消元法的具体算法很多，仅以三角分解法为例：

设 $\boldsymbol{A}$ 为 n 阶矩阵，在满足特定的数学限制情况下，该矩阵可以分解为一个下三角矩阵 L 和一个上三角矩阵 $\boldsymbol{U}$ 的乘积，并且这种分解唯一。即

$$\boldsymbol{A}=\boldsymbol{LU}$$

在 Scilab 软件里，函数 *lu* 可实现该分解功能，该函数的常用调用格式如下：

```
[L,U]=lu(A)
```

该函数用来将矩阵 $\boldsymbol{A}$ 分解为下三角矩阵 L 和上三角矩阵 U。

一旦实现了矩阵 A 的 LU 分解，那么求解 $Ax=b$ 的问题就等价于求解两个三角形方程组：

（a）$Ly=b$，求 y

（b）$Ux=y$，求 x

设

$$\boldsymbol{A}=\begin{pmatrix}1 & & & \\ l_{21} & 1 & & \\ \vdots & \vdots & \ddots & \\ l_{n_1} & l_{n_2} & \cdots & 1\end{pmatrix}\begin{pmatrix}u_{11} & u_{12} & \cdots & u_{1_n} \\ & u_{22} & \cdots & u_{2n} \\ & & \ddots & \vdots \\ & & & u_{nn}\end{pmatrix} \tag{5-5}$$

则求解 $Ly=b$，$Ux=y$ 的计算公式为：

$$y_1 = b_1, y_i = \sum_{k=1}^{i-1} l_{ik} y_k, \quad i = 2,3,\cdots,n \tag{5-6}$$

$$x_n = y_n / u_{nn}, x_i = \left(y_i - \sum_{k=i+1}^{n} u_{ik} x_k \right) / u_{ii}, \quad i = n-1, n-2, \cdots, 1 \tag{5-7}$$

考虑到 Scilab *LU* 分解得到的矩阵 *L* 可能并不像式（5-5）中那样呈现一个标准的左下三角矩阵，因此，需要通过编程的方式将 *L* 变换成左下三角矩阵，同时 *b* 也按同样规则变换。解得 *y* 后，需要将 *y* 再调整回原来的顺序。具体细节不再赘述，读者可以参照本书代码进行分析。

```
function x=mylu(a,b)
//根据输入系数矩阵a，常数矩阵b，用lu变换的方式求解线性方程组的解x。
      [l,u]=lu(a)
      s=LMatSort(l)
      l=l(s,:)    //变换为标准左下三角矩阵。
      b=b(s)
      y=zeros(b)
      x=y
      numX=size(b,'r')
      y(1)=b(1)
      for i=2:numX
          y(i)=b(i)-l(i,:)*y
      end
      y(s)=y    //将y变回正常顺序。
      x($)=y($)/u($,$)
       for i=numX-1:-1:1
          x(i)=(y(i)-u(i,:)*x)/u(i,i)
      end
endfunction


function s=LMatSort(l)
//对方阵l进行变换，获得标准的左下三角矩阵，s为新矩阵各行在原来矩阵中的行号。
      RowNum=size(l,'r')
      Exp=zeros(1,RowNum)    //用于对照的样版。
      s=Exp    //存储调整后的列顺序。
      Exp(1)=1
      for i=1:RowNum
```

```
        for j=1:RowNum
        if and(l(j,:)==Exp)
        s(i)=j
        l(:,1)=[]
        Exp(:,$)=[]
        break
        end
        end
    end
endfunction
```

以上所得 x 即为各产品的产率，通过键入如下命令进一步求解各产品的回收率。

```
-->x0=repmat(x,[1 4]);     //利用repmat函数将x扩展成矩阵。
-->b0=repmat(b,[1 4])'/100;
-->epsilon=x0.*a'./b0
//计算各产品的理论回收率，最后一列为产率。
 epsilon  =
    87.467269     3.9313733     3.9888782     3.8465998
    2.4701466     91.700506     13.149098     6.4635502
    3.3339768     2.6562567     77.115858     27.549176
    6.728608      1.7118643     5.7461653     62.140674
```

通过以上计算可知，各产品的产率及回收率见表 5－2。

表 5－2　各产品产率及回收率计算结果

产品名称	产率/%	回收率/%		
		铅	锌	硫
原矿	100	100	100	100
铅精矿	3.8466	87.46727	3.931373	3.988878
锌精矿	6.46355	2.470147	91.70051	13.1491
硫精矿	27.54918	3.333977	2.656257	77.11586
尾矿	62.14067	6.728608	1.711864	5.746165

例 5－2　试编写一个函数，用来确定炸药的爆炸反应方程式。

众所周知，大多数炸药可以写成通式 $C_aH_bN_cO_d$，根据 O 与 C、H 的相对数量关系，其爆炸产物情况可分为如下三类：

（1）$d \leqslant 2a + \frac{b}{2}$，此时的爆炸产物为 H_2O、CO_2、O_2 和 N_2。

对于这种类型的炸药，其爆炸反应方程式通式为：

$$C_aH_bN_cO_d = x_1H_2O + x_2CO_2 + x_3O_2 + x_4N_2$$

写成线性方程组的形式为：

$$\begin{pmatrix} 0 & 1 & 0 & 0 \\ 2 & 0 & 0 & 0 \\ 0 & 0 & 0 & 2 \\ 1 & 2 & 2 & 0 \end{pmatrix}\begin{pmatrix} x_1 \\ x_2 \\ x_3 \\ x_4 \end{pmatrix} = \begin{pmatrix} a \\ b \\ c \\ d \end{pmatrix} \tag{5-8}$$

（2）$2a + \frac{b}{2} > d \leqslant a + \frac{b}{2}$，此时的爆炸产物为 H_2O、CO_2、CO 和 N_2。

对于这种类型的炸药，其爆炸反应方程式通式为：

$$C_aH_bN_cO_d = x_1H_2O + x_2CO_2 + x_3CO + x_4N_2$$

写成线性方程组的形式为：

$$\begin{pmatrix} 0 & 1 & 1 & 0 \\ 2 & 0 & 0 & 0 \\ 0 & 0 & 0 & 2 \\ 1 & 2 & 1 & 0 \end{pmatrix}\begin{pmatrix} x_1 \\ x_2 \\ x_3 \\ x_4 \end{pmatrix} = \begin{pmatrix} a \\ b \\ c \\ d \end{pmatrix} \tag{5-9}$$

（3）$d < a + \frac{b}{2}$，此时的爆炸产物为 H_2O、CO、C 和 N_2。

对于这种类型的炸药，其爆炸反应方程式通式为：

$$C_aH_bN_cO_d = x_1H_2O + x_2CO + x_3C + x_4N_2$$

写成线性方程组的形式为：

$$\begin{pmatrix} 0 & 1 & 1 & 0 \\ 2 & 0 & 0 & 0 \\ 0 & 0 & 0 & 2 \\ 1 & 1 & 0 & 0 \end{pmatrix}\begin{pmatrix} x_1 \\ x_2 \\ x_3 \\ x_4 \end{pmatrix} = \begin{pmatrix} a \\ b \\ c \\ d \end{pmatrix} \tag{5-10}$$

基于以上原理，可以编写如下一个脚本文件，实现产物的自动判断和方程式的配平：

```
abcd=x_mdialog('请输入各组分原子个数',...
['C原子','H原子','N原子','O原子'],['3','5','3','9'])
a=evstr(abcd(1));sa=abcd(1);     //a是数值，sa是字符串，下同。
b=evstr(abcd(2));sb=abcd(2);
c=evstr(abcd(3));sc=abcd(3);
d=evstr(abcd(4));sd=abcd(4);
if  d>=2*a+b/2
     mat=[0,1,0,0;2,0,0,0;0,0,0,2;1,2,2,0]
     X=inv(mat)*[a;b;c;d]
     x1=string(X(1)); x2=string(X(2)); x3=string(X(3));
```

```
    x4=string(X(4));
//数值变为字符串，下同。
    equmess=strcat(['C',sa,'H',sb,'N',sc,'O',sd,'='...
,x1,'H2O','+',x2,'CO2','+',x3,'O2','+',x4,'N2'])
  elseif d>=a+b/2
    mat=[0,1,1,0;2,0,0,0;0,0,0,2;1,2,1,0]
     X=inv(mat)*[a;b;c;d]
     x1=string(X(1)); x2=string(X(2)); x3=string(X(3));
     x4=string(X(4));
     equmess=strcat(['C',sa,'H',sb,'N',sc,'O',sd,'='...
,x1,'H2O','+',x2,'CO2','+',x3,'CO','+',x4,'N2'])
  else
    mat=[0,1,1,0;2,0,0,0;0,0,0,2;1,1,0,0]
     X=inv(mat)*[a;b;c;d]
     x1=string(X(1)); x2=string(X(2)); x3=string(X(3));
     x4=string(X(4));
     equmess=strcat(['C',sa,'H',sb,'N',sc,'O',sd,'='...
,x1,'H2O','+',x2,'CO','+',x3,'C','+',x4,'N2'])
 end
 messagebox(equmess)    //消息框。
```

程序运行的输入框如图5-1所示，按默认数值的计算结果如图5-2所示。很显然，由于消息框仅支持简单的文本显示，所以显示的方程式不够美观，为了达到美观的效果，可以考虑对文本采用LaTeX语法撰写，该语法的具体规则可通过查阅专业数据或上网搜

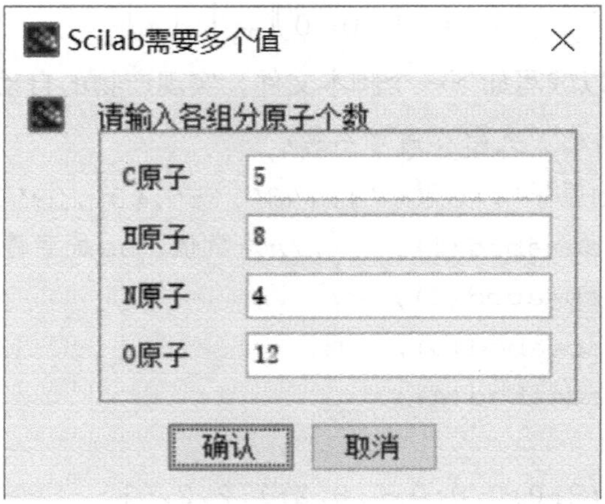

图5-1　炸药信息输入框

图5-2 按默认数值的计算结果

索可得，本书不再展开。

```
    .....
    sa=strcat(['{',abcd(1),'}']);
//sa以下标形式存在，加{}预防出现双字母下标情况,sb,sc,sd做类似处理。
    .....
    equmess=strcat(['$','C_',sa,'H_',sb,'N_',sc,'O_',sd,...
'=',x1,'H_2O','+',x2,'CO_2','+',x3,'O_2','+',x4,'N_2','$'])
//Latex语法中，公式两端加$符，下标字符之前加_符，如果下标符号不是单一字符，下
//标字符用{}包裹起来。
    .....
```

建立一个 figure 对象，里面放置一个 text 控件，text 控件显示上述例子中用 LaTeX 语法书写的 equmess 字符串，这里涉及 GUI 编程，本书不做详细论述：

```
h=figure("figure_position",[0,0],"figure_size",[400,100],...
"figure_name","炸药爆炸化学方程式","toolbar_visible","off",...
"menubar_visible","off","infobar_visible","off","dockable","off")
mymess=uicontrol(h,"Style","text","String",equmess,...
"Position",[0,0,400,50])
```

获得的输出如图 5-3 所示。

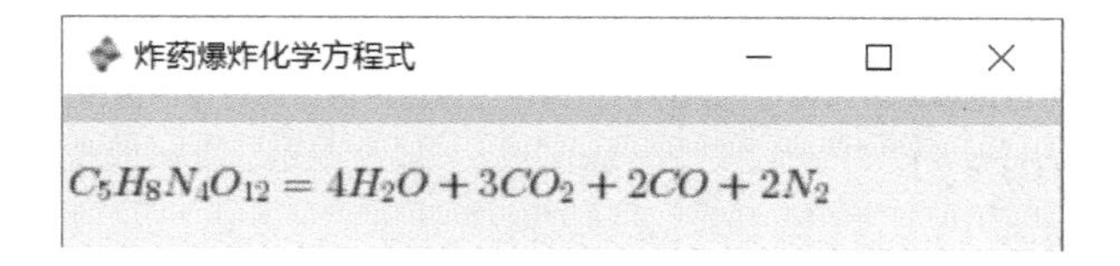

图5-3 用 LaTeX 语法书写的爆炸反应方程式

5.2 非线性方程（组）的牛顿法求解

牛顿法是一种线性化方法，其基本思想是将非线性方程$f(x)=0$逐步归结为某种线性方程来求解。

设已知方程$f(x)=0$有近似根x_k（假定$f'(x_k)\neq 0$），将函数$f(x)$在点x_k展开，有：

$$f(x)\approx f(x_k)+f'(x_k)(x-x_k)$$

于是方程$f(x)=0$可近似表示为：

$$f(x_k)+f'(x_k)(x-x_k)=0 \tag{5-11}$$

这是一个线性方程，记其根为x_{k+1}、则x_{k+1}的计算公式为：

$$x_{k+1}=x_k-\frac{f(x_k)}{f'(x_k)},k=0,1,\cdots \tag{5-12}$$

这就是牛顿法。

该方法的计算步骤如下：

(1) 选定初始近似值x_0，计算$f_0=f(x_0)$、$f'_0=f'(x_0)$。

(2) 按公式

$$x_1=x_0-\frac{f_0}{f'_0}$$

迭代一次，得到新的近似值x_1，计算$f_1=f(x_1)$、$f'_1=f'(x_1)$。

(3) 如果满足以下条件之一，则终止迭代，以x_1作为所求的根。

① 迭代次数达到预先指定的次数N。

② 自变量的误差$|\delta_x|<\varepsilon_1$。其中，

$$\delta_x=\begin{cases}|x_1-x_0|, & |x_1|<C\\ \dfrac{|x_1-x_0|}{|x_1|}, & |x_1|\geqslant C\end{cases}$$

在这里，C是取绝对误差或相对误差的控制常数，一般可取$C=1$。

③ 因变量的误差$|\delta_f|<\varepsilon_2$。δ_f的取值规则类似于δ_x

如果不满足以上条件，则以（x_1，f_1，f'_1）代替（x_0，f_0，f'_0），转入步骤2继续迭代。

针对以上程序算法，其具体的代码实现如下：

```
function x=Newton(x0,ExitCondition,ExitNum)
//本程序标准的牛顿法解方程,x0为初值，ExitCondition为退出条件类型（字符串），
//ExitNum为退出门槛（数字）。
    [Jac,y1]=FuncAndItsJac(x0)
    x1=x0-inv(Jac)*y1
    flag=ExitNum
    while 1    //循环的退出依据内部的break语句。
        select ExitCondition
        case 'AbsQ'
```

```
            if abs(x1-x0)<ExitNum
                break
            end
        case 'AbsF'
             if abs(y1-y0)<ExitNum
                break
              end
        case 'RelQ'
              if abs(x1-x0)./abs(x1)<ExitNum
                break
              end
        case 'RelF'
             if abs(y1-y0)./abs(y1)<ExitNum
                break
              end
        case 'RepNum'
             if flag==0
                 break;
             else
                 flag=flag-1
             end
        else
            disp('退出条件类型不对')
            break
     end
     x0=x1
     y0=y1
     [Jac,y1]=FuncAndItsJac(x1)
     x1=x0-inv(Jac)*y1
   end
  x=x1
endfunction
```

以解方程 $3x^2-e^x=0$ 为例，在以下函数及其导数（雅克比矩阵）模块里面键入如下代码，配合以上主程序进行求解即可。

```
function [Jac,y]=FuncAndItsJac(x)
    y=3*x^2-exp(x)
```

```
    Jac=6*x-exp(x)
endfunction
```

5.3 其他方程解算方法

例5－3 已知某风机风量在50到90范围内，风机风压特性曲线可用方程 $H_{tj}=-1.8634Q_t^2+160.8764Q_t+1021.9396$ 表示，试求矿井的总风阻分别为0.14 Ns^2/m^8，0.56 Ns^2/m^8 时的通风机的风量、静压。

本题就是求解风机风压特性曲线和矿井风阻特性曲线的交点。已知风阻方程为 $H=RQ^2$，将 $R=0.14$ 代入。联立这两个方程得：

$$(-1.8634-0.14)Q_t^2+160.8764Q_t+1021.9396=0$$

这是一个典型的一元二次方程，解这类方程，在Scilab上又称为多项式求根，用到的函数为 *roots*( )。该函数使用方法如下：

```
 [x]=roots(p)
```

式中 x 为返回的根，p 为多项式的系数，注意如果多项式缺项要用0补齐。

在Scilab主窗口中键入如下命令进行求解：

```
-->p=[-1.8634-0.14,160.8764,1021.9396]
 p  =
   - 2.0034     160.8764     1021.9396
-->qroot=roots(p)     //对p所代表的多项式进行求解。
qroot   =
   - 5.916421
    86.218108
```

由结果可知，该行列式有两个根，其中第一个根为负值，超出了风机特性曲线的取值范围，不符合要求。

继续键入如下命令可求得对应的静压：

```
-->0.14*qroot(2)^2
 ans  =
     1040.6987
```

当风阻为0.56 Ns^2/m^8 时，解法同上，不再赘述。

6　风网的几何特征提取

若干个能够实现风流传播的巷道交汇联通形成的网络称之为风网。

6.1　基本关联矩阵的生成

6.1.1　通风网络的基本术语和概念

矿井空气在井巷中流动时，风流会根据巷道之间的相互关系而发生汇合和分叉的现象，从而构成了风流的输送网络，称之为通风网络。用直观的几何图形来表示通风网络就得到通风网络图（图6-1）。通风网络中各风路的风量分配受各自风阻和网络的拓扑结构影响。

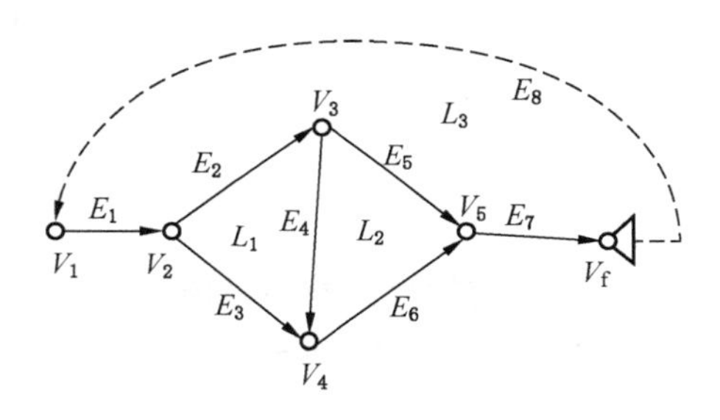

图6-1　通风网络示意图

1. 分支

分支是表示一段通风巷道的有向线段，线段的方向代表井巷风流的流动方向。每条分支可以人为设定一个编号，称为分支号。图6-1中的 $E_1 \sim E_7$ 表示该通风网络中的相关分支。

有时候根据解算风网的需要，假设回风井口和进风井口之间，经地面大气还有一个分支，这种分支为虚拟分支，绘制时常用虚线作图，如图中的分支 E_8。

2. 节点

节点是指两条或两条以上分支的交点。每个节点有唯一的编号，称为节点号。图6-1中的 $V_1 \sim V_5$ 均为节点号。

3. 回路、网孔

由两条或两条以上分支首尾相连形成的闭合线路，称为回路。除了构成回路的分支以外，如果回路上的所有节点没有其他分支相互连接，这种回路又称为网孔。在图6-1中，$E_2-E_5-E_6-E_3$、$E_2-E_3-E_4$ 都是回路，其中 $E_2-E_3-E_4$ 是网孔。$E_2-E_5-E_6-E_3$ 不是网孔，因为 V_3、V_4 之间有分支 E_4 连接。图 6－1 中 L_1、L_2、L_3 所在的位置均为网孔。

4. 树、余树、树枝、余树枝

如果在通风网络图上选取一部分分支，这些分支满足如下条件：

（1）包含通风网络图中的全部节点。

（2）任意两节点均可经由一系列首尾相连的分支连通起来。

（3）所有分支都不能形成回路。

则这些分支构成的一类特殊图，称为树。

由网络图中除了树以外余下的分支构成的图，称为余树。图 6－2 中实线部分表示通风网络图 6－1 的树，虚线则表示该网络图的余树。应该指出的是，树和余树都不是唯一的，图 6－3 同样可以表示该网络图的树和余树。

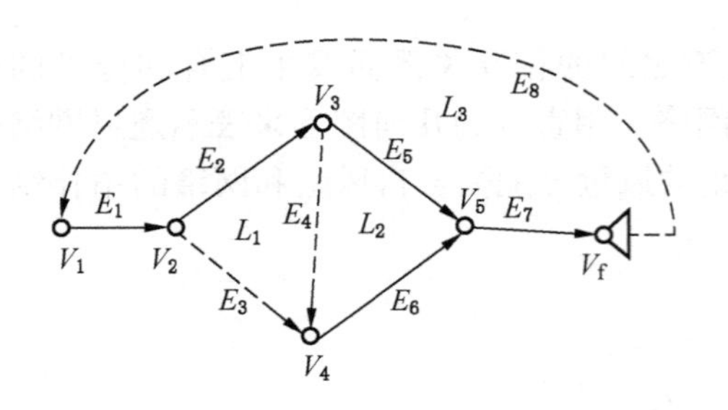

图 6－2　树和余树示例 1

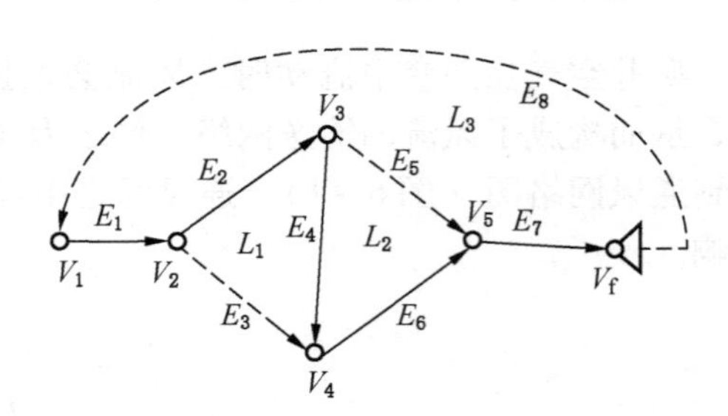

图 6－3　树和余树示例 2

组成树的分支称为树枝，组成余树的分支称为余树枝。一个节点数为 m，分支数为 n 的通风网络的树枝数为 $m-1$，余树枝数为 $n-m+1$。

5. 独立回路

取通风网络图的一棵树，并分别取其余树中的一条余树枝，形成的一组回路，称为独立回路。如图 6－3 中，取余树枝 E_3，可形成回路 $E_2-E_3-E_4$，取余树枝 E_5，可形成回路 $E_4-E_5-E_6$，取余树枝 E_8，可形成回路 $E_1-E_2-E_4-E_6-E_7-E_8$。以上三个回路构成一组独立回路。可见，独立回路中回路的个数等于余树枝的个数 $n-m+1$。独立回路中的各个回路有如下性质：

（1）包含所有通风网络图中的分支。

（2）独立回路中的任意回路都不能由该独立回路中的其他回路表出（即至少有一条分支是其他任何回路没有的）。

（3）独立回路之外的任何回路，均可由独立回路表出。

6.1.2　节点邻接矩阵和分支节点关系表

为了表示节点之间的邻接关系，对于任意两个节点 V_i、V_j，引入变量 l_{ij}，且做如下规定：

（1）若 V_i 与 V_j 分别位于某分支的两端，且分支流向为从 V_i 到 V_j，则 $l_{ij}=1$。

（2）若 $V_i=V_j$，或 V_i 与 V_j 不邻接，则 $l_{ij}=0$。

将 l_{ij} 表示为矩阵的形式，则有：

$$L=(l_{ij})m\times m$$

矩阵 $\boldsymbol{L}$ 称为通风网络图的节点邻接矩阵。

图 6－1 的节点邻接矩阵见表 6－1。

表 6－1 邻接关系矩阵

节点	1	2	3	4	5	6
1	0	1	0	0	0	0
2	0	0	1	1	0	0
3	0	0	0	1	1	0
4	0	0	0	0	1	0
5	0	0	0	0	0	1
6	1	0	0	0	0	0

在工程实际中，尤其是风网解算时，为了数据输入更加方便容易，常常将节点的邻接关系表示成节点分支关系表。这个关系表以三列的矩阵形式表出，第一列存储分支号，第二列存储对应分支的尾节点号，第三列存储对应分支的头节点号，即第一列对应的分支流向是由第二列的节点流向第三列的节点。图 6－1 对应的分支节点关系表见表 6－2。

表 6－2 分支节点关系表

分支	尾节点	头节点	分支	尾节点	头节点
1	1	2	5	3	5
2	2	3	6	4	5
3	2	4	7	5	6
4	3	4	8	6	1

例 6－1 将表 6－1 中的节点邻接矩阵转换为表 6－2 所示的节点分支关系表。

节点邻接矩阵中，每一个 1 代表一个分支，该数字 1 所在的行号代表尾节点号，列号代表头节点号。按照这个规则，并将分支自动编号，就可以获得分支节点关系表。具体的代码如下：

```
function NB=L2NB(L)
    RowNum=size(L,'r')    //获得矩阵行数。
    NB=[]
    Branch=1
```

```
    for i=1:RowNum
        for j=1:RowNum
            if L(j,i)<>0
                NB(Branch,1)=Branch
                NB(Branch,2)=j
                NB(Branch,3)=i
                Branch=Branch+1
            end
        end
    end
endfunction
```

应该指出的是，由于上述程序是对分支自动编号的，所以得到的表格与表 6－2 并不完全相同，但其反映的风网实质是完全一样的。

例 6－2 某风网节点和分支的相对关系见表 6－2。按下列规则将分支节点关系表转换为矩阵 $\boldsymbol{A}$：

（1）以分支为列号，尾节点为行号，对应位置填数字 1。

（2）以分支为列号，头节点为行号，对应位置填数字 －1。

（3）其余未涉及位置全部填 0。

这个例子在解算时，先按分支和节点的最大数字为尺寸生成一个全零矩阵。然后以分支号和节点号为索引，在相应位置根据规则填写 1 或者 －1。具体算法如下：

（1）首先在控制台里面将表 6－2 写成 8 行 3 列的矩阵 $\boldsymbol{N}_{\mathrm{B}}$，具体写法略。

（2）取出节点分支关系表中的第一行为当前行，取第一列的数字为列号，取第二列的数字为行号，在 $\boldsymbol{N}_{\mathrm{B}}$ 中填入数字 1。取第一列的数字为列号，取第三列的数字为行号，在 $\boldsymbol{N}_{\mathrm{B}}$ 中填入数字 －1。

（3）当前行的数字加 1，继续第二步操作，直到没有行可以操作为止。

具体的函数编写在前面的章节里面已经给出，此处不再赘述。

6.1.3 节点分支关联矩阵和基本关联矩阵

在工程实际中，为了反映图 6－1 中节点和分支的相对关系，同时为了表征风流的流向，我们可以列出表 6－3 所示的表格（即上一个例题中的输出矩阵）。

表 6－3 节点和分支的相互关系

节点	分支							
	E_1	E_2	E_3	E_4	E_5	E_6	E_7	E_8
V_1	1	0	0	0	0	0	0	－1
V_2	－1	1	1	0	0	0	0	0

表 6-3（续）

节点	分支							
	E_1	E_2	E_3	E_4	E_5	E_6	E_7	E_8
V_3	0	-1	0	1	1	0	0	0
V_4	0	0	-1	-1	0	1	0	0
V_5	0	0	0	0	-1	-1	1	0
V_f	0	0	0	0	0	0	-1	1

在表格中，行代表节点，列代表分支，根据事先假设的风流流向，如果节点位于分支的头部，则在节点所在的行与分支所在的列的交叉处填上数值 -1。同理，如果节点位于分支的尾部，则填上数值 1。如果节点不在分支上，则相应位置填上数值零。

在 Scilab 控制台中输入如下命令，定义矩阵 **A**：

```
-->A=[1 0 0 0 0 0 0 -1
-->-1 1 1 0 0 0 0 0
-->0 -1 0 1 1 0 0 0
-->0 0 -1 -1 0 1 0 0
-->0 0 0 0 -1 -1 1 0
-->0 0 0 0 0 0 -1 1]
```

在这里，矩阵 **A** 称为图 6-1 所示的节点分支关联矩阵。

求取矩阵 **A** 的秩：

```
-->rank(A)
 ans  =


   5.
```

从结果可以看出，矩阵 **A** 有 6 行，但是秩为 5，说明其中某一行可以由其余 5 行表出。

所以在工程实践中，为了研究问题的方便，将上述矩阵 **A** 去掉任意一行，得到基本关联矩阵 **B**。其严格的数学表示为：

$$\boldsymbol{B} = (b_{ij})(m^{-1}) \times n \tag{6-1}$$

其中：

（1）当节点 V_i 位于有向分支 E_j 的尾部时，$b_{ij}=1$。

（2）当节点 V_i 位于有向分支 E_j 的头部时，$b_{ij}=-1$。

（3）当节点 V_i 不在有向分支 E_j 上时，$b_{ij}=0$。

如果我们在矩阵 **A** 拿掉风机节点所在行，则得到基本关联矩阵 **B**，可以在 Scilab 中用如下命令实现：

```
-->B=a(1:5,:)
```

6.2 树的搜索算法

6.2.1 秩法

在图6-1所示的网络图中，分支2-3-4构成了一个网孔。将该网孔所涉及的分支和节点的邻接关系单独列出，见表6-4。

表6-4 回路的邻接关系

节点	分支		
	E_2	E_3	E_4
V_2	1	1	0
V_3	-1	0	1
V_4	0	-1	-1

从该表格的列方向来看的话，由于每个分支对应两个节点，所以在任意一列中，仅有两个非零数字，且一个为1，另一个为-1。如果做矩阵的初等行变换的话，必然有一行且仅有一行会变换为全0行。故表6-4所对应的矩阵的行秩为2，即$n_{net}-1$。n_{net}为回路中的分支数。

根据秩的性质，方阵的行秩和列秩相等，故该方阵的列秩也为$n_{net}-1$，进一步推导出表6-3中回路或网孔所对应的分支所在列的秩也为$n_{net}-1$。

反之，如果分支集合中不包含回路，如一棵树，则矩阵$\boldsymbol{A}$中构成树的分支所构成的子矩阵的秩等于分支的个数。

所以，从节点分支关联矩阵中找到一棵树的算法我们可以描述如下：

（1）对节点分支关联矩阵$\boldsymbol{A}$进行检测。

（2）任意选定两个分支，将分支和节点对应关系构成一个矩阵$\boldsymbol{a}$，用变量r记录下该分支的秩（秩为2）。

（3）从余下的分支中任选一个分支添加到矩阵$\boldsymbol{a}$中，求解该矩阵的秩。

（4）如果该矩阵的秩没有增加，舍弃该分支，继续添加分支。

（5）如果该矩阵的秩增加了，将该分支添加到矩阵中，更新矩阵$\boldsymbol{a}$，r增加1。

（6）如果得到的矩阵$\boldsymbol{a}$的秩r等于$m-1$了，所得的矩阵就是一棵树对应的分支节点关联矩阵，程序结束。

以上计算方法在文献中常称为秩法，在Scilab中键入如下代码实现上述功能：

```
function tree=RankMethod(a)
//输入节点分支关联矩阵，自动寻找出一棵树，输出树对应的分支号。
    RowNum=size(a,'r');
    ColNum=size(a,'c');
```

```
Rankmax=RowNum-1
Cols=1:ColNum;
flag=1;
[tree,Cols]=SelfromLeft(Cols);
//自定义函数，具体内容见本章最后一小节。
[i,Cols]=SelfromLeft(Cols);
while flag<Rankmax
    if rank(a(:,[tree,i]))>flag    //秩增大，记下列号和秩。
          tree=[tree,i]
              flag=flag+1
       end
        [i,Cols]=SelfromLeft(Cols);
 end
endfunction
```

该方法在 Scilab 中编程思路清晰，易懂。但在处理大型复杂风网时，解算效率却是最低的，主要原因如下：

（1）秩的计算过程虽然已经内置在 Scilab 中，但在实际使用中，耗费时间较长，且每次计算时间随分支数的增加而逐步增长。

（2）每添加一个分支都需要进行秩运算，不够灵活。

6.2.2 添枝法

观察图 6 - 2 所示的树，由树的定义可知：树中包含该通风网络中的所有节点。由此，我们可以得知，如果把树中的节点写成一个集合的话，任意往树里面添加一个树枝，其两端节点必然落到该集合里面。基于这样一种思想，我们可以用添枝法来生成一棵树。

为了形象地说明该方法的具体处理步骤，以图 6 - 1 为例，我们按随机顺序进行添加生成树操作：

（1）将分枝 E_1 添加到树枝集合 T，此时 $T=[E_1]$，同时将节点 V_1、V_2 添加到集合 N，此时 $N=[V_1, V_2]$。

（2）考察分枝 E_2，发现分枝 E_2 包含节点 V_2、V_3，其中节点 V_2 已经在集合 T 中，而节点 V_3 不在集合中，符合此种条件的分支可以添加。将该节点添加到集合 N，此时 $N=[V_1, V_2, V_3]$。将分支 E_2 添加到树枝集合 T，此时 $T=[E_1, E_2]$。

（3）考察分枝 E_3，发现分枝 E_3 包含节点 V_2、V_4，其中节点 V_2 已经在集合 T 中，而节点 V_4 不在集合中，符合此种条件的分支可以添加。将该节点添加到集合 N，此时 $N=[V_1, V_2, V_3, V_4]$。将分支 E_3 添加到树枝集合 T，此时 $T=[E_1, E_2, E_3]$。

（4）考察分支 E_4，该分支包含节点 V_3、V_4，观察节点集合 N，发现有节点 V_3，V_4 均在集合内，如果添加该分支，会构成回路，舍弃该分支，继续添加其他分支。

（5）考察分支 E_7，该分支包含节点 V_5、V_f，观察节点集合 N，发现有节点 V_5、V_f 均不在集合内，将该分支暂时搁置，继续添加其他分支。

（6）考察分枝 E_5，发现分枝 E_5 包含节点 V_3、V_5，其中节点 V_3 已经在集合 T 中，而节点 V_5 不在集合中，符合此种条件的分支可以添加。将该节点添加到集合 N，此时 $N=[V_1, V_2, V_3, V_4, V_5]$。将分支 E_5 添加到树枝集合 T，此时 $T=[E_1, E_2, E_3, E_5]$。

（7）考察分支 E_6，该分支包含节点 V_4、V_5，观察节点集合 N，发现有节点 V_4、V_5 均在集合内，如果添加该分支，会构成回路，舍弃该分支，继续添加其他分支。

（8）继续考察分枝 E_7，该分支包含节点 V_5、V_f，观察节点集合 N，其中节点 V_5 已经在集合 T 中，而节点 V_f 不在集合中，符合此种条件的分支可以添加。将该节点添加到集合 N，此时 $N=[V_1, V_2, V_3, V_4, V_5, V_f]$。将分支 E_7 添加到树枝集合 T，此时 $T=[E_1, E_2, E_3, E_5, E_7]$。

（9）观察树枝集合 $T=[E_1, E_2, E_3, E_5, E_7]$，发现树枝数已经达到 5 个，满足生成树的分支个数，不再考虑其他分支，完成生成树操作。

综上所述，该方法的解算流程为：

（1）任意选定第一个分支，将分支号和与分支相连的节点号分别添加到集合 T 和 N。

（2）考察集合 T 外的其他分支，按照下列条件分别采取不同的处理措施：

① 如果新分支的一个节点在集合 N 内，另一个节点不在集合 N 中，将该分支添加到集合 T 中，同时将该分支原来不在集合 N 中的节点添加到集合 N 中。

② 如果新分支的两个节点均在集合 N 内，将该分支从备选分支中删除。

③ 如果新分支的两个节点均不在集合 N 内，将该分支暂时搁置，以后继续接受考察。

（3）考察集合 T 中的分支个数，按照下列条件分别采取不同的处理措施：

① 如果个数达到生成树的树枝个数要求，结束处理流程，此时集合 T 就是生成树的分支集合。

② 如果个数小于生成树的树枝个数要求，重复第 2 步操作。

在 SciNotes 内输入如下代码，实现上述功能：

```
function T=AddEdge(A)
//输入节点分支关联矩阵A（注意不是基本关联矩阵，A包含所有分支和节点），输出生成
//树的分支号T。
//为简明起见，本程序假定行号和列号分别代表节点号和分支号。
    ColNum=size(A,'c');
    RowNum=size(A,'r');
    AltEdges=1:ColNum;      //生成待选分支集合。
    EdgeNum=RowNum-1;      //树中分支个数。
    V=[];T=[];
    i=1;
    //任选一个分支，将节点和分支加入集合N和T。
        SelectedEdge=SelfromLeft(AltEdges);
        //自定义函数，具体内容见本章最后一小节。
        SelectedVertexes=GetVertexes(A,SelectedEdge)
```

```
        [V,T,AltEdges]=AddVertex(V,T,SelectedVertexes,...
         SelectedEdge,AltEdges);
        //将其他分支根据不同条件进行操作。
    while i<EdgeNum
         SelectedEdge=SelfromLeft(AltEdges);
         SelectedVertexes=GetVertexes(A,SelectedEdge)
         flag=CheckV(V,SelectedVertexes);
        //自定义函数，具体内容见本章最后一小节。
         select flag
         case 1    //1个节点在N中，1个节点不在N中。
            [V,T,AltEdges]=AddVertex(V,T,SelectedVertexes,...
             SelectedEdge,AltEdges);
         case 2    //2个节点均在N中。
             AltEdges=DelEdge(AltEdges,SelectedEdge)
         end
         i=length(T)
    end
endfunction


function V=GetVertexes(A,b)
//给定矩阵A和矩阵的列号，返回该列的非零行号,b为单个数字。
    V=[];
    CurrentArray=A(:,b)
    RowNum=length(CurrentArray)
    for i=1:RowNum
        if CurrentArray(i)<>0
            V=[V,i]
        end
    end
endfunction


function [V,T,AltEdges]=AddVertex(V,T,SelectedVertexes,...
SelectedEdge,AltEdges);
//处理一个节点在集合内，一个节点不在集合内的情况。完成添加选定分支到树枝集合T,
//添加节点到节点集合N, 删除备选分支集合AltEdges中的SelectedEdge分支。
```

```
    V=union(V,SelectedVertexes);
    T=union(T,SelectedEdge);
    AltEdges=setdiff(AltEdges,SelectedEdge);
endfunction

function AltEdges=DelEdge(AltEdges,SelectedEdge)
//处理2个节点均在集合内的情况，直接删除备选分支集合AltEdges中的
//SelectedEdge分支。
     AltEdges=setdiff(AltEdges,SelectedEdge);
endfunction
```

该方法相对于秩法解算效率有所提高，但是由于分支的选取是盲目的，没有针对性，所以会出现选择的分支两头节点都不在节点集中的情形，造成解算效率的降低。但由于编程简单，该方法对小型风网可以考虑。当风网中分支和节点数量比较大时，为提高效率，应该让分支的添加更有目的性。利用图论中的搜索算法，根据风网中的节点与分支的连通关系，以及现有节点集，逐步搜索与节点集相关联的分支，并视具体情况进行树枝添加，将是一种更有效率的方法。按照搜索时考虑的因素不同，一般有宽度优先搜索算法和深度优先搜索算法。

6.2.3 宽度优先搜索算法

根据维基百科的定义，宽度优先搜索是一种应用于遍历、搜索树或图数据结构的算法。该算法任意指定图中的一个节点为树根，然后从树根开始，在深度（想象成分岔路口，深度就是经过的路口个数）为 1 的条件下，搜索所有的相邻节点。然后从这些相邻节点开始，再搜索所有相对于初始节点的深度为 2 的节点。同理，不断增加搜索深度，直到整张图搜索完成。

该方法相较于深度优先搜索算法，使用先进先出的队列来存储待处理的节点和分支信息。

对于图 6－4，其宽度优先算法的搜索过程如图 6－5 所示，现详细说明如下：

（1）任意取一个节点，在此处取节点 V_1，将该节点加入节点集 V_{set}。找出以节点 V_1 为端点的所有分支，本例中为分支 E_1、E_{11}，将这两个分支加入树分支集合 T_{set}。找出分支 E_1，E_{11}的除节点 V_1 以外的另外一个端点，此处为节点 V_2、V_8，将这两个节点加入节点集 V_{set}。

（2）对于节点 V_2，找出与之相连的除了分支 E_1 以外的其余分支，此处为分支 E_2、E_3，找出与分支 E_2、E_3 相连的除节点 V_2 以外的另外一个端点，分别为节点 V_3、V_4。经检查，这两个节点均不在节点集 V_{set}中，将这两个节点加入，同时将对应分支 E_2、E_3 加入树分支集合 T_{set}。

（3）对于节点 V_8，找出分支 E_{10}，并进一步找出节点 V_7。该节点不在节点集 V_{set} 中，将该节点加入，同时将对应的分支 E_{10}加入树分支集合 T_{set}。

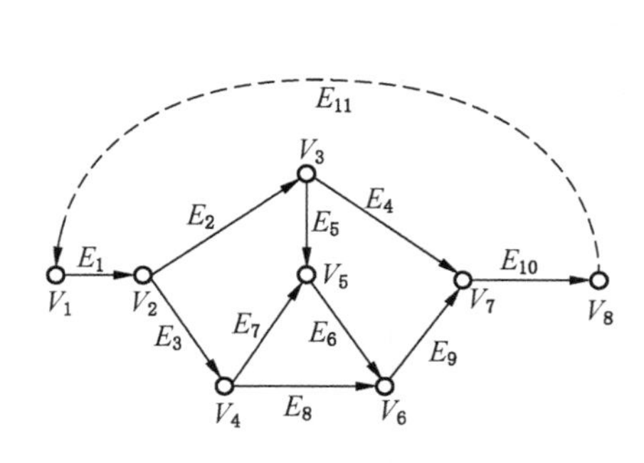

图6-4 复杂通风网络示意图

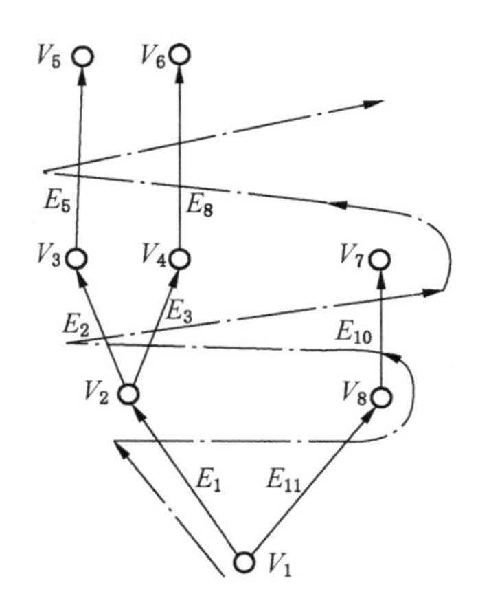

图6-5 宽度优先算法示意图

（4）从节点 V_3 出发，会搜索到分支 E_4、E_5 以及另外的节点 V_5、V_7，经检查发现节点 V_7 已经在节点集里，故放弃对应分支 E_4。而节点 V_5 不在节点集里，故将节点 V_5 和对应分支 E_5 分别加入节点集和树分支集合。

（5）从节点 V_4 出发，会搜索到分支 E_7、E_8 以及另外的节点 V_5、V_6，经检查发现节点 V_5 已经在节点集里，故放弃对应分支 E_7。而节点 V_6 不在节点集里，故将节点 V_6 和对应分支 E_8 分别加入节点集和树分支集合。

（6）从节点 V_7 出发，会搜索到分支 E_4、E_9 以及另外的节点 V_3、V_6，经检查发现节点 V_3、V_6 均已经在节点集里，放弃这两个节点及对应分支。

（7）从节点 V_5 出发，会搜索到分支 E_6、E_7 以及另外的节点 V_4、V_6，经检查发现节点 V_4、V_6 均已经在节点集里，放弃这两个节点及对应分支。

（8）从节点 V_6 出发，会搜索到分支 E_6、E_9 以及另外的节点 V_5、V_7，经检查发现节点 V_5、V_7 均已经在节点集里，放弃这两个节点及对应分支。

（9）没有可以继续搜索的节点，搜索结束，此时树分支集合里面存储的数据即树的对应分支。

综上所述，可以将宽度优先算法的搜索流程表示如下：

（1）任选初始节点 V_0 计入树节点集 V_t。分支 E_0 设为空集。

（2）找出节点 V_0 对应的全部分支 E_x，$1\leqslant x\leqslant\infty$，从中剔除 E_0，找出所有这些剩余的分支对应的另一个节点 V_1。将这些分支依次压入分支队列 E_Q，同时将这些分支对应的 V_1 压入节点队列 V_Q。从分支队列里面弹出一个分支记为 E_0，同时从节点队列里面弹出对应的节点号 V_1。

（3）假如 V_1 不属于树节点集 V_t，将该节点计入树节点集 V_t，同时将分支 E_0 计入树分支集 E_t。将 V_1 赋给 V_0，跳到第4步。如 V_1 属于树节点集 V_t，从队列中弹出一个新节点赋给 V_1，同时弹出对应的新分支赋给分支 E_0，重复第3步。

（4）假如节点集未囊括该通风系统的全部节点，跳到第2步。假如节点集已囊括该通风系统的全部节点，退出解算程序，此时的分支集 E_t 就是该通风网络的树。

为了更形象地说明宽度优先算法，以图 6 - 6 为例，其搜索过程如图 6 - 7 所示。

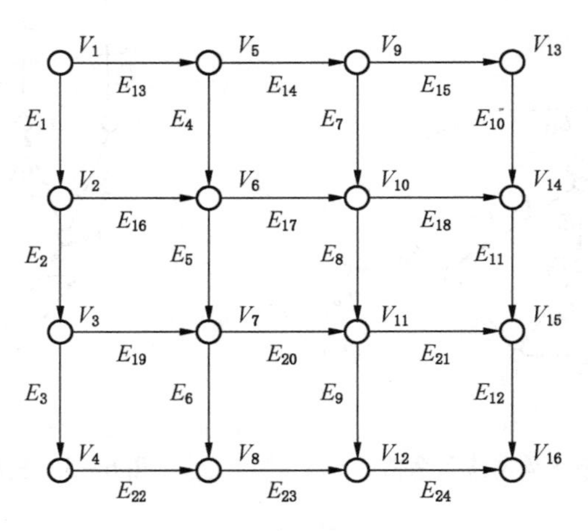

图 6 - 6　复杂通风网络

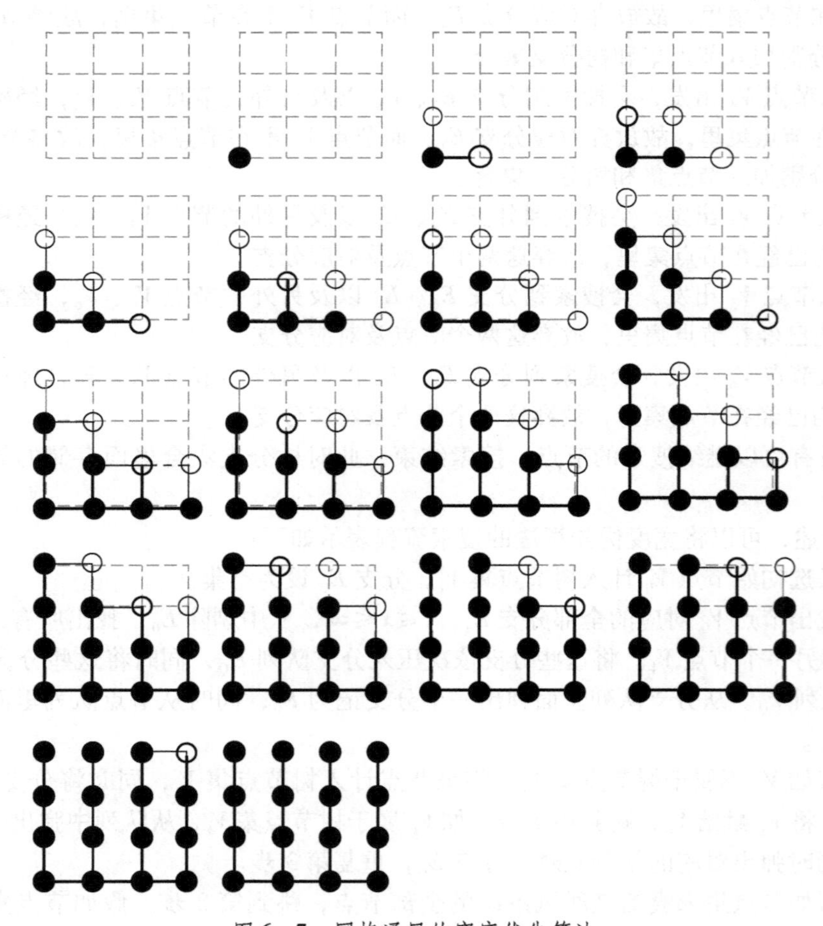

图 6 - 7　网格通风的宽度优先算法

在图6-7中，虚线和没有标记的交叉点代表未搜索到的分支和节点，细实线和细线圆圈代表压入队列的分支和节点，中线和中线圆圈代表当前正处理的分支和节点，粗线和实心圆圈代表已处理完且加入树信息集合的分支和节点。最后一幅子图形成的粗线和实心圆圈即代表树的节点和对应分支。

从图中可以看到宽度优先算法不容易生成长通路，其树的形状更类似于事故树或现实中树的样子。

根据通风学中树的定义，此例中只要树的分支个数达到或节点集中已经包含全部节点，即可停止搜索，也就是说，通过设定以上终止条件，上述过程中的后三步可以不搜索，本书代码以生成树已囊括全部节点为终止条件。示例代码如下：

```
function Tree=BFS(A)
//利用宽度优先搜索算法构建树
-----------------------------初始化--------------------------------
    EdgeInfQueue=[];    //待处理分支信息，先进先出队列。
    VertexInfQueue=[]    //待处理分支对应的始节点,先进先出队列。
    Tree=[]    //存储树的分支。
VertexofTree=[];    //存储Tree对应的节点。
 RowNum=size(A,'r')
AltVertexes=1:RowNum;    //获得备选节点集合。
[ThisVertex0,AltVertexes]=SelfromLeft(AltVertexes)
//从备选节点集合任意取一个节点作为当前节点。
AltEdges=GetAltEdge(A,ThisVertex0,[])
//自定义函数，具体内容见本章最后一小节。
//找出当前节点ThisVertex0对应的分支。
VertexofTree=ThisVertex0;
while  AltEdges<>[]
 [CurrentEdge,AltEdges]=SelfromLeft(AltEdges)
  //从备选分支选择一个分支CurrentEdge，改变AltEdges。
   Tree=[CurrentEdge,Tree]
   ThisVertex=GetThatVertex(A,CurrentEdge,ThisVertex0)
  //自定义函数，具体内容见本章最后一小节。
   VertexofTree=union(ThisVertex,VertexofTree)
    VertexInfQueue=[VertexInfQueue,ThisVertex]
   //将当前节点添加到当前待处理节点集合。
   EdgeInfQueue=[EdgeInfQueue,AltEdges]
   //将备选分支添加到待处理分支集合。
   end
```

```
CurrentEdge=1
while CurrentEdge<>[]
    CurrentEdge=EdgeInfQueue(1)
    EdgeInfQueue(1)=[]
    ThisVertex=VertexInfQueue(1)
    VertexInfQueue(1)=[]
    AltEdges=GetAltEdge(A,ThisVertex,CurrentEdge)

    NextEdge=1
    while NextEdge<>[]
     [NextEdge,AltEdges]=SelfromLeft(AltEdges)
      ThatVertex=GetThatVertex(A,NextEdge,ThisVertex)
      flag=CheckV(VertexofTree,ThatVertex);
      //查看节点是否属于节点集。
      if flag==0    //新节点不属于节点集。
          VertexofTree=union(ThatVertex,VertexofTree)
           //添加到节点集。
          Tree=[NextEdge,Tree]
           VertexInfQueue=[VertexInfQueue,ThisVertex]
           EdgeInfQueue=[EdgeInfQueue,AltEdges]
        end
     end
           if length(VertexofTree)==RowNum
           //所有节点已经囊括，提前退出循环。
              break
              end
    end
endfunction
```

6.2.4 深度优先搜索算法

想象有一个迷宫，你在向里面行进的过程中，会遇到很多分岔路口。任选一个路口，将其他的路口信息做记录，然后沿选定路口继续前进。当下一次遇到分岔路口时，重复上述过程。如果没有路了，退回最近的一个分岔路口，根据记录下的路口信息，选定一个路口，将其从路口信息中删除，然后沿选定路口继续前进。按以上规则不断尝试，直到找到迷宫出口为止。这样一个走迷宫的过程，就是深度优先搜索算法。

该方法采用后进先出的堆栈来记录和处理未搜索的节点和分支信息。

对于图 6－4，其深度优先算法的搜索过程如图 6－8 所示，现说明如下：

(1) 任选一个节点，此处选节点 V_1 并计入节点集 V_{set}，搜索出对应分支 E_1、E_{11}。选定分支 E_1 并计入树分支集 T_{set}，将分支 E_{11}和对应的节点 V_1 推入相应堆栈。

(2) 根据节点 V_1 和分支 E_1，找出下一个节点 V_2 并计入节点集 V_{set}，找出与节点 V_2 相连的除了分支 E_1 以外的分支 E_2、E_3。选定分支 E_2，将分支 E_3 和对应的节点 V_2 推入堆栈。

(3) 根据节点 V_2 和分支 E_2，找出下一个节点 V_3，检查发现节点 V_3 不在节点集 V_{set}中，将该节点加入，并将分支 E_2 加入树分支集 T_{set}。找出与节点 V_3 相连的除了分支 E_2 以外的分支 E_4，E_5。选定分支 E_4，将分支 E_5 对应的节点 V_3 推入堆栈。

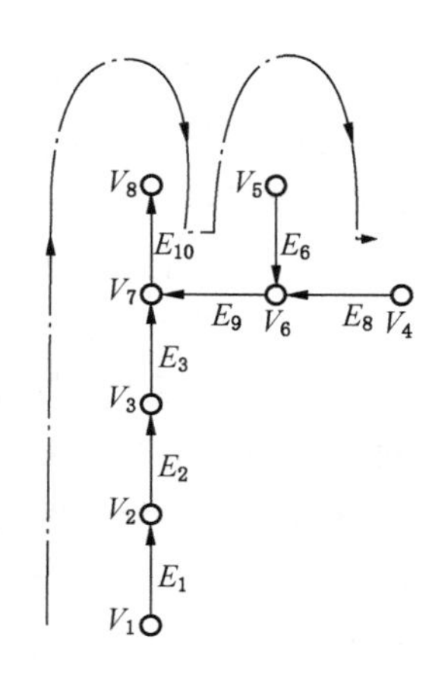

图6-8　深度优先算法示意图

(4) 根据节点 V_3 和分支 E_4，找出下一个节点 V_7，检查发现节点 V_7 不在节点集 V_{set}中，将该节点加入，并将分支 E_4 加入树分支集 T_{set}。找出与节点 V_7 相连的除了分支 E_4 以外的分支 E_9，E_{10}。选定分支 E_{10}，将分支 E_9 和对应的节点 V_7 推入堆栈。

(5) 根据节点 V_7 和分支 E_{10}，找出下一个节点 V_8，检查发现节点 V_8 不在节点集 V_{set}中，将该节点加入，并将分支 E_{10}加入树分支集 T_{set}。找出与节点 V_8 相连的除了分支 E_{10}以外的分支 E_{11}。选定分支 E_{11}。

(6) 根据节点 V_8 和分支 E_{11}，找出下一个节点 V_1，检查发现节点 V_1 已经在节点集 V_{set}中，舍弃分支 E_{11}。

(7) 节点和分支信息出栈，根据节点 V_7 和分支 E_9，找出下一个节点 V_6，检查发现节点 V_6 不在节点集 V_{set}中，将该节点加入，并将分支 E_9 加入树分支集 T_{set}。找出与节点 V_6 相连的除了分支 E_9 以外的分支 E_6、E_8。选定分支 E_6，将分支 E_8 和对应的节点 V_6 推入堆栈。

(8) 根据节点 V_6 和分支 E_6，找出下一个节点 V_5，检查发现节点 V_5 不在节点集 V_{set}中，将该节点加入，并将分支 E_6 加入树分支集 T_{set}。找出与节点 V_5 相连的除了分支 E_6 以外的分支 E_5、E_7。选定分支 E_5，将分支 E_7 和对应的节点 V_5 推入堆栈。

(9) 根据节点 V_5 和分支 E_5，找出下一个节点 V_3，检查发现节点 V_3 已经在节点集 V_{set}中，舍弃分支 E_5。

(10) 节点和分支信息出栈，根据节点 V_5 和分支 E_7，找出下一个节点 V_4，检查发现节点 V_4 已经在节点集 V_{set}中，舍弃分支 E_7。

(11) 节点和分支信息出栈，根据节点 V_6 和分支 E_8，找出下一个节点 V_4，检查发现节点 V_4 不在节点集 V_{set}中，将该节点加入，并将分支 E_8 加入树分支集 T_{set}。找出与节点 V_4 相连的除了分支 E_8 以外的分支 E_3、E_7。选定分支 E_3，将分支 E_7 和对应的节点 V_4 推入堆栈。

(12) 根据节点 V_4 和分支 E_3，找出下一个节点 V_2，检查发现节点 V_2 已经在节点集 V_{set}中，舍弃分支 E_3。

（13）节点和分支信息出栈，根据节点 V_4 和分支 E_7，找出下一个节点 V_5，检查发现节点 V_5 已经在节点集 V_{set} 中，舍弃分支 E_7。

（14）继续执行出栈操作，并进行以上检查，直到堆栈为空（不再赘述）。

综上所述，可以将深度优先算法的搜索流程表示如下：

（1）任选初始节点 V_0 计入树节点集 V_t。分支 E_0 设为空集。

（2）找出节点 V_0 对应的全部分支 E_x，$1 \leqslant x \leqslant \infty$，从中剔除 E_0，找出所有这些剩余的分支对应的另一个节点 V_1。从这些分支中任选一个分支记为 E_0，记下它的另一个节点 V_1。其余分支依次压入分支堆栈 E_Q，同时将这些分支对应的 V_1 压入节点堆栈 V_Q。

（3）假如 V_1 不属于树节点集 V_t，将该节点计入树节点集 V_t，同时将分支 E_0 计入树分支集 E_t。将 V_1 赋给 V_0，跳到第4步。如 V_1 属于树节点集 V_t，从堆栈中弹出一个新节点赋给 V_1，同时弹出对应的新分支赋给分支 E_0，重复第3步。

（4）假如节点集未囊括该通风系统的全部节点，跳到第2部。假如节点集已囊括该通风系统的全部节点，退出解算程序，此时的分支集 E_t 就是该通风网络的树。

为了更形象地说明深度优先算法，同样以图6－6为例，其搜索过程如图6－9所示：

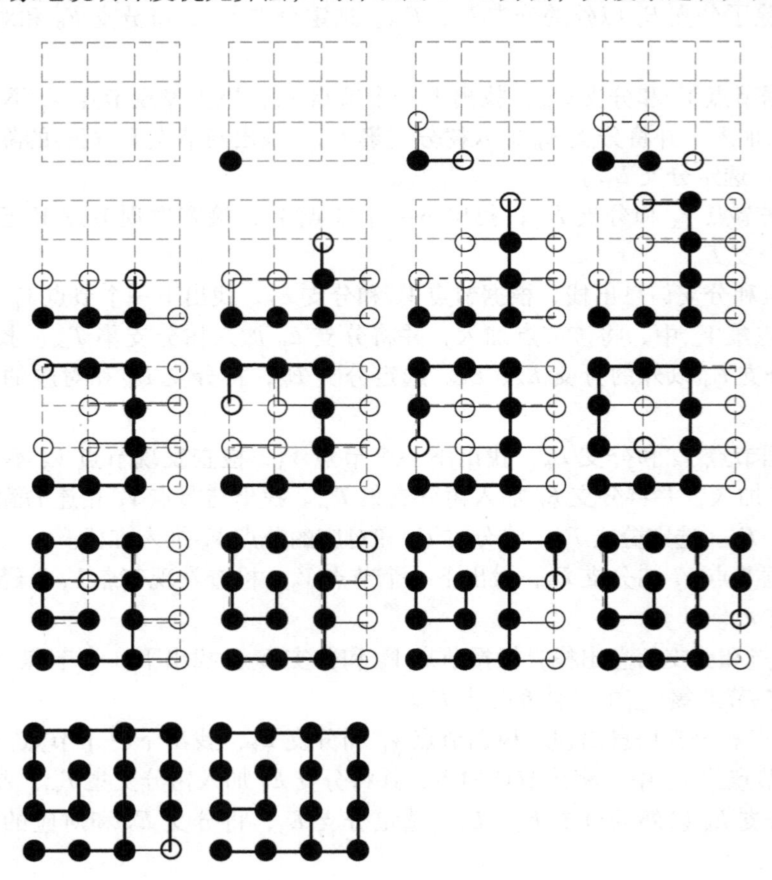

图6－9　网格通风的深度优先算法

从图6－9中可以看出，深度优先算法更容易形成长通路，在某些特殊情况下，可能会出现一个长通路就是该风网的树的情况。

根据通风学中树的定义，此例中只要树的分支个数达到7或节点集中已经包含全部节点，即可停止搜索，也就是说，通过设定以上终止条件，上述过程中的后面很多步骤可以不搜索，本书代码以节点集已囊括通风网络的全部节点为终止条件。示例代码如下：

```
function Tree=DFS(A)
//利用深度搜索算法构建树
------------------------------初始化--------------------------------
    EdgeInfStack=[];    //待处理分支信息，堆栈。
    VertexInfStack=[]    //待处理分支对应的始节点,堆栈。
    Tree=[]    //存储树的分支。
    VertexofTree=[];    //存储Tree对应的节点。
    RowNum=size(A,'r')
    AltVertexes=1:RowNum;    //获得备选节点集合。
    [ThisVertex,AltVertexes]=SelfromLeft(AltVertexes)
    //从备选节点集合任意取一个节点作为当前节点。
     VertexofTree=ThisVertex
     CurrentEdge=[]
    AltEdges=GetAltEdge(A,ThisVertex,CurrentEdge)
    //找出当前节点ThisVertex对应的分支。
    [CurrentEdge,AltEdges]=SelfromLeft(AltEdges)
  //从备选分支选择一个分支CurrentEdge，改变AltEdges。
  ThatVertex=GetThatVertex(A,CurrentEdge,ThisVertex)
  //得到CurrentEdge的另一个节点ThatVertex。
while CurrentEdge<>[]
     flag=CheckV(VertexofTree,ThatVertex);
      if flag==0    //新节点不属于节点集。
                VertexofTree=union(ThatVertex,VertexofTree)
               Tree=[CurrentEdge,Tree];
               ThisVertex=ThatVertex
                AltEdges=GetAltEdge(A,ThisVertex,CurrentEdge)
              [CurrentEdge,AltEdges]=SelfromLeft(AltEdges)
                ThatVertex=GetThatVertex(A,CurrentEdge,ThisVertex)
                LAlt=length(AltEdges)
                if LAlt<>0
                   for i=1:LAlt
```

```
                    VertexInfStack=[ThisVertex,VertexInfStack]
                    EdgeInfStack=[AltEdges(i),EdgeInfStack]
                   end
                end
           else
                  ThisVertex=VertexInfStack(1)
                  VertexInfStack(1)=[]
                  CurrentEdge=EdgeInfStack(1)
                  EdgeInfStack(1)=[]
                 ThatVertex=GetThatVertex(A,CurrentEdge,ThisVertex)
          end
              if length(VertexofTree)==RowNum
             //所有节点已经囊括，提前退出循环。
              break
              end
        end
endfunction
```

6.3 独立回路矩阵的生成

6.3.1 从树获得回路

根据树的定义，任意加上一个余枝，必然会生成一个新的回路。我们在上一节已经讨论了如何从关联矩阵 A 生成一棵树，现在需要解决添上一个余枝后，如何将多余的树枝砍去，只保留回路部分。

如图 6-10 中的子图 1 所示，分支 $E_1-E_2-E_4-E_6-E_7$ 构成了一棵树。对应的分支节点关联矩阵见子表 1。如果加上分支 E_3，则 E_2、E_3、E_4 分支会构成回路 $E_2-E_3-E_4$，如子图 2 所示，此时树和余枝对应的分支节点关联矩阵见子表 2。相对于回路 $E_2-E_3-E_4$，此时原来树中的分支 E_1、E_6、E_7 成为多余分支，需要从子表 2 中拿掉。观察风机节点，我们发现其仅与分支 E_7 相连，在矩阵上表现为风机所在行仅有一个非零数，将该非零数所在的行和列全部删除，即删除了风机和分支 E_7。得到子图 3 所示的网络图，其对应矩阵见子表 3。观察子表 3 对应的矩阵，发现节点 V_5 所在行仅有一个非零数，删除该非零数所在的行和列，即删掉了节点 V_5 和分支 E_6，得到子图 4 所示的网络图，其矩阵见子表 4。观察子表 4 发现，节点 I 所在的行只有一个非零数，删除该非零数所在的行和列，即删除节点 V_1 和分支 E_1。最后即获得网孔 $E_2-E_3-E_4$。

综上所述，从树获得回路的计算流程为：

（1）选定一棵树，列出分支节点关联矩阵 tree，任意加一个余枝，获得分支节点关联矩阵 treeplus。

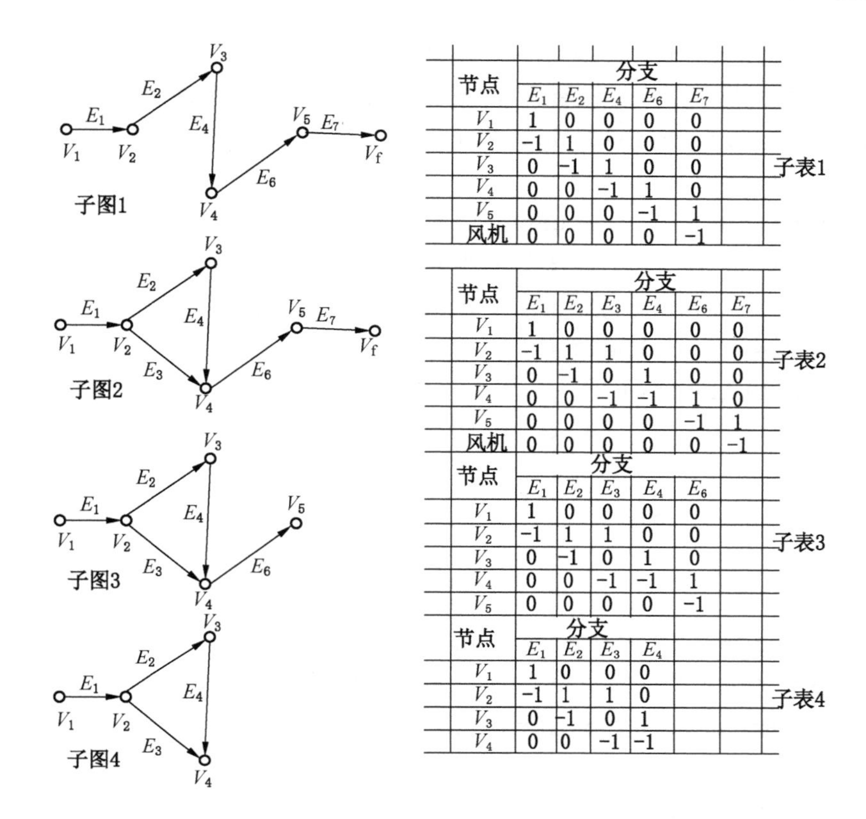

图 6－10　砍枝法示意图

（2）观察节点所在行，如果发现某一行只有一个非零数，则删除该数字所在的行和列，更新 treeplus。

（3）重复第二步，直到没有符合条件的行为止。

（4）输出剩余分支的分支号，即获得一个回路。

在 Scilab 中键入如下代码，实现从树开始，通过添加余枝，然后砍掉非回路枝，最后获得回路的功能。

```
function net=SearchNet(A,TreeNum)
    //利用砍树法发现给定的矩阵中的网孔，A为节点分支关联矩阵。TreeNum为树
    //的列号加一个余枝的列号。
    AbsTree=abs(A(:,TreeNum))
    ColNum=size(AbsTree,'c')
    RowNum=size(AbsTree,'r')
    Cols=1:ColNum     //用来记录列号的变化情况。
    Rows=1:RowNum
    for i=1:ColNum
    ColNum=size(AbsTree,'c')     //每次都需重新计算，因为树枝不断被砍去。
```

```
    SingleVertex=AbsTree*ones(ColNum,1)
    //每行数字加起来，看是否等于1，用以寻找出现单次的节点。
    CurrentRow=findone(SingleVertex);
        if CurrentRow<>[]
        CurrentRow=CurrentRow(1);
        //每次只处理一行，本变量记录单个节点出现的行。
        ColDel=findone(AbsTree(CurrentRow,:))
        AbsTree(:,ColDel)=[]
        Cols(ColDel)=[]
        end
    end
    net=TreeNum(Cols)
endfunction

function LocofOne=findone (array)
    //寻找某一行或一列中数字等于1的元素，并返回该数字所在的位置。
    LengthofArray=length(array);
    loc=1:LengthofArray
    array=matrix(array,1,LengthofArray)
    Flag=array==1    //判断是否等于1，返回逻辑值。
    LocofOnetemp=loc.*Flag    //得到包含位置的数列，但是包含零。
    LocofOne=[]
 for i=1:LengthofArray
     if LocofOnetemp(i)<>0
         LocofOne=[LocofOne,LocofOnetemp(i)]
         end
 end   //取出非零数，即位置号。
endfunction
```

6.3.2 独立回路矩阵的定义

为了表征独立回路中各回路与所属分支的相对关系，并考虑到各分支的风流流向，取网孔 L_1、L_2、L_3，假定网孔的方向为逆时针，可以用表6－5来反映图6－1的以上特征。

在表6－5书写时，假定各网孔的方向均为逆时针。当分支不在这个网孔上时，网孔所在的行与分支所在列的交叉处填上数值0。如果分支在这个网孔上，并且分支中的风流流向与网孔方向相同，则在交叉处填上数值1，如果分支中的风流方向与网孔方向相反，则填上数值－1。

表6-5 回路和分支的关系

回路	分支							
	E_1	E_2	E_3	E_4	E_5	E_6	E_7	E_8
L_1	0	-1	1	-1	0	0	0	0
L_2	0	0	0	1	-1	1	0	0
L_3	1	1	0	0	1	0	1	1

通过前面的论述可以得知，网孔 L_1、L_2、L_3 构成独立回路，将表6-5中的数据用矩阵表出，即得到图6-1所示的独立回路矩阵，用符号 $\boldsymbol{C}$ 表示。

从上文中的讨论可以知道，由于树的选择不同，独立回路也不同，所以独立回路矩阵不是唯一的。其维度是确定的，即独立回路矩阵 $\boldsymbol{C}$ 有 $n-m+1$ 行、n 列。

6.3.3 根据已知回路书写独立回路矩阵

从以上讨论可以知道，基本关联矩阵的书写比较容易，逻辑清晰，不容易出错。而独立回路矩阵牵涉到树和余树的选择，需要的运算量比较大，如果通风网络达到一定规模的话，人工书写将变得不现实。因此，有必要讨论独立回路矩阵和基本关联矩阵的关系，找出根据回路书写独立回路矩阵的规律，编程进行独立回路矩阵生成，从而减少人工书写的工作量以及由此带来的错误。

首先，将图6-1所代表风网的节点分支关联矩阵和独立回路矩阵的数据写在一个表格里（表6-6）。

表6-6 节点分支关联矩阵和独立回路矩阵的相互关系

节点或回路	分支							
	E_1	E_2	E_3	E_4	E_5	E_6	E_7	E_8
V_1	1	0	0	0	0	0	0	-1
V_2	-1	1	1	0	0	0	0	0
V_3	0	-1	0	1	1	0	0	0
V_4	0	0	-1	-1	0	1	0	0
V_5	0	0	0	0	-1	-1	1	0
V_f	0	0	0	0	0	0	-1	1
L_1	0	-1	1	-1	0	0	0	0
L_2	0	0	0	1	-1	1	0	0
L_3	1	1	0	0	1	0	1	1

选取网孔 L_1（回路），在独立回路矩阵中观察 L_1 所在行，可见网孔 L_1 中包含分支 E_2、E_3 和 E_4。在基本关联矩阵中观察分支 E_2、E_3 和 E_4 所在的列，发现只有节点 V_2、V_3 和 V_4 非零，即它们存在关联关系。将上述分支、节点和网孔所在行列交叉点上的数据取出，单独列表见表6-7。

表6-7　回路、节点和分支的关系

节点或回路	分支		
	E_2	E_3	E_4
V_2	1	1	0
V_3	-1	0	1
V_4	0	-1	-1
L_1	-1	1	-1

对任一分支，均有首尾两个节点与之关联，表现在基本关联矩阵上，每一列均只有两个数字非零，且一正一负。而对于构成回路的分支而言，分支数和节点数必然相等，将回路中的分支和节点所在行列交叉点上的数据取出来，构成一个方阵 m，这个方阵的行列式值必然为零。

在 Scilab 中输入如下命令进行验证：

```
-->m= [1,1,0; -1,0,1;0,-1,-1]
-->det(m)
```

于是，求解独立回路矩阵时第一个要解决问题就是：如何根据方阵 m 写出表6-7中回路 A 所在行的三个数字。

通过观察，我们可以发现，如果节点所在的行的非零数字相同（都为1或都为-1），则回路所在行的同一位置的两个数字必然相反（一个为1，另一个必然为-1）。如果节点所在的行的非零数字相反（一个为1，另一个为-1），则回路所在行的同一位置的两个数字必然相同（都为1或都为-1）。根据这一规律，我们很容易通过编程解决上述问题。

程序的求解流程描述如下：

（1）选定回路的节点-分支关系矩阵的第一列，记为当前列，列号存储到变量 cc 中。建立与回路的节点-分支矩阵的列数相同的全零行向量 cx，在 cx 中的第 cc 个位置填写数字1（也可以填写数字-1）。

（2）在回路的节点-分支关系矩阵中当前列 cc 中寻找第一个非零数 $nz1$，找出该非零数所在的行，记为当前行，行号存储到变量 cr 中。

（3）在回路的节点-分支关系矩阵当前行中寻找另一个非零数 $nz2$，找出该非零数所在的列，列号存储到变量 $cc2$ 中。

（4）如果 $nz1$ 和 $nz2$ 符号相同，则在 cx 中的 $cc2$ 位置写下 cc 位置的数字的相反数，否则，写下相同数字。

（5）将 $cc2$ 赋给 cc，寻找除 $nz2$ 以外的另一个非零数，将所在的行记为当前行 cr。将 $nz2$ 赋给 $nz1$。

（6）重复第 3 步，直到 *cx* 填写完毕

以下为对应的 Scilab 程序：

```
function cx=rowfrombtoc(m)
//m是根据独立回路所在的分支和节点交叉位置在基本关联矩阵中取出的方阵，cx用来存
//储生成的独立回路矩阵对应行。
x=size(m)
cx=zeros(1,x(1));     //将cx初始化为与m列数相同的全零行数组。
cx=cx(1,:);
cx(1)=-1;     //第一个分支赋初值。
currentcolumn1=1;     //用来记录处理到哪一列了。
    colnumber=1:length(cx);     //行列号列表。
    flag=1;
    nozerorow=m(:,currentcolumn1)<>0;
    nozerorow=colnumber'.*nozerorow;
    nozerorow(nozerorow==0)=[]     //以上三行代码用于获得非零行号。
    currentrow=nozerorow(1)     //第一次选择当前处理的行。
    while flag<length(cx)
    nozerocolumn=m(currentrow,:)<>0;
    nozerocolumn=colnumber.*nozerocolumn;
    currentcolumn2=sum(nozerocolumn)-currentcolumn1;
    //获得非零行里的另一个非零数据的列号。
    if m(currentrow,currentcolumn1)<>m(currentrow,currentcolumn2)
        cx(currentcolumn2)=cx(currentcolumn1);
        //关联矩阵中对应数字不同，则独立矩阵中数字相同。
    else
        cx(currentcolumn2)=-cx(currentcolumn1);
       //关联矩阵中对应数字相同，则独立矩阵中数字取反。
    end
    currentcolumn1=currentcolumn2;     //改变当前处理的列号。
    flag=flag+1;
    nozerorow=m(:,currentcolumn1)<>0;
    nozerorow=colnumber'.*nozerorow;
    nozerorow(nozerorow==0)=[]     //以上三行代码用于获得非零行号。
    currentrow=sum(nozerorow)-currentrow     //变换当前处理的行号。
     end
    endfunction
```

6.3.4 根据基本关联矩阵计算独立回路矩阵

考察表6-7，我们发现如果将表中相关三个节点所在行分别写成向量 B_1、B_2、B_3，回路所在行写成向量 C_1，则有 $B_1C_1^T=0$，$B_2C_1^T=0$，$B_3C_1^T=0$。这是不是偶然呢?

对网孔 L_1，该网孔仅包含三个分支，除了分支 E_2、E_3、E_4 对应的列外，独立回路矩阵中 L_1 所在行的其他列均为零。故仅需考察分支 E_2、E_3、E_4 有关联的节点所在行的数据情况，即可肯定或否定上述猜想。

（1）节点 V_2 仅与分支 E_2、E_3、E_4 中的 E_2、E_3 相连，且节点均在分支 E_2、E_3 的尾部，故基本关联矩阵中 E_2、E_3 所在列数字相同。无论如何规定回路方向，E_2、E_3 分支必然一个与回路方向相同，一个与回路方向相反，故独立回路矩阵中 E_2、E_3 所在列数字相反。节点 V_2 不与分支 E_4 相连，故基本关联矩阵中2行4列位置元素为0。进一步可得出 $B_2C_1^T=0$。

（2）节点 V_3 仅与分支 E_2、E_3、E_4 中的 E_2、E_4 相连，且节点与分支 E_2、E_4 为一头一尾的关系，故基本关联矩阵中 E_2、E_3 所在列数字相反。无论如何规定回路方向，E_2、E_4 分支要么均与回路方向相同，要么均与回路方向相反，故独立回路矩阵中 E_2、E_3 所在列数字相同。节点 V_3 不与分支 E_3 相连，故基本关联矩阵中3行3列位置元素为0。进一步可得出 $B_3C_1^T=0$。

（3）节点 V_4 仅与分支 E_2、E_3、E_4 中的 E_3、E_4 相连，且节点均在分支 E_3、E_4 的头部，故基本关联矩阵中3、4所在列数字相同。无论如何规定回路方向，E_3、E_4 分支必然一个与回路方向相同，一个与回路方向相反，故独立回路矩阵中 E_3、E_4 所在列数字相反。节点 V_4 不与分支 E_2 相连，故基本关联矩阵中4行2列位置元素为0。进一步可得出 $B_3C_1^T=0$。

考察以上三种情况后，我们可以得出结论，上述猜想是正确的，进一步推广可得基本关联矩阵和独立回路矩阵的关系：

$$BC^T=0 \tag{6-2}$$

式中上标 T 代表矩阵的转置，下同。

选择 $E_2-E_4-E_5-E_7-E_8$ 作为生成树，$E_3-E_6-E_1$ 作为余树枝，恰好能生成网孔 L_1，L_2，L_3。现将独立回路矩阵和基本关联矩阵均按树枝在前、余树枝在后的顺序排列（表6-8）。

表6-8 按树枝在前、余树枝在后进行排列的基本关联矩阵和独立回路矩阵

节点或回路	分支							
	E_2	E_4	E_5	E_7	E_8	E_3	E_6	E_1
V_1	0	0	0	0	-1	0	0	1
V_2	1	0	0	0	0	1	0	-1
V_3	-1	1	1	0	0	0	0	0

表6-8（续）

节点或回路	分支							
	E_2	E_4	E_5	E_7	E_8	E_3	E_6	E_1
V_4	0	-1	0	0	0	-1	1	0
V_5	0	0	-1	1	0	0	-1	0
L_1	-1	-1	0	0	0	1	0	0
L_2	0	1	-1	0	0	0	1	0
L_3	1	0	1	1	1	0	0	1

观察发现，独立回路中的余树枝恰好构成单位矩阵$\boldsymbol{I}$，故独立回路矩阵可表示为：

$$C=[C_{\mathrm{t}},I] \tag{6-3}$$

同理

$$B=[B_{\mathrm{t}},B_{\mathrm{y}}] \tag{6-4}$$

将式（6-3）、式（6-4）代入式（6-2）：

$$BC^T=(B_{\mathrm{t}}\quad B_{\mathrm{y}})\begin{pmatrix}C_{\mathrm{t}}^T\\I^T\end{pmatrix}=B_{\mathrm{t}}C_{\mathrm{t}}^T+B_{\mathrm{y}}I^T=B_{\mathrm{t}}C_{\mathrm{t}}^T+B_{\mathrm{y}}=0$$

$$B_{\mathrm{t}}C_{\mathrm{t}}^T=-B_{\mathrm{y}}$$

$$C_{\mathrm{t}}^T=-B_{\mathrm{t}}^{-1}B_{\mathrm{y}}$$

$$C_{\mathrm{t}}=-(B_{\mathrm{t}}^{-1}B_{\mathrm{y}})^T=-B_{\mathrm{y}}^T(B_{\mathrm{t}}^{-1})^T$$

可得由基本关联矩阵到独立回路矩阵的关系式：

$$C=[-B_{\mathrm{y}}^T(B_t^{-1})^T,I] \tag{6-5}$$

在具体应用式（6-5）求解独立回路矩阵时，还需要解决一个问题：余枝的排列需不需要恰好使独立回路矩阵的余枝部分构成单位矩阵？在独立回路矩阵中，因为每一行均代表一个独立回路，而行和行的先后顺序并不影响独立回路的表达，我们总能通过调整独立回路的行顺序来使余枝部分的独立回路矩阵变成单位矩阵。故在实际解算时，不需要考虑余枝的排列顺序问题。

基于以上思路，根据基本关联矩阵和树枝余枝的关系，可以获得直接由基本关联矩阵到独立回路矩阵的算法步骤：

（1）对基本关联矩阵进行检测，从中随机选出一定数量的列组成方阵。如这个方阵的行列式值不为零，即可选择这些列作为树枝，剩余的列作为余树枝（也可以按照任意一种由节点分支关联矩阵求树的方法来解决这一问题）。

（2）按树枝在前、余树枝在后的顺序排列基本关联矩阵，并记下排列顺序。

（3）按式（6-5）进行变换，就得到独立回路矩阵。

（4）将独立回路矩阵按分支顺序重新排列，即得到可以用于风路解算的独立回路矩阵。

在 SciNotes 里面编写如下函数并进行验证：

```
function C=CfromBtBy(B)
//本函数输入为基本关联矩阵，输出为独立回路矩阵。
C=[]
RowNum=size(B,'r')
ColNum=size(B,'c')
ByNum=ColNum-RowNum;
n=1
while n>0
        x=grand(1, "prm", (1:ColNum)')'    //乱序的1到最大列数。
        xx=x(1:RowNum);     //取x中的前RowNum个数字。
        db=det(B(:,xx));
//检测方阵的行列式是否为零，如果不为零，列号作为树输出，其余作为余树输出。
        if db<>0
          BtColS=xx;
          ByColS=setdiff(x,xx)
          n=0
         end
  end
Bt=B(:,BtColS);    //根据输入的树的列号，提取方阵Bt。
By=B(:,ByColS)
Ctemp=[-By'*inv(Bt)',eye(ByNum,ByNum)]    //计算乱序的独立回路矩阵。
C=zeros(Ctemp)
C(:,[BtColS,ByColS])=Ctemp    //将独立回路矩阵重排回原始顺序。
endfunction
```

应该指出，上述编程思路中用来寻找树的方法相对于秩法等其他方法，解算效率是最低的，对于小型风网可以使用，大型或超大型风网，建议使用深度优先搜索算法或广度优先搜索算法。

6.3.5 从通路获得独立回路矩阵

通路指的是在某一个图中，任意指定一个起始点 V_s 和一个结束点 V_e，从 V_s 到达 V_e 所经过的不重复的分支集合叫作这两点间的一条通路。任意两点间的通路往往有很多条，根据经过的分支数的多少，又有最短通路和最长通路的定义，在此不再赘述。

通路的搜索方法可以采用深度优先算法或宽度优先算法。以深度优先算法为例，相对于寻找树，搜寻通路时，堆栈里面存储的不是单个节点和对应的分支，而是所有等待继续搜索的路径，也就是以节点－分支－节点－分支方式间隔存储的已搜索过的路径。

以深度优先算法为例，其代码如下：

```
function R=AllRoutes(A,Vb,Ve)
//根据节点分支关联矩阵A，给出从节点Vb到节点Ve的所有路径R。Rstack为堆栈，存储
//处理的中间数据，是矩阵形式，每次压入弹出均以行为单位进行。
    R=[]
    Rows=size(A,'r')
    Cols=size(A,'c')
    TempRow=zeros(1,Rows+Cols)
    Rstack=[]
    Edges=GetAltEdge(A,Vb,[])
    Rstack=PushStack(Vb,Edges,Rstack,TempRow)
    //把初始节点和对应的分支全部压入堆栈。
    while Rstack<>[]    //堆栈没有清空，就一直执行循环。
        TempRow=Rstack(1,:)
        Rstack(1,:)=[]
        ThatVertex=GetThatVertex(A,TempRow(1),TempRow(2))
        flag=CheckV(TempRow(2:2:$),ThatVertex)
        if ThatVertex==Ve    //搜索到结束点，将该路径计入路径集。
            TempRow($)=[]
            TempRow=[ThatVertex,TempRow]
            R=[TempRow;R]
        elseif flag<>1
        //若新节点不属于已知有节点集，寻找该节点的分支，并入栈。
             Edges=GetAltEdge(A,ThatVertex,TempRow(1))
             Rstack=PushStack(ThatVertex,Edges,Rstack,TempRow)
        end
    end
endfunction
function Rstack=PushStack(V,Edges,Rstack,TempRow)
    L=length(Edges)
    for i=1:L
        Row=TempRow
        Row($)=[]
        Row=[V,Row]
        Row($)=[]
        Row=[Edges(i),Row]
        Rstack=[Row;Rstack]
```

```
    end
endfunction
```

在获取到所有通路的基础上，任选 $n-m+1$ 个通路，将进风口和出风口之间用虚拟分支连接，即构成该矿井的一组独立回路。独立回路矩阵可以在上述通路特征的基础上很容易地变换出，本书不再赘述。

6.4 本章所用自定义函数

(1) SelfromLeft：本函数用来实现从一个数列中随机取出一个数字返回，并在原数列中删除该数字后返回新数列。

```
function [i,NewCols]=SelfromLeft(Cols)
//从给定的向量中任意取一个数出来作为返回值，并将该数从原向量中删除。
    index=ceil(rand(1)*length(Cols));
    i=Cols(index);
    NewCols=setdiff(Cols,i);
 endfunction
```

(2) CheckV：给定节点号 x，判断是否属于节点号集合 V。

```
function flag=CheckV(V,x);
//x为节点号，根据节点号属于集合V的不同情况，返回不同状态。
    [nb ,loc] = members(V, x)    //返回x是否属于V的相关信息。
   flag=sum(nb)
endfunction
```

(3) GetThatVertex：根据节点分支关联矩阵 $\boldsymbol{A}$，分支号 bid 和该分支对应的一个节点 ThisVertex，找出该分支对应的另一个节点 ThatVertex。

```
function ThatVertex=GetThatVertex(A,bid,ThisVertex)
//在矩阵A中的第bid列里面找出两个非零数据对应的节点号，去除ThisVertex，
//返回ThatVertex。
    if bid<>[]
    x=A(:,bid)    //取出分支号对应的那一列。
    xlength=length(x);
        for i=1:xlength
            if x(i)<>0 & i<>ThisVertex
                ThatVertex=i;
             end
        end
    else
       ThatVertex=[]
```

```
    end
endfunction
```

（4）GetAltEdge：已知节点号 ThisVertex，与该节点对应的一个分支号 CurrentEdge，返回该节点对应的其他分支的编号集合。

```
function AltEdges=GetAltEdge(A,ThisVertex,CurrentEdge)
//给定矩阵A，给定节点号ThisVertex，返回与该节点对应的分支号AltEdges，
//并将CurrentEdge从中剔除。
    x=A(ThisVertex,:)    //取得节点号对应的那一行。
    AltEdges=[];
    xlength=length(x);
    for i=1:xlength
        if x(i)<>0
            AltEdges=[AltEdges,i]
         end
    end
    AltEdges=setdiff(AltEdges,CurrentEdge)
 endfunction
```

7 风网的物理特性和解算方法

在矿井中，风网是研究风量分配的基础。在实际生产中，矿井各部位根据安全生产需要，风量的最小值和最大值都有相应的规定。在纯理论计算中，风网中的风量分配一般遵循按需分配原则或自然分配原则。

7.1 通风参数

7.1.1 风量

1. 风速

在某一极小断面上，单位时间内通过的流体体积与该单位时间的比值称之为该断面的流速 v。由于实际断面的尺寸较大，形状往往千差万别，在断面的各个部位，实际的流速往往各不相等，故在实际生产中，采用一个平均值来代替各点的实际速度，称为断面风流平均速度。这个平均值我们一般称为该断面的风流流速，简称风速 v。

2. 风量

在某一单位时间内（国际标准单位中取 1 s），通过某一个断面的风流的体积，称为该断面的风流流量 q，简称风量。根据定义，很显然，对面积为 S 的断面，有：

$$q = vS$$

在进行风网解算时，对分支上的风量分布情况进行了简化，默认分支各处风量相等。将所有的分支风量按照分支编号顺序写成一个向量的形式，称为分支风量列向量 $Q = (q_{\mathrm{j}})_{n\times 1}$。

7.1.2 风压

由于空气分子的热运动，分子之间不断碰撞，同时气体分子也不断地和容器壁碰撞，形成了气体对容器壁的压力，简称风压 p，单位 Pa。在进行风网解算时，仅需要研究节点处的风压。将所有节点处的风压按照节点编号规则写成一个向量的形式，称为节点风压向量 $P = (p_{\mathrm{i}})_{(m-1)\times 1}$。按照空气分子热运动的不规则程度和是否有重力参与等因素综合考量，一般将风压分为如下几类：

1. 静压

由分子热运动理论可知，不论空气处于静止状态还是流动状态，空气分子都在做无规则的热运动。这种由空气热运动而使单位体积空气具有的对外做功的机械能量称为静压能 E_{std}。空气分子不断地撞击器壁所呈现的压力（压强）称为静压力，简称静压 p_{std}。

由定义可知，只要有空气存在，不论是否流动都会呈现静压。由于空气分子向器壁撞击的概率是相同的，所以风流中任一点的静压与方向无关，各向同值，且垂直于器壁。静压可以用仪器测量，一般所说的大气压力就是指的地面空气的静压。静压又分为绝对压力和相对压力。

一般来说，井巷中空气的相对压力 h，以真空为基准测算出的绝对压力 p_{abs} 及其当地当时同标高的地面大气压力 p_0 之间存在如下关系：

$$h = p_{abs} - p_0$$

2. 动压

空气做定向流动时具有的动能，用 E_{dyn} 来表示，其动能所呈现的压力称为动压（或速压），用 h_{dyn} 来表示。

由定义可知，只有做定向流动的空气才呈现出动压。动压具有方向性，仅对于与风流方向垂直或斜交的平面施加压力，垂直流动方向的平面承受的动压最大，平行流动方向的平面承受的动压为零。在同一流动断面上，因为各点风速不等，其动压各不相同。动压总是大于零，没有绝对压力和相对压力之分。

动压 h_{dyn} 的定义为：

$$h_{dyn} = \frac{1}{2}\rho v^2$$

式中 ρ 为空气密度。

3. 位压

单位体积空气在地球引力作用下，由于位置高度不同而具有的一种能量称之为位能，用 E_{ps} 来表示，所呈现的压力叫位压，用 p_{ps} 来表示。需要说明的是，位能和位压的大小是相对于某一个参照基准而言的，是相对于这个基准面所具有的能量或呈现的压力。

位压 p_{ps} 的计算式为：

$$p_{ps} = \rho g H$$

式中 H 为该测点的相对高差，可以为负值。

4. 全压

为了研究方便，常把风流中某点的动压和静压之和称为全压。

5. 势压

将某点的静压与位压之和称为势压。

6. 总压力

把井巷风流中任一断面（点）的静压、动压和位压之和称为该断面（点）的总压力 p。

7. 机械能

由以上分析可知，矿井空气具有的机械能包含静压能 E_{std}、动压能 E_{dyn} 和位能 E_{ps} 三部分。

$$E = E_{std} + E_{dyn} + E_{ps}$$

总之，对通风网络中的任意一点，如果空气不流动表现出来的压力是静压，由空气流动引起的是动压，由所在点高差不同而引起的是位压。

7.2 阻力及相关公式

7.2.1 通风阻力

井巷风流在流动的过程中，克服内部相对运动造成的机械能损失称之为矿井通风阻力，其根本原因是风流流动过程中的黏性和惯性，以及井巷壁面对风流的阻滞作用和扰动作用。通风阻力包括摩擦阻力和局部阻力两大类，其中摩擦阻力是井巷通风阻力的主要组成部分（大约占总阻力的 80%）。

1. 摩擦阻力

井下风流沿井巷或管道流动时，由于空气的黏性受到井巷壁面的限制，造成空气分子之间的相互摩擦（内摩擦）以及空气与井巷或管道周壁间的摩擦，从而产生阻力，这种阻力称为摩擦阻力。摩擦阻力按照空气流动状态的不同，又分为层流摩擦阻力和紊流摩擦阻力两种。在井巷中的风流大多数处于紊流状态，所以层流摩擦阻力在实际计算中可以不予考虑。紊流摩擦阻力的计算公式为：

$$h_{\mathrm{f}} = \alpha \frac{LU}{S^3} q^2 \tag{7-1}$$

式中 h_{f}——紊流摩擦阻力，Pa；

α——井巷的摩擦阻力系数，kg/m^3 或 Ns^2/m^4，该参数可以由查表得出。

L——巷道的长度，m；

U——非圆形巷道断面周长，m；

S——非圆形巷道断面面积，m^2；

q——风量。

2. 局部阻力

在风流运动过程中，由于井巷边壁条件的变化，风流在局部地区受到局部阻力物（如巷道断面的大小变化，延伸方向变化或巷道的分叉交汇等）的影响和破坏，引起风流流速大小、方向和分布的突然变化，导致风流本身产生很强的冲击，形成极为紊乱的涡流，造成风流能量的损失。这种均匀稳定风流经过某些局部地点所造成的附加的能量损失，称为局部阻力。

在一般情况下，井巷中的局部阻力较小，井下的局部阻力之和只占矿井总阻力的 10% ~20%。故在通风设计中，一般只对摩擦阻力进行计算，对局部阻力不做详细计算，而是按照经验进行估算，最后按比例折合到总阻力中去。

7.2.2 风阻

类似于电学中电阻的概念，为了反映巷道本身特性导致的风流能量损失，表征巷道本身对风流传播的阻碍程度，在通风学中引入了风阻的概念。对于摩擦风阻：

$$r_{\mathrm{f}} = \alpha \frac{LU}{S^3}$$

式中 r_{f}——摩擦风阻，Ns^2/m^8；

其余参数同上。

对于总风阻，它是摩擦阻力、局部阻力等各种风阻的和，对于任一段巷道，其总阻力、风量存在如下关系：

$$r = \frac{h_r}{q^2} \tag{7-2}$$

式中 r——总风阻，Ns^2/m^3；

h_r——总通风阻力；

q——风量。

对于通风网络，一般将风阻作用到分支上，由此可定义分支风阻列向量 $R = (r_j)_{n\times1}$。

7.2.3 等积孔

为了更形象、更具体、更直观地衡量矿井通风难易程度，矿井通风学上常用一个假想的，并与矿井风阻值相当的孔的面积来评价矿井的通风难易程度，这个假想孔的面积称为矿井等积孔 A。一般来说，等积孔越大，通风越容易；反之，通风越难。

$$A = 1.19\frac{q}{\sqrt{h}}$$

或

$$A = \frac{1.19}{\sqrt{r}}$$

7.2.4 通风阻力定律

对式（7-2）进行变形，则得到通风阻力定律：

$$h_r = rq^2 \tag{7-3}$$

如果各分支通风阻力和风阻分别用一个列向量 H 和 R 以如下形式表出：

$$H = \begin{pmatrix} h_{r1} \\ h_{r2} \\ \cdots \\ h_{rn} \end{pmatrix}, \quad R = \begin{pmatrix} r_1 \\ r_2 \\ \cdots \\ r_n \end{pmatrix}$$

在实际应用中，为了解决问题的方便，我们人为规定若回路中顺时针流向的分支通风阻力取正值，则逆时针流向的分支通风阻力取负值，反之亦然。

$$H = \begin{pmatrix} r_1|q_1|q_1 \\ r_2|q_2|q_2 \\ \cdots \\ r_n|q_n|q_n \end{pmatrix} = \begin{pmatrix} r_1 & & & \\ & r_2 & & \\ & & \ddots & \\ & & & r_n \end{pmatrix}\begin{pmatrix} |q_1| & & & \\ & |q_2| & & \\ & & \ddots & \\ & & & |q_n| \end{pmatrix}\begin{pmatrix} q_1 \\ q_2 \\ \cdots \\ q_n \end{pmatrix}$$

则通风阻力定律的矩阵写法为（手写形式）：

$$\boldsymbol{H} = R_{\mathrm{diag}}|Q|_{\mathrm{diag}}Q \tag{7-4}$$

式中 下标 diag——将前置列（行）向量变换为对角化矩阵；

符号 | | ——求符号包围起来的变量的绝对值。

在考虑到 Scilab 中的点运算的情况下，式（7－4）也可以改写为：

$$H = R.*Q.*|Q| \tag{7-5}$$

式中：.* 代表 Scilab 中的点乘。

取表 7－2 中的参数 R，在 Scilab 中输入如下命令验证得到的 H 值是否与表 7－2 中的 H 相符。

```
-->R=[200,120, 80, 30,90,110,200,200]'
-->H=diag(R)*diag(abs(Q))*diag(Q)
-->H=R.*Q.*|Q|
```

7.2.5 分支阻力方程

矿井中的空气在流动中，其压能、动能和位能都会发生变化，其变化规律同样符合能量守恒和转化定律。

在矿井通风系统中，严格地说，空气的密度是变化的，即矿井空气是可压缩的。当外力对它做功增加其机械能的同时，也增加了风流的（内）热能。因此，在研究矿井风流流动时，风流的机械能加上其内（热）能才能使能量守恒及转换定律成立。

设矿井风流流过某一段分支时产生的热量损失为 ΔQ，损失的内能为 ΔU，则风流从节点 1 流动到节点 2 的过程中能量守恒，取两个节点处的风流为研究对象，根据能量守恒及转化定律可得：

$$p_{\text{std1}} + \frac{1}{2}\rho_1 v_1^2 + \rho_1 g H_1 = p_{\text{std2}} + \frac{1}{2}\rho_2 v_2^2 + \rho_2 g H_2 + \Delta Q + \Delta U$$

用 ρ_{m} 表示按状态过程考虑的空气平均密度，用 h_{r} 表示 1 m^3 空气流动过程中的能量损失，可以写出单位体积（1 m^3）风流能量方程：

$$h_{\text{r}} = p_{\text{std1}} - p_{\text{std2}} + \frac{1}{2}(v_1^2 - v_2^2)\rho_{\text{m}} + g(H_1 - H_2)\rho_{\text{m}}$$

或

$$h_{\text{r}} = p_{\text{std1}} - p_{\text{std2}} + \frac{1}{2}(v_1^2 - v_2^2)\rho_{\text{m}} + g(H_1 - H_2)\rho_{\text{m}} + h_{\text{fan}}$$

式中　h_{fan}——风机压力，J/m^3。

如果将上式中的静压、动压和位压用全压 p 表示的话，经过变形即可得到分支阻力方程：

$$p_2 - p_1 = h - h_{\text{fan}} \tag{7-6}$$

式（7－6）表明，井巷风流中两断面上存在的能量差即总压力差，是风流流动的根本原因。空气的流动方向总是从总压力大处流向总压力小处，而不是取决于单一的静压、动压或位压的大小。

对于任何一个分支，其上施加的通风阻力与风机压力的代数和等于分支首尾节点处的总压力差，这个规律一般称为节点压降定律，又称分支阻力方程。

在矿井通风实际中，局部通风机或总风机的作用一般都是让风流流动得更快，而不是阻碍风流的流动，所以风机产生的风压放大总是与分支的阻力方向相反。

在固定风压工况点，将风机风压和各节点的总压力表示为列向量的形式：

$$H_{\text{fan}} = \begin{pmatrix} 0 \\ 0 \\ \cdots \\ h_{\text{fan}} \end{pmatrix}, \quad P = \begin{pmatrix} p_1 \\ p_2 \\ \cdots \\ p_n \end{pmatrix}$$

考察基本关联矩阵 B，每一列表明了该分支与对应节点的连接情况，故对所有分支而言：

$$B^T P = H - H_{\text{fan}} \tag{7-7}$$

式中 B^T 为基本关联矩阵 B 的转置。

将通风阻力定律式（7-4）代入式（7-6），可得分支阻力方程的矩阵表达式：

$$B^T P = R_{\text{diag}} \left| Q \right|_{\text{diag}} Q - H_{\text{fan}} \tag{7-8}$$

7.3 风机和通风动力

要想使矿井中的空气克服阻力流动起来，必须在风流的起点和末点之间制造能量差（压力差）。这种能量差如果由通风机造成，则称机械风压。若是由矿井自然条件产生的，则称为自然风压。无论自然风压和机械风压，均是矿井通风的动力，可以用来克服矿井通风阻力，实现空气的流动。

7.3.1 自然风压

如果某矿井的进风井和出风井的井口标高不一样，对井下最低标高的巷道而言，由于这个高差存在，进风与回风两列垂直空气柱的重力压强会存在一个差值，这个差值就会导致在不进行机械通风的情况下，矿井风流会自然产生。这个通风动力称为自然风压，用 h_n 或向量 H_{N} 表示。

7.3.2 风机

通风用的机械设备称为通风机，简称风机。按服务范围分为主要通风机、辅助通风机与局部通风机。按照构造来分，常见的通风机有轴流式、离心式等。

按照通风方式来分，常见的有抽出式通风和压入式通风，无论采用何种通风方式，风机产生的通风动力都是用于克服风道的阻力和出口动能的损失。

当风机以某一种转速在风阻 R 的管网上工作时，可测出一系列工作参数，如风压 h_{f}、风量 q_{f}、功率 N 和效率 η 等，这就是该风机在管网风阻为 R 时的工况点。改变管网的风阻，便可得到另一组相应的工作参数，通过多次改变管网风阻，可得到一系列工况参数。将这些参数描绘在以 q_{f} 为横坐标，以 h_{f}、N 和 η 为坐标的直角坐标系上，并用光滑曲线分别把同名参数点连接起来，所获得的曲线称为通风机在该转速条件下的个体特征曲线。

风机的 $h_{\text{f}} - q_{\text{f}}$ 曲线在辅助通风网络求解时，可以根据需要，对正常工作段进行曲线拟合，从而获得近似的局部的风机特性曲线，为带风机求解提供便利。风机的风压曲线可以用以下多项式进行拟合：

$$h_{\text{f}} = a_0 + a_1 q + a_2 q^2 + a_3 q^3 + \cdots \tag{7-9}$$

式中，a_1、a_2、a_3 为曲线拟合系数。曲线的多项式次数根据计算精度要求确定，假定矿井风阻能让风机工作在最右侧下降段工况下，次数取 2 即可。

拟合出的轴流式通风机的典型 h_f-q_f 曲线如图 7－1 所示，离心式通风机的 h_f-q_f 曲线如图 7－2 所示。

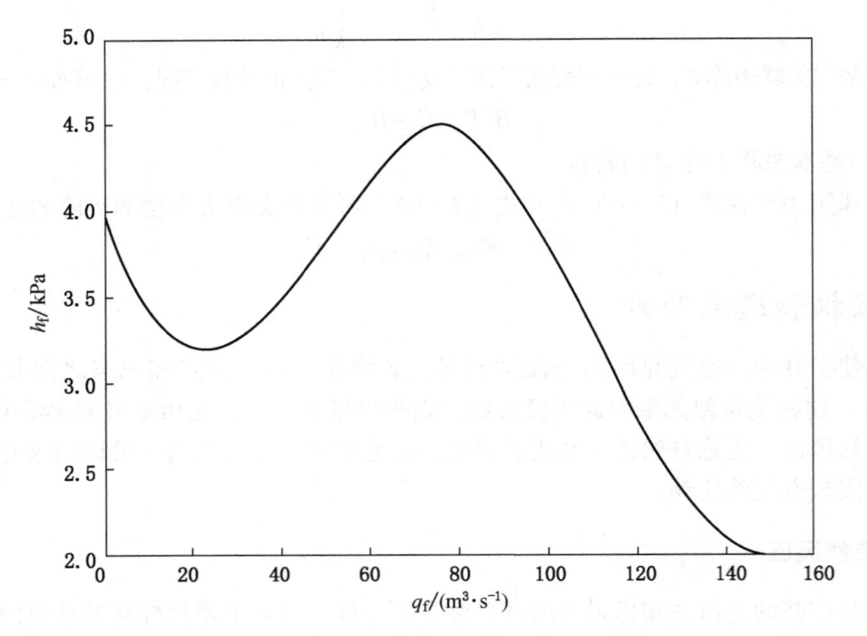

图 7－1　轴流式通风机的典型 h_f-q_f 曲线

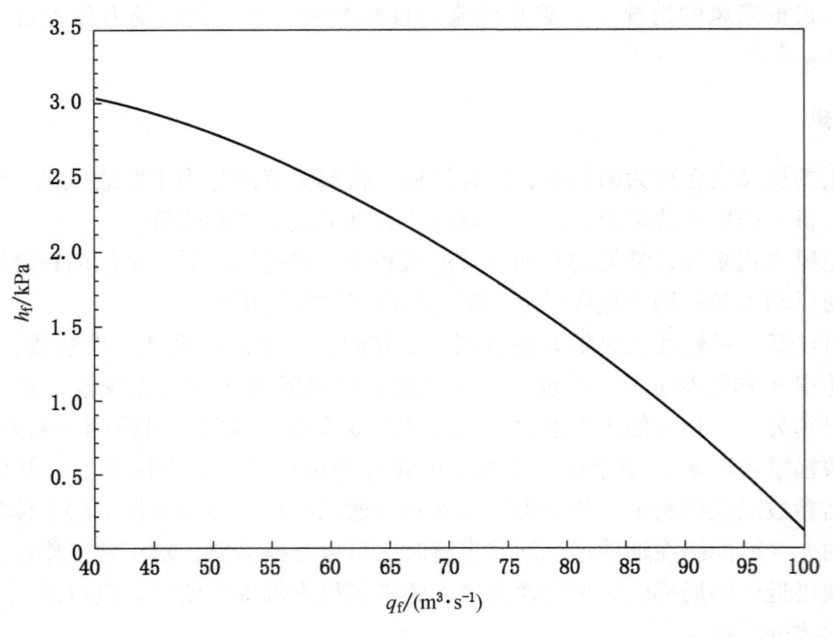

图 7－2　离心式通风机的 h_f-q_f 曲线

联立式（7-3）和式（7-9），令 $h_r = h_f$，r 取矿井总风阻，解得的 q 和相应的 h 即为风机的风压风量工况点。

7.4　简单风网的计算

通风网络可以分为简单通风网络和复杂通风网络两种，仅由串联和并联组成的网络，称为简单通风网络；反之，称为复杂通风网络。

7.4.1　串联通风的特性

类似电学上的串联电路，两条或两条以上的风路彼此首尾相连在一起，中间没有风流分合点的通风路线，称为串联通风，其特征如下：

（1）串联风路的总风量等于各段风路的分风量：

$$q_s = q_1 = q_2 = \cdots = q_n$$

式中下标 s、1、2、n 分别用于标识串联风路和各段风路，下同。

（2）串联风路的总风压等于各段风路的分风压之和：

$$h_s = h_1 + h_2 + \cdots + h_n = \sum_{i=1}^{n} h_i$$

（3）串联风路的总风阻等于各段风阻的分风阻之和：

$$r_s = r_1 + r_2 + \cdots + r_n = \sum_{i=1}^{n} r_i$$

（4）串联风路的总等积孔平方的倒数等于各段风阻等积孔平方的倒数之和

$$\frac{1}{A_s^2} = \frac{1}{A_1^2} + \frac{1}{A_2^2} + \cdots + \frac{1}{A_n^2}$$

或

$$A_s = \frac{1}{\sqrt{\frac{1}{A_1^2} + \frac{1}{A_2^2} + \cdots + \frac{1}{A_n^2}}}$$

7.4.2　并联风路的通风特征

类似与电学上的并联电路，两条或两条以上的分支在某一节点分开后，又在另外一节点汇合，其间没有交叉分支的通风路线，称为并联通风。其特征参数如下：

（1）并联网络的总风量等于各并联分支风量之和：

$$q_p = q_1 + q_2 + \cdots + q_n = \sum_{i=1}^{n} q_i$$

式中下标 p、1、2、n 分别用于标识并联网络和各并联分支，下同。

（2）并联网络的总风压等于任一并联分支的风压：

$$h_p = h_1 = h_2 = \cdots = h_n$$

（3）并联网络的总风阻平方根的倒数等于并联各分支风阻平方根的倒数之和：

$$\frac{1}{\sqrt{r_p}} = \frac{1}{\sqrt{r_1}} + \frac{1}{\sqrt{r_2}} + \cdots + \frac{1}{\sqrt{r_n}} = \sum_{i=1}^{n} \frac{1}{\sqrt{r_i}}$$

或

$$r_p = \frac{1}{\left(\frac{1}{\sqrt{r_1}} + \frac{1}{\sqrt{r_2}} + \cdots + \frac{1}{\sqrt{r_n}}\right)^2} = \frac{1}{\left(\sum_{i=1}^{n} \frac{1}{\sqrt{r_i}}\right)^2}$$

(4) 并联网络的总等积孔等于并联各分支等积孔之和：

$$A_p = A_1 + A_2 + \cdots + A_n = \sum_{i=1}^{n} A_i$$

例7-1 编写一个 Scilab 程序，根据输入的各分支（各段风路）的风阻和总风量，计算串（并）联风网的其他参数。

在 SciNotes 里面编写如下函数，执行后自行找参数进行验证：

```
function [ht,Rt,At,Qb,hb,Ab]=simpleventnet(Qt,Rb,ventstyle)
//输入Qt，Rb分别为总风量和各分支（段）风阻，输出ht，Rt，At，Qb，hb，Ab分别为总风
//压、总风阻、总等积孔、分支风量、分支风压、分支等积孔，ventstyle为风网类型，
//取‘p’为并联，取‘s’为串联。
    Qb=zeros(Rb); hb=zeros(Rb); Ab=zeros(Rb);    //初始化各量。
    Ab=1.19*Rb.^(-0.5);    //分支等积孔。
    select ventstyle
    case 's'
        Qb(:)=Qt;
        //Qb(:)这种语法指的是对Qb所有元素进行操作，写成Qb=Qt是错误的。
        Rt=sum(Rb);
        ht=Rt*Qt^2;
        hb=Rb.*Qb.^2;
        At=(sum(Ab.^(-2)))^(-0.5);
    case 'p'
        Rt=(sum(Rb.^(-0.5)))^(-2);
        ht=Rt*Qt^2;
        hb(:)=ht;
        Qb=(hb./Rb)^(0.5);
        At=sum(Ab);
    else
        disp('你输入的风网类型我不认识，请在s或p中进行选取，别忘了加单引号
哦')
    end
 endfunction
```

7.5 复杂风网解算的物理定律

7.5.1 角联风网

角联风网是指内部存在角联分支的网络。角联分支（对角分支）是指位于风网的任意两条有向通路之间，且不与两通路的公共节点相连的分支。如图 6－1 中的分支 E_4。仅有一条角联分支的风网称为简单角联风网。含有两条或两条以上角联分支的风网称为复杂角联风网。

类似于电学中的分析方法，角联分支的风向取决于其始、末节点间的压能值。风流由能位高的节点流向能位低的节点；当两点能位相同时，风流停滞；当始节点能位低于末节点时，风流反向。通过改变角联分支两侧的边缘分支的风阻就可以改变角联分支的风向。

节点 V_3，V_4 的位压分别为：

$$p_3 = \frac{r_2(p_2 - p_5)}{r_2 + r_5}, \quad p_4 = \frac{r_3(p_2 - p_5)}{r_3 + r_6}$$

假定分支 E_4 中无风，则：

$$p_3 = p_4$$

$$\frac{r_2}{r_2 + r_5} = \frac{r_3}{r_3 + r_6}$$

$$r_2 r_6 = r_3 r_5$$

即：

$$K = \frac{r_2 r_6}{r_3 r_5} = 1$$

类似的，可以推导出其他两个风流流向的判别式。总结如下：

（1）$K > 1$，分支 E_4 中的风向为 $V_3 \to V_4$；

（2）$K = 1$，分支 E_4 中的风流停滞；

（3）$K < 1$，分支 E_4 中的风向为 $V_4 \to V_3$；

由以上判别式可知，简单角联风网中角联分支的风向完全取决于边缘风路的风阻比，而与角联分支本身的风阻无关。角联分支的风向和风量大小可通过改变其边缘风路的分支风阻实现。当然，改变角联分支本身的风阻也会影响其风量大小，但不能改变方向。

对于其他复杂角联风网，其角联分支风向判别式的推导及其形式均很复杂，一般可通过网络解算求出角联分支的实际风量，从而判断出其方向。具体做法是，先任意假定角联分支的风向，若解算出的风量为正，说明风向假设正确；若风量为负，说明风向相反；若风量的数值很小，说明角联分支风流处于停滞状态。

7.5.2 风量平衡定律

图 6－1 所示的风网由于存在角联分支 E_4，所以不是简单风路，一般称为复杂通风网络，这种风路解算时，一般需要用到风量平衡定律和回路压降定律等。图 6－1 中各分支的特征参数见表 7－1。

表 7-1 图 6-1 中各分支的特征参数

矩阵	备注	分支							
		E_1	E_2	E_3	E_4	E_5	E_6	E_7	E_8
R	风阻	0.0025	0.01	0.03	0.0533	0.01926	0.00893	0.0025	0
Q	风量	200	120	80	30	90	110	200	200
H	风压	100	144	192	48	156	108	100	0

根据质量守恒定律，在单位时间内流入一个节点的空气质量，等于单位时间内流出该节点的空气质量，这一规律称为风量平衡定律。在不考虑空气密度变化的情况下，可以用风量代替空气质量流量。故风量平衡定律可以表述为：对于任意节点，流出该节点的风量和等于流入该节点的风量和。在规定流出风量为正值，流入风量为负值的情况下，对任一节点，有：

$$\sum_{x=1}^{n} q_x = 0$$

如果各分支风量用一个列向量 Q 以如下形式表出：

$$Q = \begin{pmatrix} q_1 \\ q_2 \\ \cdots \\ q_n \end{pmatrix}$$

则风量平衡定律的矩阵写法为：

$$BQ = 0 \tag{7-10}$$

取表 7-2 中的参数 Q，在 Scilab 中输入如下命令验证：

```
-->Q=[200,120, 80, 30,90,110,200,200]'
-->B*Q
```

7.5.3 余枝风量和各分支风量的关系

将风量 Q 写成树枝风量 Q_t 在前，余树枝风量 Q_y 在后的排列顺序，即：

$$Q = \begin{pmatrix} Q_t \\ Q_y \end{pmatrix} \tag{7-11}$$

前已述及，

$$B = [B_t, B_y] \tag{7-12}$$

将式 (7-12) 和式 (7-11) 联立：

$$[B_t, B_y]\begin{pmatrix} Q_t \\ Q_y \end{pmatrix} = 0$$

$$[B_t Q_t + B_y Q_y] = 0$$

$$B_t Q_t = -B_y Q_y$$

$$Q_t = -B_t^{-1} B_y Q_y$$

前已述及，

$$C_t^T = -B_t^{-1}B_y$$

$$Q_t = C_t^T Q_y \tag{7-13}$$

将式（7-13）代入式（7-11）：

$$Q = \begin{pmatrix} C_t^T Q_y \\ Q_y \end{pmatrix} = \begin{pmatrix} C_t^T Q_y \\ C_y^T Q_y \end{pmatrix} = \begin{pmatrix} C_t^T \\ C_y^T \end{pmatrix} Q_y$$

$$Q = C^T Q_y \tag{7-14}$$

按照表6-8所列的树枝和余树枝取法，在控制台里面键入对应的独立回路矩阵，并按表7-1所给的风网参数，在Scilab里面键入如下命令进行验证：

```
-->C=[-1,-1,0,0,0,1,0,0
-->0,1,-1,0,0,0,1,0
-->1,0,1,1,1,0,0,1];
-->Qy=[80;110;200];
-->Q=C'*Qy;
-->Q'
 Q  =
    120.   30.    90.    200.   200.   80.    110.   200.
-->Q([2,4,5,7,8,3,6,1])=Q;     //重新排列回分支原始顺序。
-->Q'
 Q  =
    200.   120.   80.    30.    90.    110.   200.   200.
```

7.5.4　风压平衡定律

在通风网络任何一个闭合回路中，各分支的风压（或阻力）的代数和等于零，这个规律称为风压平衡定律。可用如下公式表示：

$$\sum h_i = 0$$

考察图6-1中网孔 L_2，该网孔中的分支 E_5 为顺时针方向，风压取正值，分支 E_4、分支 E_6 为逆时针方向，风压取负值。

$$h_5 - h_4 - h_6 = 0$$

当闭合回路中有通风机风压和自然风压作用时，各分支的风压代数和等于该回路中风机风压与自然风压的代数和，即：

$$h_{fan} + h_{ntr} = \sum h_i \tag{7-15}$$

式中 h_{fan} 为风机风压，h_{ntr} 为自然风压，其正负号取值法与分支风压的正负号取值法相同。实际工程中往往不考虑自然风压，使用独立回路矩阵，式（7-15）可写成如下矩阵表达式：

$$C(H - H_{fan}) = 0$$

将式（7-4）代入，可得风压平衡定律的矩阵形式：

$$CR_{diag}|Q|_{diag}Q - CH_{fan} = 0 \tag{7-16}$$

将式（7－14）代入式（7－16），则风压平衡定律可改写为仅用余树枝风量表示的形式：

$$CR_{\text{diag}}|C^TQ_{\text{y}}|_{\text{diag}}C^TQ_{\text{y}}-CH_{\text{fan}}=0 \tag{7-17}$$

7.6 两种风网解算方程组

7.6.1 回路分析法

对于风网的解算，目前比较流行的方法是建立在风量平衡定律和能量平衡定律基础上的回路分析法。在不考虑自然风压的情况下，即解式（7－17）所代表的方程组。

该方程组由 $n-m+1$ 个多元二次方程构成，目前常见的解法有：牛顿法及其变形、割线法、布朗法、拟牛顿法以及连续法（又称同伦法）等。利用常用的数学软件 Matlab、Mathematica 等能够很容易地编写出解算程序。

7.6.2 节点风压法

定义节点压力向量 $P=(p_i)_{(m-1)\times 1}$、分支风量向量 $Q=(q_j)_{n\times 1}$、分支风阻向量 $R=(r_j)_{n\times 1}$和风机风压向量 $H_{\text{f}}=(h_{\text{f}j})_{n\times 1}$。

在不考虑自然风压的情况下，可列出用于风网解算的方程组：

$$\begin{cases} B^TP=R_{\text{diag}}|Q|_{\text{diag}}Q-H_{\text{f}} & \text{(a)} \\ BQ=0 & \text{(b)} \end{cases} \tag{7-18}$$

式（7－18a）称为分支阻力方程，式（7－18b）称为风量平衡方程。这两个方程联立构成方程组即可进行风网求解，这种通风网络解算方程组的架构方法称为节点压降法。

分析两个方程可知风量 Q 包含未知量的个数为 n，压力 P 包含的未知量个数为 $m-1$。式（7－18b）包含的子方程数为 $m-1$，式（7－18a）包含的子方程数为 n。未知量的总数等于方程的总数，故式（7－18）有解。

该方程组理论上可以用牛顿法进行求解，但是在没有计算机辅助的情况下，无法直接将该方程组表示为矩阵形式，故在以往的研究中，多用线性逼近法进行求算。

7.7 牛顿法

根据式（7－17），在解算风网时方程的自变量为 Q_{y}，故

$$f(Q_{\text{y}})=CR_{\text{diag}}|C^TQ_{\text{y}}|_{\text{diag}}C^TQ_{\text{y}}-CH_{\text{fan}} \tag{7-19}$$

$$f'(Q_{\text{y}})=2CR_{\text{diag}}|C^TQ_{\text{y}}|_{\text{diag}}C^T-CH'_{\text{fan}} \tag{7-20}$$

$f'(Q_{\text{y}})$称为雅克比矩阵，该矩阵具有如下形式：

$$\frac{\partial f}{\partial Q_y}=\begin{bmatrix} \frac{\partial f_1}{\partial q_{\text{y1}}} & \frac{\partial f_1}{\partial q_{\text{y2}}} & \cdots & \frac{\partial f_1}{\partial q_{yn}} \\ \frac{\partial f_2}{\partial q_{\text{y1}}} & \frac{\partial f_2}{\partial q_{\text{y2}}} & \cdots & \frac{\partial f_2}{\partial q_{yn}} \\ \cdots & \cdots & \cdots & \cdots \\ \frac{\partial f_n}{\partial q_{\text{y1}}} & \frac{\partial f_n}{\partial q_{\text{y2}}} & \cdots & \frac{\partial f_n}{\partial q_{yn}} \end{bmatrix}$$

考虑到$f(Q_y)$，$f'(Q_y)$是尺寸分别为$(n-m+1)\times 1$和$(n-m+1)\times(n-m+1)$的矩阵，并由式（5-11）可知，式（5-12）中的除法应该为矩阵的左除，或者分母的逆矩阵左乘分子。

故式（5-12）应用于解算通风网络时，应改写为：

$$Q_y^{(k+1)}=Q_y^{(k)}-(f'(Q_y^{(k)})^{-1}f(Q_y^{(k)}),\quad k=0,1,\cdots \tag{7-21}$$

在实际生产中，可以先假定风机工况点为固定风压，然后根据求出的总风量算出矿井总风阻。解矿井阻力曲线和风机工况曲线联立的方程，获得实际的风机工况点，根据这个工况点的风压，再次解算或按比例定律求得矿井实际风量。

例7-2　根据图6-1所示的风网，和表6-8、表7-2中所列的参数，利用牛顿法解算该风网的风量，终止条件分别为循环20次和相对误差小于1%。

牛顿法的解算关键是函数表达式及其导数表达式（雅克比矩阵）的书写，本书中为了通俗易懂，将这些功能单独放在一个模块，与主程序分离。这样做能够使计算思路更清晰，但是在特定情况下，可能导致解算效率下降。

在回路分析法中，函数表达式和雅克比矩阵表达式模块的功能包括常量的定义，主要有按照树枝在前、余树枝在后的顺序分别写出的独立回路矩阵、风阻向量、风机风压向量等。数值计算主要是根据主程序传来的自变量，计算和返回函数表达式的值和雅克比矩阵的值。

模块定义如下：

```
function [Jac,y]=FuncAndItsJac(x)
  Qy=x
  C=[-1,-1,0,0,0,1,0,0;0,1,-1,0,0,0,1,0;1,0,1,1,1,0,0,1];
  R=[0.01;0.0533;0.01926;0.0025;0;0.03;0.00893;0.0025];
  Hfan=[0;0;0;0;0;0;0;500];
  FQ=C*R_{diag}*diag(abs(C'*Qy))*C'*Qy-C*Hfan;
  //用余树枝表示的风压平衡定律。
  y=FQ;
  FQPrime=2*C*R_{diag}*diag(abs(C'*Qy))*C';
  //风压平衡定律的雅克比矩阵表达式。
  Jac=FQPrime;
endfunction
```

然后，分别用固定次数法和指定相对误差法计算出各分支风量。

```
-->x=rand(3,1)
-->Q1=Newton(x,'RepNum',20);
-->Q2=Newton(x,'RelQ',0.01);
```

最后，将打乱顺序的分支风量重排回原来的顺序。

```
-->Q1([2,4,5,7,8,3,6,1])=Q1;
//括号内的向量为独立回路矩阵的列对应的分支号。
-->Q1'
```

```
Q1  =
    199.99453  120.00066  79.993872  29.99969  90.000969
    109.99356  199.99453  199.99453
```

注意，从 FuncAndItsJac 的定义可以看出，当主函数每次调用该模块时，都会反复定义独立回路矩阵、风阻列向量等，浪费了大量的计算资源。在实际工程应用中，为了节省计算资源，可以将这些量定义为 global 变量，在主控制台或主调脚本中预先定义好，避免每次调用时重复定义。以后遇到类似情况，可以根据需要按如下格式自行修改书中实例，不再赘述。

```
//定义全局变量。
  global C R Hfan
  C=[-1,-1,0,0,0,1,0,0;0,1,-1,0,0,0,1,0;1,0,1,1,1,0,0,1];
  R=[0.01;0.0533;0.01926;0.0025;0;0.03;0.00893;0.0025];
  Hfan=[0;0;0;0;0;0;0;500];
//以上全局变量的定义可以放在主调函数里，也可以在主控制台里定义。

function [Jac,y]=FuncAndItsJac(x)
  global C R Hfan    //调用前要声明一下。
  Qy=x
  FQ=C*R_{diag}*diag(abs(C'*Qy))*C'*Qy-C*Hfan;
  //用余树枝表示的风压平衡定律。
  y=FQ;
  FQPrime=2*C*R_{diag}*diag(abs(C'*Qy))*C';
  //风压平衡定律的雅克比矩阵表达式。
  Jac=FQPrime;
endfunction
```

7.8 同伦法

同伦法（homotopy method）又称嵌入法，最早由 Lahaye 于 1934 年提出，是一种大范围收敛的算法，不仅对初始值没有严格限制，而且在满足一定条件下的方程组，可求得原方程组的所有解。同牛顿法等算法相比，同伦法计算工作量较小，算法较简单，而且成功率较高，所以在很多情况下采用这种方法求解非线性问题，效果较好。因此同伦法被誉为 20 世纪数学研究中一项突破性的新成果。

设 X 和 Y 是 n 维欧式空间 R^n 的非空子集，人为地引进一个参数 t，$t\in[0,1]$，构造一个函数族 $H(x,t)$，使得 $f,g:X\rightarrow Y$ 和 $H:[0,1]\times X\rightarrow Y$ 都是连续对应，如果对任意 $x\in X$ 成立 $H(0,x)=f(x)$ 和 $H(1,x)=g(x)$，则称连续对应 H 是 f 和 g 之间的一个同伦，t 称为同伦参数。

同伦的意义是什么呢，王则柯教授用图 7－3 给我们做了直观解释。例如，记 $I=[0,1]$，设 $X=I$，$Y=R^n$，则图 7－3 中的连续映射 $H:[0,1]\times I\rightarrow R^n$ 就是从 $f^0:\{0\}\times I\rightarrow R^n$ 到 $f^1:\{1\}\times I\rightarrow R^n$ 的一个同伦。随着同伦参数 t 从 0 到 1 的变化，H 在 $\{t\}\times I$ 这个截面上的限制 $f^t:\{t\}\times I\rightarrow R^n$ 下连续地由 f^0 形变为 f^1。连续的意思意即：只要 (t,x) 和 (t',x') 很接近，那么 $f^t(x)=H(t,x)$ 和 $f^{t'}(x')=H(t',x')$ 也就很接近。由同伦定义可知：

$$H(x,0)=f(x),\quad H(x,1)=g(x)$$

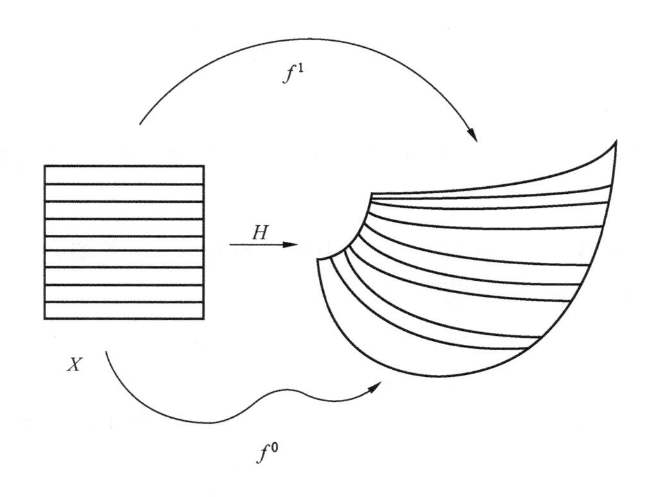

图 7－3　同伦法示意图

假设 $f(x)=0$ 的解已知，从 $t=0$ 出发可以求解：

$$H(x,t)\equiv 0,\quad \forall\in[0,1] \tag{7-22}$$

对于 $t\in[0,1]$，式（7－22）的解为 $x(t)$。如果 $x(t)$ 可以形成一条光滑曲线，其起点 $x(0)$ 为 $f(x)=0$ 的解，据假设它是已知的，曲线 $x(t)$ 的终点 $x(1)$ 正是我们要求的 $g(x)=0$ 的解。$H(x,t)$ 称为一个同伦，它的解 $x(t)$ 称为同伦曲线。

对式（7－22）两边求 t 的偏导，

$$\frac{\partial H(x,t)}{\partial x}\frac{\partial x}{\partial t}+\frac{\partial H(x,t)}{\partial t}=0$$

整理得：

$$\begin{cases}x'(t)=-\left[\dfrac{\partial H(x,t)}{\partial x}\right]^{-1}\dfrac{\partial H(x,t)}{\partial t}, & t\in(0,1)\\ x(0)=x_0\end{cases} \tag{7-23}$$

式（7－23）即为 $x(t)$ 的定解问题，很明显，这是常微分方程的初值问题。

对于式（7－23），要想求解该方程，需要构造函数簇 $H(x,t)$。构造方法有定点同伦、凸同伦、牛顿同伦和自适应同伦等。下面仅介绍本书中用到的牛顿同伦法。

根据同伦法的基本思想和求解过程，采用“相似”准则设计辅助映射的方法，即辅助映射要与原映射同类型，使待求函数较为容易地同伦变形到辅助映射，同时求得问题的解。

若取初始方程 $g(x)=f(x)-f(x_0)$，则同伦方程变为：

$$H(t,x)=f(x)+(t-1)f(x_0) \tag{7-24}$$

这就是牛顿同伦方程，使用该方法构造的同伦函数在实际应用中效果较好。

针对式（7－17），其牛顿同伦方程为：

$$H(t,Q_y)=F(Q_y)+(t-1)F(Q_{y0}) \tag{7-25}$$

将式（7－25）代入式（7－23），整理得

$$\begin{cases} Q_y'(t)=-\left[\dfrac{\partial F(Q_y)}{\partial Q_y}\right]^{-1}F(Q_{y0}) \\ Q_y(0)=F(Q_{y0}) \end{cases} \tag{7-26}$$

式（7－26）中 $\dfrac{\partial F(Q_y)}{\partial Q_y}$ 为雅克比矩阵，对于通风网络回路能量平衡方程，其雅克比矩阵见式（7－20）。

初值问题的解法很多，下面仅介绍本书中用到的龙格－库塔算法。

考虑一阶常微分方程的初值问题：

$$\begin{cases} y'(x)=f(x,y), \quad x\in[x_0,b] \\ y(x_0)=y_0 \end{cases} \tag{7-27}$$

若该方程存在唯一的连续可微解 $y(x)$，且该解对初值条件和右端函数不敏感，则该方程可以通过数值解法，寻求解 $y(x)$ 在一系列离散节点

$$x_1<x_2<\cdots<x_n<x_{n+1}<\cdots$$

上的近似值 y_1，y_2，…，y_n，y_{n+1}，…。相邻两个节点的间距 $h_n=x_{n+1}-x_n$ 称为步长。一般假定步长为常数。

我们已知，在 xy 平面上，微分方程式（7－27）的解 $y=y(x)$ 称作它的积分曲线。积分曲线上的一点 (x,y) 的切线斜率等于函数 $f(x,y)$ 的值。将该切线用连接该点与无限接近的相邻点的直线代替，显然有

$$\frac{y_{n+1}-y_n}{x_{n+1}-x_n}=f(x_n,y_n)$$

即

$$y_{n+1}=y_n+hf(x_n,y_n) \tag{7-28}$$

该方法称为欧拉方法，若初值 y_0 已知，则由式（7－28）可逐次算出：

$$y_1=y_0+hf(x_0,y_0)$$
$$y_2=y_1+hf(x_1,y_1)$$
$$\vdots$$

式中 $hf(x_0,y_0)$ 实际上是用矩形面积代替了该点的积分值，所以很显然欧拉法的精度不高。要提高精度，就必须改进这一部分的求积方法，其中一个方向就是增加求积节点，得到便于计算的显式方法。其中一种重要的算法就是龙格－库塔算法：

将式（7－28）改写为：

$$y_{n+1}=y_n+h\varphi(x_n,y_n,h) \tag{7-29}$$

其中

$$\varphi(x_n, y_n, h) = \sum_{i=1}^{r} c_i K_i \tag{7-30}$$

$$K_1 = f(x_n, y_n)$$

$$K_i = f\left(x_n, \lambda_i h, y_n + h\sum_{j=1}^{i-1}\mu_{ij}K_j\right), \quad i = 2, \cdots, r$$

这里，c_i，λ_i，μ_{ij}均为常数，式（7－29）、式（7－30）称为 r 级显式龙格－库塔算法，简称 $R\text{-}K$ 方法。

经过较复杂的数学演算，可以导出各种四阶龙格－库塔公式，本例用到的经典公式之一如下：

$$\begin{cases} y_{n+1} = y_n + \dfrac{h}{6}(K_1 + 2K_2 + 2K_3 + K_4) \\ K_1 = f(x_n, y_n) \\ K_2 = f\left(x_n + \dfrac{h}{2}, y_n + \dfrac{h}{2}K_1\right) \\ K_3 = f\left(x_n + \dfrac{h}{2}, y_n + \dfrac{h}{2}K_2\right) \\ K_4 = f(x_n + h, y_n + hK_3) \end{cases} \tag{7-31}$$

四阶龙格－库塔算法的每一步需要计算四次函数值 f，可以证明其截断误差为 $O(h^5)$，完全可以达到工程要求的精度。

对式（7－26）按照四阶龙格－库塔算法进行积分，积分区间为$[0,1]$，进一步换算即可得到 $Q_y(1)$，此即通风网络回路能量平衡方程的解。

在 SciNotes 里面键入如下代码，实现牛顿同伦法解算通风网络。

```
function Homoout=HomoMeth(C,R,Hfan,InitialQy,N)
//采用同伦算法解算自然分风网络，函数各输入参数意义如下：C为独立回路矩阵，R为
//各分支风阻，Hfan为通风机风压，InitialQy为余枝的初值，N为积分步距倒数，该
//数值越大，则积分步距越小，结果越精确。本函数输出为各分支的自然分风量。
h=1/N;x=InitialQy;
//下文中的FuncQ为回路风压平衡方程的矩阵形式。
//FuncQPrime为回路风压平衡方程的雅克比行列式。


f=FuncQ(x,C,R,Hfan);
b=-h*f;
//下面为利用同伦法推导出的积分求算形式。
for i=1:N
a=FuncQPrime(x,C,R);
k1=inv(a)*b;
a=FuncQPrime(x+0.5*k1,C,R);
```

```
k2=inv(a)*b;
a=FuncQPrime(x+0.5*k2,C,R);
k3=inv(a)*b;
a=FuncQPrime(x+0.5*k3,C,R);
k4=inv(a)*b;
x=x+(k1+2*k2+2*k3+k4)/6;
end
Homoout=C'*x
endfunction

function FQ=FuncQ(Qy,C,R,Hfan)
//用余枝表示的风压平衡定律。
      FQ=C*R_{diag}*diag(abs(C'*Qy))*C'*Qy-C*Hfan
endfunction

function FQPrime=FuncQPrime(Qy,C,R)
//求风压平衡定律的雅克比矩阵。
    FQPrime=2*C*R_{diag}*diag(abs(C'*Qy))*C'
endfunction
```

从以上讨论可知，牛顿法是一种迭代方法，其解算耗时往往取决于初始值的选取，初始值不同，得到同样精度的结果所需要的迭代次数是不相同的。而同伦法是一种定次积分方法，只要积分的次数足够多，最终一定能够获得精确的结果。

7.9 线性逼近法

线性逼近法的实质是以式（7－18a）为基础进行变形构建迭代函数，然后将式（7－18b）代入，达到消元的目的。该方法可能会因为初值的选取而产生结果摆动问题。

7.9.1 迭代方程的构建

构建实值函数：

$$F(Q)=\frac{1}{3}R_{\text{diag}}|Q|_{\text{diag}}QQ^{T}-H_{f}^{T}Q \tag{7-32}$$

分别对 $F(Q)$ 求一阶偏导和二阶偏导，有：

$$\nabla F(Q)=R_{\text{diag}}|Q|_{\text{diag}}Q-H_{\text{f}} \tag{7-33}$$

$$\nabla^{2}F(Q)=2R_{\text{diag}}|Q|_{\text{diag}} \tag{7-34}$$

将式（7－33）代入式（7－18a），有

$$B^{T}P=\nabla F(Q) \tag{7-35}$$

则式（7－35）的线性逼近法求解公式为：

$$BQ=0 \tag{7-36a}$$

$$B^T P_K=\nabla F(Q_K)+I_K(Q-Q_K) \tag{7-36b}$$

对式（7－36b）两侧同时乘以 BI_K^{-1}，有：

$$BI_K^{-1}B^T P=BI_K^{-1}\nabla F(Q_K)+BI_K^{-1}I_K(Q-Q_K) \tag{7-37}$$

记 $H_{mK}=BI_K^{-1}B^T$，将式（7－36a）代入式（7－37），整理得：

$$H_{mK}P_K=B(I_K^{-1}\nabla F(Q_K)-Q_K) \tag{7-38}$$

式（7－38）为 $m-1$ 个方程的线性方程组，即为节点压降法的线性逼近解法的迭代公式。其中 H_{mK} 为亥姆霍兹矩阵，为 $m-1$ 阶的对称正定矩阵，I_K 为迭代矩阵，可选为如下形式：

$$I_K=\frac{1}{2}\nabla^2 F(Q_K)+\frac{1}{K}E \tag{7-39}$$

式中 E 为与 F 同维度的单位矩阵，K 为迭代次数。

对任意一步获得的 Q_K，代入式（7－38），解方程组，可得 P_K，代入式（7－36b），并整理得到风量近似值公式：

$$Q'_K=Q_K+I_K^{-1}(B^T P_K-\nabla F(Q_K)) \tag{7-40}$$

记 $d_K=I_K^{-1}(B^T P_K-\nabla F(Q_K))$，则式（7－40）可简写为：

$$Q'_K=Q_K+d_K \tag{7-41}$$

7.9.2 迭代算法

综上所述，利用线性逼近法计算用节点压降法表示的风网，其计算步骤为：

（1）取风量向量的初值 Q_1，令 $K=1$；

（2）利用式（7－33）和式（7－34），计算 $\nabla F(Q_K)$ 和 $\nabla^2 F(Q_K)$；

（3）利用式（7－39），计算迭代矩阵 I_K，并计算出 I_K^{-1} 和 H_{mK}；

（4）求解式（7－38），得 P_K、d_K；

（5）代入式（7－41），得到风量的第 K 次计算的近似值 Q'_K；

（6）判断 $\nabla F(Q_K)^T d_K$ 是否为零，如果是，则 P_K 和 Q'_K 就是节点压降法方程组的解。若不是，进入第7步。此步中，$\nabla F(Q_K)^T d_K$ 等于零在计算机中难以达到，一般取小于某个数字即可，比如取欧式距离（标准差）小于1%。

（7）按下列规则进行迭代风量计算：

$$Q_{K+1}=Q_K+\lambda_K d_K \tag{7-42}$$

其中 λ_K 需使式（7－43）成立。

$$F(Q_{K+1})-F(Q_K)\leqslant 0.5\lambda_K d_K \tag{7-43}$$

（8）令 $K=K+1$，进入第2步。

在 SciNotes 里面编写如下函数进行解算：

```
function Q=JuncVentPressMethod(Q0,R,Hf,B,deltaQ)
//Q0为初始风量列向量，R为分支风阻列向量，Hf为风机风压列向量，B为基本关联矩阵，
//deltaQ计算精度要求，本例中采用欧式距离的平方（方差）。
```

```
//====以下定义用到的基本计算公式========
E=eye(diag(Q0));    //与风量列向量等长的单位方阵。
//====循环1，用来进行迭代运算============
deltatemp=1;K=1; Q=Q0;    //迭代步骤1。
while(deltatemp>deltaQ)
//循环判断语句为步骤6中所示公式。
    dfk=deltaf(R,Q,Hf);
    d2fk=delta2f(R,Q);    //迭代步骤2。
    Iktemp=Ik(R,Q,K);
    InvIktemp=diag(diag(Ik(R,Q,K)).^(-1));
    Hmktemp=Hmk(B,R,Q,K);
    [L U]=lu(Hmktemp);    //迭代步骤3。
    Pktemp=inv(U)*inv(L)*B*(InvIktemp*dfk-Q);
    dktemp=InvIktemp*(B'*Pktemp-dfk);    //迭代步骤4。
   Qsim=Q+dktemp;    //迭代步骤5。
   deltatemp=abs(dfk'*dktemp)    //迭代步骤6。
//====嵌套在1中的循环2，用来选取参数lamda====
   lamda=1;
 while(f(R,Q+lamda*dktemp,Hf)-f(R,Q,Hf)>0.5*lamda*dktemp)
     lamda=lamda/2;
 end
    K=K+1;
    Q=Q+lamda*dktemp;    //迭代步骤7。
 end
  Q=Qsim
endfunction

function fq=f(R,Q,Hf)
//构造的实值函数F(Q)。
fq=sum(abs(R.*Q.^3)/3)-Hf'*Q;
endfunction

function nablafq=deltaf(R,Q,Hf)
//实值函数F(Q)的一阶偏导。
nablafq=R.*abs(Q).*Q-Hf;
endfunction
```

```
function nabla2fq=delta2f(R,Q)
//实值函数F(Q)的二阶偏导。
nabla2fq=2*diag(R.*abs(Q));
endfunction

function ik=Ik(R,Q,K)
//迭代矩阵Ik。
 ik=delta2f(R,Q)/2+E/K;
 endfunction

function hmk=Hmk(B,R,Q,K)
//亥姆霍兹矩阵。
 hmk=B*diag(diag(Ik(R,Q,K)).^(-1))*B';
endfunction
```

7.10 扰动分析法

7.10.1 扰动分析法简介

在某一个方程或方程组中，某一个已知参数远小于其他参数，则该参数所在的项称为扰动项。这种含有扰动项的方程或方程组一般没有数学意义上的精确解，因此，在工程和科学研究中，常用渐近逼近的办法来求解一定精度的数值解。这种求解数值解的方法称为扰动分析法。

考察下面的扰动方程：

$$\varepsilon x^2 - x + 1 = 0, \quad \varepsilon \to 0$$

将之改写为函数形式：

$$f(x) = \varepsilon x^2 - x + 1, \quad \varepsilon \to 0 \tag{7-44}$$

很显然，该方程的解在0附近，假定该方程的解x可以展开为一个渐近序列：

$$x = x_0 + \varepsilon x_1 + \varepsilon^2 x_2 + \varepsilon^3 x_3 + \cdots \tag{7-45}$$

将式（7-45）代入式（7-44），并展开得：

$$f(x) = 1 - x_0 + \varepsilon(x_0^2 - x_1) + \varepsilon^2(2x_0x_1 - x_2) + \varepsilon^3(x_1^2 + 2x_0x_2 - x_3) + \varepsilon^4(2x_1x_2 + 2x_0x_3) + \varepsilon^5(x_2^2 + 2x_1x_3) + 2\varepsilon^6 x_2x_3 + \varepsilon^7 x_3^2 + \cdots \tag{7-46}$$

针对式（7-46），按照如下的步骤进行方程中各参数的求解：

（1）忽略所有含ε的项，且令$f(x)=0$，得：

$$f(x) = 1 - x_0 = 0 \quad 则\ x_0 = 1$$

（2）忽略所有比ε次数更高的项且令$f(x)=0$，得：

$$f(x) = 1 - x_0 + \varepsilon(x_0^2 - x_1) = 0 \quad 则\ x_1 = 1$$

（3）忽略所有比ε^2次数更高的项且令$f(x)=0$，得：

$$f(x)=1-x_0+\varepsilon(x_0^2-x_1)+\varepsilon^2(2x_0x_1-x_2)=0 \quad 则\ x_2=2$$

（4）忽略所有比 ε^3 次数更高的项且令 $f(x)=0$，得：

$$f(x)=1-x_0+\varepsilon(x_0^2-x_1)+\varepsilon^2(2x_0x_1-x_2)+\varepsilon^3(x_1^2+2x_0x_2-x_3)+$$
$$\varepsilon^3(x_1^2+2x_0x_2-x_3)=0 \quad 则\ x_3=5$$

（5）继续忽略更高次项进行求解，本书略。

将以上求解结果代入式（7－45），可得方程式（7－44）的解为：

$$x=1+\varepsilon+2\varepsilon^2+5\varepsilon^3+\cdots$$

综上所述，扰动法解算方程或方程组的思路是：

（1）假定方程 $f(x)=0$ 的解 x 可以表示为渐近序列 $S=\sum_{i=0}^{n}c(\varepsilon^i)x_i$。

（2）将 S 代入方程 $f(x)$，得 $f(S)$。将 $f(S)$ 展开，合并同类项，并按 ε 的次数高低进行排序。

（3）依次忽略比 $\varepsilon^0,\varepsilon^1,\varepsilon^2,\cdots$ 更高的项，令 $f(S)=0$，解出 $x_0,x_1,x_2,\cdots$

（4）将 $x_0,x_1,x_2,\cdots$ 代入序列 $S=\sum_{i=0}^{n}c(\varepsilon^i)x_i$，即得方程 $f(x)=0$ 的解。

应该指出的是，渐近序列 S 选取不唯一，其收敛速度取决于系数函数 $c(\varepsilon^i)$，该函数如选取不当，甚至有可能渐近序列 S 不收敛，这种情况下，是无法用扰动法求解出方程或方程组的数值解的。

7.10.2 风网解算扰动公式的推导

在不考虑方向性的情况下，通风阻力 h 为正，则反映风量 Q 与通风阻力 h 之间的关系的通风阻力定律可改写为：

$$Q=\alpha h^x,\quad x=0.5 \tag{7-47}$$

α 可以用风阻 R 表出。

$$\alpha=\frac{1}{\sqrt{R}} \tag{7-48}$$

假设式（7－47）的解 h 可以展开为一个以 δ 为变量的渐近序列，假定该渐近序列的形式为：

$$h=h_0+h_1\delta+h_2\delta^2+h_3\delta^3+h_4\delta^4+O(\delta^5),\quad \delta=x-1 \tag{7-49}$$

则

$$h^x=hh^\delta=he^{\delta\ln h} \tag{7-50}$$

将式（7－49）代入 $\ln h$，有

$$\begin{aligned}\ln h&=\ln(h_0+h_1\delta+h_2\delta^2+h_3\delta^3+h_4\delta^4+O(\delta^5))\\&=\ln\left(\left(\frac{h_0}{h_0}+\frac{h_1}{h_0}\delta+\frac{h_2}{h_0}\delta^2+\frac{h_3}{h_0}\delta^3+\frac{h_4}{h_0}\delta^4+O(\delta^5)\right)\times h_0\right)\\&=\ln\left(1+\frac{h_1}{h_0}\delta+\frac{h_2}{h_0}\delta^2+\frac{h_3}{h_0}\delta^3+\frac{h_4}{h_0}\delta^4\right)+\ln h_0\end{aligned} \tag{7-51}$$

对于自然对数 $\ln(x)$，在 1 附近，可做如下级数展开：

$$\ln(1+z)=z-\frac{z^2}{2}+\frac{z^3}{3}-\frac{z^4}{4}+\cdots \quad |z|<1 \tag{7-52}$$

利用式（7－52），将式（7－51）的第一项用级数展开得：

$$\ln h=\frac{\delta h_1}{h_0}+\delta^2\left(\frac{h_2}{h_0}-\frac{h_1^2}{2h_0^2}\right)+\delta^3\left(\frac{h_1^3}{3h_0^3}-\frac{h_1h_2}{h_0^2}+\frac{h_3}{h_0}\right)+$$
$$\delta^4\left(-\frac{h_1^4}{4h_0^4}+\frac{h_1^2h_2}{h_0^3}-\frac{h_1h_3}{h_0^2}-\frac{h_2^2}{2h_0^2}+\frac{h_4}{h_0}\right)+\ln h_0+O(\delta^5) \tag{7-53}$$

$$\delta\ln h=\delta\ln h_0+\delta^2\frac{h_1}{h_0}+\delta^3\left(\frac{h_2}{h_0}-\frac{h_1^2}{2h_0^2}\right)+\delta^4\left(\frac{h_1^3}{3h_0^3}-\frac{h_1h_2}{h_0^2}+\frac{h_3}{h_0}\right)+$$
$$\delta^5\left(-\frac{h_1^4}{4h_0^4}+\frac{h_1^2h_2}{h_0^3}-\frac{h_1h_3}{h_0^2}-\frac{h_2^2}{2h_0^2}+\frac{h_4}{h_0}\right)+O(\delta^6) \tag{7-54}$$

对于变量 z，在 0 附近，其自然对数可做如下展开：

$$e^z=1+z+\frac{z^2}{2!}+\frac{z^3}{3!}+\frac{z^4}{4!}+\cdots \tag{7-55}$$

将 $e^{\delta\ln h}$ 按式（7－55）展开：

$$e^{\delta\ln h}=1+\delta\ln h_0+\delta^2\left(\frac{h_1}{h_0}+\frac{\ln^2h_0}{2}\right)+\delta^3\left(-\frac{h_1^2}{2h_0^2}+\frac{h_1\ln h_0}{h_0}+\frac{h_2}{h_0}+\frac{\ln^3h_0}{6}\right)+$$
$$\delta^4\left(\frac{h_1^3}{3h_0^3}+\frac{h_1^2}{2h_0^2}-\frac{h_1^2\ln h_0}{2h_0^2}-\frac{h_1h_2}{h_0^2}+\frac{h_1\ln^2h_0}{2h_0}+\frac{h_2\ln h_0}{h_0}+\frac{h_3}{h_0}+\frac{\ln^4h_0}{24}\right)+O(\delta^5) \tag{7-56}$$

将式（7－49）和式（7－56）代入式（7－50），则 h^x 最终展开为 δ 扰动级数：

$$h^x=h_0+\delta(h_1+h_0\ln h_0)+\delta^2\left(h_1+h_2+h_1\ln h_0+\frac{h_0\ln^2h_0}{2}\right)+$$
$$\delta^3\left(\frac{h_1^2}{2h_0}+h_2+h_3+(h_1+h_2)\ln h_0+\frac{h_1\ln^2h_0}{2}+\frac{h_0\ln^3h_0}{6}\right)+$$
$$\delta^4\left(\frac{h_1^2+2h_1h_2+h_1^2\ln h_0}{2h_0}-\frac{h_1^3}{6h_0^2}+h_3+h_4+(h_2+h_3)\ln h_0+\frac{(h_1+h_2)\ln^2h_0}{2}+\frac{h_1\ln^3h_0}{6}+\frac{h_0\ln^4h_0}{24}\right)+O(\delta^5) \tag{7-57}$$

对于任意采用机械通风的矿井，至少存在一个风机。风机的风量和风压之间的关系可表示为：

$$h_p=k_1Q^2+k_2Q+k^3 \tag{7-58}$$

对该函数变形：

$$\frac{h_p}{k_1}=Q^2+\frac{k^2}{k_1}Q+\frac{k^3}{k_1}$$

$$\frac{h_p}{k_1}=\left(Q+\frac{k^2}{2k_1}\right)^2+\left(\frac{k^3}{k_1}-\frac{k_2^2}{4k_1^2}\right)$$

$$\frac{h_p}{k_1}=\left(Q+\frac{k^2}{2k_1}\right)^2+\frac{4k_1k_3-k_2^2}{4k_1^2}$$

（1）假如 $k_1>0$：

$$\frac{h_p}{k_1}-\frac{4k_1k_3-k_2^2}{4k_1^2}=\left(Q+\frac{k^2}{2k_1}\right)^2$$

$$\frac{1}{k_1}\left(h_p-\frac{4k_1k_3-k_2^2}{4k_1}\right)=\left(Q+\frac{k^2}{2k_1}\right)^2$$

记

$$a_p=\frac{1}{\sqrt{k_1}},\quad c_p=-\frac{4k_1k_3-k_2^2}{4k_1},\quad b_p=-\frac{k^2}{2k_1}$$

则式（7－58）可表示为：

$$Q_p=a_p(h_p+c_p)^x+b_p,\quad x=0.5 \tag{7-59}$$

类似式（7－57），风机性能函数方程可展开为：

$$\begin{aligned}Q_p=&b_p+a_p(h_{p0}+c_p)+a_p[h_{p1}+(h_{p0}+c_p)\ln(h_{p0}+c_p)]\delta+\\&a_p[h_{p2}+h_{p1}+h_{p1}\ln(h_{p0}+c_p)+0.5(h_{p0}+c_p)\ln^2(h_{p0}+c_p)]\delta^2+\cdots\end{aligned} \tag{7-60}$$

（2）假如 $k_1<0$：

$$\frac{h_p}{k_1}-\frac{4k_1k_3-k_2^2}{4k_1^2}=\left(Q+\frac{k_2}{2k_1}\right)^2$$

$$-\frac{1}{k_1}\left(-h_p+\frac{4k_1k_3-k_2^2}{4k_1}\right)=\left(Q+\frac{k_2}{2k_1}\right)^2$$

记

$$a_p=\frac{1}{\sqrt{-k_1}},\quad c_p=-\frac{4k_1k_3-k_2^2}{4k_1},\quad b_p=-\frac{k_2}{2k_1}$$

则式（7－58）可表示为：

$$Q_p=a_p(-h_p-c_p)^x+b_p,\quad x=0.5 \tag{7-61}$$

类似式（7－57），风机性能函数方程可展开为

$$\begin{aligned}Q_p=&b_p+a_p(-h_{p0}-c_p)+a_p[-h_{p1}+(-h_{p0}-c_p)\ln(-h_{p0}-c_p)]\delta+\\&a_p[-h_{p2}-h_{p1}-h_{p1}\ln(-h_{p0}-c_p)+0.5(-h_{p0}-c_p)\ln^2(-h_{p0}-c_p)]\delta^2+\cdots\end{aligned} \tag{7-62}$$

重定义

$$a_p=-\frac{1}{\sqrt{-k_1}}$$

则式（7－62）可变形为：

$$\begin{aligned}Q_p=&b_p+a_p(h_{p0}+c_p)+a_p[h_{p1}+(h_{p0}+c_p)\ln(-h_{p0}-c_p)]\delta+\\&a_p[h_{p2}+h_{p1}+h_{p1}\ln(h_{p0}+c_p)+0.5(h_{p0}+c_p)\ln^2(-h_{p0}-c_p)]\delta^2+\cdots\end{aligned} \tag{7-63}$$

这个推导意味着，对于二次项系数 $k_1<0$ 的情况，其展开与 $k_1>0$ 的情况类似，只需要根据推导过程改变部分参数的正负号即可。在编程运算时，读者可分两种情况分别处理，以后不再赘述。

以下代码用来根据描述风机性能的二项式系数确定风机特性曲线展开的系数 a_p，b_p，c_p。

```
function [ap,bp,cp]=FanArg(k1,k2,k3)
//根据拟合出来的风机特性二次多项式系数k1,k2,k3，计算出风机扰动展开所需要的系
//数ap,bp,cp。
   if k1<0
       ap=-1/sqrt(-k1)
   else
       ap=1/sqrt(k1)
    end
    cp=-(4*k1*k3-k2^2)/(4*k1)
    bp=-k2/(2*k1)
endfunction
```

7.10.3 风网物理定律的通风阻力形式表示

在一个分风网络中，分支数 N_P，连接节点数 N_J，独立回路数 N_L，固定等级节点数 N_F，满足关系式

$$N_P = N_J + N_L + N_F - 1 \tag{7-64}$$

此处，固定等级节点是在水力网络解算时的常用说法，指的是固定水头压力或固定流量的节点。在风网解算中，也就是进风井或出风井的开口节点。为表达简洁起见，本书仅讨论 $N_F = 2$ 的情形。

对于连接节点，满足风量连续方程

$$BAH^x = 0 \tag{7-65}$$

其中 $A = (\alpha)_{N_P \times N_P}$ 为对角线方阵，对角线上按顺序存储每个分支的 α 值。$B = (b)_{N_J \times N_P}$ 为连接节点的基本关联矩阵。$H = (h)_{N_P \times 1}$ 为分支风压向量。

对于独立回路，满足回路风压连续方程

$$CH = 0 \tag{7-66}$$

其中 $C = (c)_{N_L \times N_P}$ 为仅与连接节点相连的分支的独立回路矩阵。

对于固定等级节点，在风网解算中可以用虚拟回路的形式，变为连接节点。本书不假设虚拟回路，则有 $N_F - 1$ 个通路压降方程或固定等级节点风量连续方程。

1. 若风机处于固定风压工况点 H_p

根据固定等级节点的分布，选定 $N_F - 1$ 个连接两个固定等级节点的独立风路组合，写出通路压降方程：

$$FH = H_p \tag{7-67}$$

其中 $F = (f)_{(N_F - 1) \times N_P}$ 为通路分支关联方程，$H_p = (H_p)_{(N_F - 1) \times 1}$ 为每个通路对应的总压降。

2. 若风机处于固定风量工况点 Q_p

选定 $N_F - 1$ 个固定等级节点，写出针对固定等级节点的风量连续方程：

$$B_f AH^x = Q_p \tag{7-68}$$

其中 $B_f = (b_f)_{(N_F - 1) \times N_P}$ 为固定等级节点的基本关联矩阵，$Q_p = (q_p)_{(N_F - 1) \times 1}$ 为对应固定

等级节点的出入风量。

3. 若给定风机的性能函数

此时需要同时确定风机的风量 Q_p 和风压 H_p，相当于增加了 N_F-1 个未知量。

（1）通路压降方程：

$$FH-h_p=0 \tag{7-69}$$

（2）固定等级节点风量连续方程：按照基本关联矩阵的约定，对于风机节点，写出不包含大气虚拟分支的节点分支关联向量，由于矿井通风一般是抽出式，故固定等级节点风量连续方程为：

$$B_fAH^x+a_p(h_p+c_p)^x=-b_p \tag{7-70}$$

7.10.4 分风网络扰动法的矩阵表示法及求解公式

1. 固定风压工况分风网络求解

联立方程式（7-65）~式（7-67），有

$$\begin{pmatrix} BA \\ 0\cdots0 \\ \vdots \\ 0\cdots0 \end{pmatrix} h^x + \begin{pmatrix} 0\cdots0 \\ \vdots \\ 0\cdots0 \\ C \\ F \end{pmatrix} h = \begin{pmatrix} 0 \\ \vdots \\ 0 \\ H_p \end{pmatrix}$$

$$M=\begin{pmatrix} BA \\ C \\ F \end{pmatrix},\quad N=\begin{pmatrix} BA \\ 0\cdots0 \\ \vdots \\ 0\cdots0 \end{pmatrix},\quad P=\begin{pmatrix} 0 \\ \vdots \\ 0 \\ H_p \end{pmatrix}$$

则

$$Mh+N(h^x-h)=P \tag{7-71}$$

将式（7-49），式（7-57）代入式（7-71），获得固定风压工况点时的通风网络方程扰动展开式，具体展开过程表述如下：

$$\begin{aligned} h^x-h=&\delta h_0\ln h_0+\delta^2\left(h_1+h_1\ln h_0+\frac{h_0\ln^2 h_0}{2}\right)+ \\ &\delta^3\left(\frac{h_1^2}{2h_0}+h_2+(h_1+h_2)\ln h_0+\frac{h_1\ln^2 h_0}{2}+\frac{h_0\ln^3 h_0}{6}\right)+ \\ &\delta^4\left(\frac{h_1^2+2h_1h_2+h_1^2\ln h_0}{2h_0}-\frac{h_1^3}{6h_0^2}+h_3+(h_2+h_3)\ln h_0+\right. \\ &\left.\frac{(h_1+h_2)\ln^2 h_0}{2}+\frac{h_1\ln^3 h_0}{6}+\frac{h_0\ln^4 h_0}{24}\right)+O(\delta^5) \end{aligned}$$

$$\begin{aligned} Mh+N(h^x-h)=&Mh_0+\delta(Mh_1+Nh_0\ln h_0)+\delta^2\left(Mh_2+N\left(h_1+h_1\ln h_0+\frac{h_0\ln^2 h_0}{2}\right)\right)+ \\ &\delta^3\left(Mh_3+N\left(\frac{h_1^2}{2h_0}+h_2+(h_1+h_2)\ln h_0+\frac{h_1\ln^2 h_0}{2}+\frac{h_0\ln^3 h_0}{6}\right)\right)+ \end{aligned}$$

$$\delta^4\left(Mh_4+N\left(\frac{h_1^2+2h_1h_2+h_1^2\ln h_0}{2h_0}-\frac{h_1^3}{6h_0^2}+h_3+(h_2+h_3)\ln h_0+\frac{(h_1+h_2)\ln^2 h_0}{2}+\frac{h_1\ln^3 h_0}{6}+\frac{h_0\ln^4 h_0}{24}\right)\right)+O(\delta^5)=P \tag{7-72}$$

根据扰动理论，首先忽略式（7-72）的扰动项（即忽略所有含 δ 的项），得关于 h_0 的线性方程组：

$$Mh_0=P \quad 则\ h_0=M^{-1}P \tag{7-73}$$

然后，将 h_0 代入通风方程扰动展开式，且只保留 δ 扰动项，同时令 $P=0$，得关于 h_1 的线性方程组

$$\delta(Mh_1+N(h_0\ln h_0))=0 \quad 则\ h_1=-M^{-1}N(h_0\ln h_0) \tag{7-74}$$

类似的，可求得 h_2，h_3，h_4 的解

$$h_2=-M^{-1}N\left(h_1+h_1\ln h_0+\frac{h_0\ln^2 h_0}{2}\right) \tag{7-75}$$

$$h_3=-M^{-1}N\left(\frac{h_1^2}{2h_0}+h_2+(h_1+h_2)\ln h_0+\frac{h_1\ln^2 h_0}{2}+\frac{h_0\ln^3 h_0}{6}\right) \tag{7-76}$$

$$h_4=-M^{-1}N\left(\frac{h_1^2+2h_1h_2+h_1^2\ln h_0}{2h_0}-\frac{h_1^3}{6h_0^2}+h_3+(h_2+h_3)\ln h_0+\frac{(h_1+h_2)\ln^2 h_0}{2}+\frac{h_1\ln^3 h_0}{6}+\frac{h_0\ln^4 h_0}{24}\right) \tag{7-77}$$

其中 h_0，h_1，h_2，h_3，h_4 均为 $1\times N_P$ 的行向量，如 $h_0=(h_{oi})_{1\times N_P}$ 代表分支 $1\sim N_P$ 的通风阻力的关于 h 的主扰动项系数。其他 h_1、h_2、h_3、h_4 分别为一次、二次、三次、四次扰动项系数。

以下代码用于组装固定风压工况点时扰动法解算风网所需要的矩阵 **M**、**N**、**P**。

```
function [M,N,P]=MatFixedP(B,C,R,F,Hp)
//根据输入的基本关联矩阵B，连接节点的独立回路矩阵C，风阻列向量R， 通路分支关
//联矩阵F，风机风压列向量Hp，组装成扰动分析法在固定风压工况，点下的矩阵M,N,P。
    Alpha=diag(R.^(-0.5));
    BA=B*Alpha;
    M=[BA;C;F];
    ManyZeros=zeros([C;F]);
    N=[BA;ManyZeros];
    RowsNum=size([BA;C],'r');
    P=[zeros(RowsNum,1);Hp]
endfunction
```

2. 固定风量工况分风网络求解

联立式（7-65），式（7-66），式（7-68），有

$$\begin{pmatrix} 0\cdots0 \\ \vdots \\ 0\cdots0 \\ BA \\ B_fA \end{pmatrix} h^x + \begin{pmatrix} C \\ 0\cdots0 \\ \vdots \\ 0\cdots0 \end{pmatrix} h = \begin{pmatrix} 0 \\ \vdots \\ 0 \\ Q_p \end{pmatrix}$$

记

$$M = \begin{pmatrix} C \\ BA \\ B_fA \end{pmatrix}, \quad N = \begin{pmatrix} 0\cdots0 \\ \vdots \\ 0\cdots0 \\ BA \\ B_fA \end{pmatrix}, \quad P = \begin{pmatrix} 0 \\ \vdots \\ 0 \\ Q_p \end{pmatrix}$$

可写出同式（7－71）形式完全相同的方程式，其求解过程同式（7－73）~式（7－76）完全相同，不再赘述。

以下代码用于组装固定风量工况点时扰动法解算风网所需要的矩阵 $\boldsymbol{M}$、$\boldsymbol{N}$、$\boldsymbol{P}$。

```
function [M,N,P]=MatFixedQ(B,C,R,Bf,Qp)
//根据输入的基本关联矩阵B，连接节点的独立回路矩阵C，风阻列向量R，固定等级节点
//基本关联矩阵Bf，风机风量列向量Qp，组装成扰动分析法在固定风量工况点下的矩阵
//M,N,P。
    Alpha=diag(R.^(-0.5));
    BA=B*Alpha;
    BfA=Bf*Alpha;
    M=[C;BA;BfA];
    ManyZeros=zeros(C);
    N=[ManyZeros;BA;BfA];
    RowsNum=size([C;BA],'r');
    P=[zeros(RowsNum,1);Qp]
endfunction
```

3. 给定风机性能函数的分风网络求解

假定矿山风机为抽出式通风，对于连接风机的固定等级节点，其风机分支的基本关联系数为1。在风机性能函数 $p<0$ 时，联立式（7－59）、式（7－65）、式（7－66）、式（7－69）、式（7－70）有：

$$\begin{pmatrix} 0\cdots0 \\ \vdots \\ 0\cdots0 \\ BA \quad 0 \\ B_fA \quad 1 \end{pmatrix} \times \begin{pmatrix} h^x \\ a_p(h_p+c_p)^x \end{pmatrix} + \begin{pmatrix} C \quad 0 \\ F \quad -1 \\ 0\cdots0 \\ \vdots \\ 0\cdots0 \end{pmatrix} \times \begin{pmatrix} h \\ h_p \end{pmatrix} = \begin{pmatrix} 0 \\ \vdots \\ 0 \\ -b_p \end{pmatrix}$$

记

$$M=\begin{pmatrix} C & 0 \\ F & -1 \\ BA & 0 \\ B_{f}A & a_{p} \end{pmatrix},\quad N=\begin{pmatrix} 0\cdots 0 \\ \vdots \\ 0\cdots 0 \\ BA \quad 0 \\ B_{f}A \quad a_{p} \end{pmatrix}$$

$$\overline{h}=\begin{pmatrix} h \\ h_{p} \end{pmatrix},\quad \overline{h^{x}}=\begin{pmatrix} h^{x} \\ (h_{p}+c_{p})^{x} \end{pmatrix},\quad P=\begin{pmatrix} 0 \\ \vdots \\ 0 \\ -b_{p} \end{pmatrix},\quad T=\begin{pmatrix} 0 \\ \vdots \\ 0 \\ -c_{p} \end{pmatrix}$$

仿照式（7－71），可写出给定风机性能函数下的通风网络方程组：

$$M\overline{h}+N(\overline{h^{x}}-\overline{h})=P \tag{7－78}$$

将式（7－49）、式（7－57）、式（7－60）代入式（7－78），获得通风网络方程扰动展开式。

根据扰动理论，首先忽略扰动项，得关于 $\overline{h}_0$ 的线性方程组：

$$M\overline{h}_0+NT=P$$

$$\overline{h}_0=M^{-1}(P-NT) \tag{7－79}$$

然后，将 $\overline{h}_0$ 代入通风方程扰动展开式，且只保留 δ 扰动项，同时令 $P=0$，得关于 $\overline{h}_1$ 的线性方程组

$$M\overline{h}_1+N[(\overline{h}_0+T)\ln(\overline{h}_0+T)]=0$$

$$\overline{h}_1=-M^{-1}N[(\overline{h}_0+T)\ln(\overline{h}_0+T)] \tag{7－80}$$

类似的，将式（7－75）、式（7－76）中的 h_0 替换为 $\overline{h}_0+T$、h_1、h_2 替换为 $\overline{h}_1$、$\overline{h}_2$，即可得到关于 $\overline{h}_2$，$\overline{h}_3$ 的线性方程组，不再赘述。

以下代码用于组装给定风机工况点函数时扰动法解算风网所需要的矩阵 **M**、**N**、**P**。

```
function [M,N,P,T]=MatFixedFan(B,C,R,F,Bf,bp,cp,ap)
//根据输入的基本关联矩阵B，连接节点的独立回路矩阵C，风阻列向量R，通路分支关联
//矩阵F，固定等级节点基本关联矩阵Bf，风机参数bp,cp,ap， 组装成扰动分析法在工
//况点不固定情况下的矩阵M,N,P,T。
    Alpha=diag(R.^(-0.5));
    BA=B*Alpha;
    BfA=Bf*Alpha;
    RowsC=size(C,'r')
    RowsF=size(F,'r')
    RowsBA=size(BA,'r')
    M=[C,zeros(RowsC,1);F,ones(RowsF,1);...    //转下行。
    BA,zeros(RowsBA,1);BfA,ap];
    ManyZeros=zeros([C,zeros(RowsC,1);F,ones(RowsF,1)]);
```

```
    N=[ManyZeros;BA,zeros(RowsBA,1);BfA,ap];
    RowsNum=size([C,zeros(RowsC,1);F,ones(RowsF,1);...    //转下行。
    BA,zeros(RowsBA,1)],'r');
    P=[zeros(RowsNum,1);bp]
    T=[zeros(RowsNum,1);cp]
endfunction
```

7.10.5 扰动法解算通风网络的流程

式（7-47）成立的基本条件是 $h>0$，但在扰动法解算风网时需要计算 $\ln h_0$、$h_x./h_0$，所以在计算过程中，当 $h_0\leqslant 0$ 时，会出现计算错误，从而导致解算失败。下面分别讨论如何处理这种情形：

1. $h_0<0$

在通风网络解算时，基本关联矩阵、独立回路矩阵等的选取依赖于事先假设的分支风流方向。如果事先假设的分支风流方向错误，会出现 $h<0$ 的情况，进而 $h_0<0$。则式（7-74）~式（7-76）中涉及计算 $\ln h_0$ 时会出现错误，导致计算失败。出现这种情况时，修改原来假设的分支风流方向即可。反映在对应矩阵上，可以在式（7-73）解算结束后，根据 h_0 的正负，利用式（7-81）所示的伪码更新矩阵 $\boldsymbol{M}$、$\boldsymbol{N}$、$\boldsymbol{h}_0$。

$$Sig=diag((h_0>=0)*2-1),\quad M=M\times Sig$$
$$N=N\times Sig,\quad h_0=|h_0| \tag{7-81}$$

式中 $diag$ 函数用来将向量展开为对角线矩阵。Sig 为对角矩阵，当 $h_0\geqslant 0$ 时，对角线上相应位置为1，否则为-1。

其具体代码实现如下：

```
function [M,N,h0]=h0less0(h0,M,N)
   Sig=diag((h0>=0)*2-1);
   //判断哪些数大于等于零，并生成一个对角阵。
   M=M*Sig
   N=N*Sig
   h0=abs(h0)
endfunction
```

2. $h_0=0$

当风网的拓扑结构和分支参数处于某种特殊状态（如对称状态）时，容易出现某些分支风量为0的情形。此时 $h=0$，根据扰动理论，其所有扰动项系数均为0。在 Scilab 中会导致无法计算 $\ln h_0$、$h_x./h_0$，从而使解算失败。这时，可以在代码中做如下处理，直接令扰动项系数为零，从而跳过对数和除法运算。

$$x=h_0,\quad x(\sim\sim x)=1./x(\sim\sim x),\quad y=h_0,\quad y(\sim\sim y)=\ln(y(\sim\sim y))$$
$$h_0^{-1}=x,\quad \ln h_0'=y \tag{7-82}$$

则 $h_x./h_0$ 转化为 $h_x.*h_0^{-1}$，需要计算 $\ln h_0$ 的地方，替换为 $\ln h_0'$ 在 SciNotes 里面键入

如下代码实现上述功能：

```
function [frac1h0,lnh0]=h0equal0(h0)
    x=h0,y=h0
    x(~~x)=x(~~x).^(-1)    //仅非零元素参与计算，下同。
    y(~~y)=log(y(~~y))
    frac1h0=x
    lnh0=y
endfunction
```

综上所述，利用扰动法解算通风网络的流程如下：

（1）分析通风网络图，找出连接节点、独立回路和固定等级节点。

（2）对网络中所有的分支，根据 R 计算出 α，写出矩阵 A。写出对连接节点、固定等级节点的基本关联矩阵 B、B_f。写出对独立回路的独立回路矩阵 C 和对固定等级节点的通路压降矩阵 F。写出 H_p、Q_p 等。

（3）根据风机性能函数，计算出参数 a_p、b_p、c_p。

（4）将 A、B、B_f、C、F、H_p、Q_p、a_p、b_p、c_p 等组装成矩阵 $\boldsymbol{M}$、$\boldsymbol{N}$、$\boldsymbol{P}$、$\boldsymbol{T}$。

（5）计算 M 的逆矩阵，并求出 $-M^{-1}N$。

（6）计算 h_0、$\bar{h}_0$，并用 $\bar{h}_0+T$ 代替 $\bar{h}_0$。

（7）根据式（7-81）更新矩阵 M、N、h_0、$\bar{h}_0$。

（8）根据式（7-82）处理后续的牵涉到计算 $\ln h_0$、$h_x./h_0$ 的公式。

（9）计算 $h_1\sim h_4$、$\bar{h}_1\sim\bar{h}_4$。

（10）根据式（7-49）求解通风网络各分支的通风阻力，根据式（7-47）求解各分支的风量。

7.10.6　计算实例

1. 固定风压工况点的计算实例

图 7-4 所示风机工况点固定在 500 Pa 的风压。其他参数见表 7-2。

表 7-2　通风网络 1 的相关参数

矩阵	备注	分支					
		1	2	3	4	5	6
BA	节点Ⅱ	$-\alpha_1$	α_2	α_3			
	节点Ⅲ		$-\alpha_2$		α_4	α_5	
	节点Ⅳ			$-\alpha_3$	$-\alpha_4$		α_6
C	回路 A		-1	1	-1		
	回路 B				-1	1	-1
F	通路	1	1			1	
R	风阻	0.005	0.01	0.03	0.0533	0.01926	0.00893
Q_r	风量	200	120	80	30	90	110
H	风压	200	144	192	48	156	108

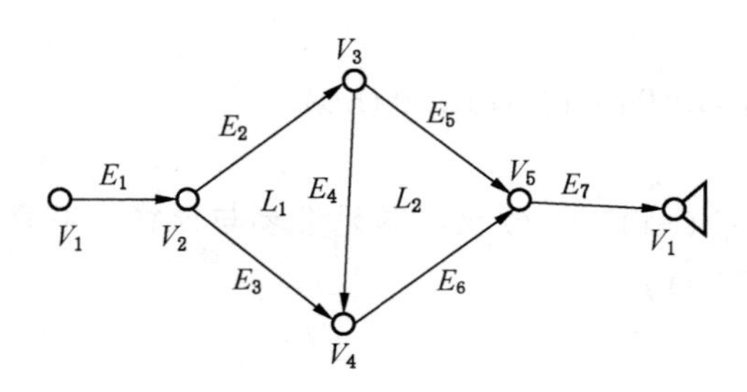

图 7-4　通风网络 1

在 SciNotes 里面建立如下函数对固定风压工况点时的风网进行扰动法解算：

```
function [Q,H]=PerturbSolveFixedP(B,C,R,F,Hp)
//根据输入的基本关联矩阵B，连接节点的独立回路矩阵C，风阻列向量R，通路分支关联
//矩阵F，风机风压列向量Hp，求出风网各分支的风量Q和风压H。
    [M,N,P]=MatFixedP(B,C,R,F,Hp)    //组装解算需要的矩阵。
    invM=inv(M)
    h0=invM*P
//------以下用来处理h0小于等于0的问题-------
    if h0==0
        [frac1h0,lnh0]=h0equal0(h0)
    elseif h0<0
        [M,N,h0]=h0less0(h0,M,N)
        lnh0=log(h0)
        frac1h0=h0.^(-1)
    else
        lnh0=log(h0)
        frac1h0=h0.^(-1)
    end
//------扰动解算------------------------------
invM=inv(M)
invMN=invM*N
h1=-invMN*(h0.*lnh0)
lnh02=lnh0.^2
h2=-invMN*(h1+h1.*lnh0+(h0.*lnh02)/2)
lnh03=lnh0.^3
h12=h1.^2
h3=-invMN*(h12.*frac1h0/2+h2+(h1+h2).*lnh0+...    //转下行。
```

```
h1.*lnh02/2+h0.*lnh03/6)
h13=h1.^3
lnh03=lnh0.^3
lnh04=lnh0.^4
h02=h0.^2
frac1h02=frac1h0.^2
h4=-invMN*((h12+2*h1.*h2+h12.*lnh0).*frac1h0/2-...    //转下行。
h13.*frac1h02/6+h3+(h2+h3).*lnh02/2+h1.*lnh03/6+h0.*lnh04/24)
delta=-0.5
h=h0+h1*delta+h2*delta^2+h3*delta^3+h4*delta^4
Q=sqrt(h./R)
H=h
endfunction
```

为了比较扰动法和牛顿法的优缺点，我们比较了两种方法的精度和用时，具体结果见表7－3。

表7－3　扰动法和牛顿法解算效果比较

参　数	n			
	1	2	3	4
误差	0.02	0.01	0.006	0.003
扰动法用时/ms	261	281	500	540
牛顿法用时/ms	9838	10312	10346	10412
牛顿法迭代次数	7449	7693	7934	8129

从表7－2中可以看出，限定的精度下，扰动法的精度相当于牛顿法8次迭代时的精度，且用时远小于牛顿法。随着扰动项指数的增加，扰动法的计算误差以0.5倍的速率递减。但通过分析扰动法的计算原理可知，扰动项指数每增加1，需要计算的扰动项系数的个数增加1倍，理论上其计算时间也会翻倍。而牛顿法的每次迭代时间是相同的，并且迭代次数10次以内时，误差下降速率最大。鉴于本书篇幅所限，不再做进一步分析，从本例中可以看出，在分支误差控制在1%左右时，扰动法用时远小于牛顿法。

2. 给定风机性能函数的求解实例

示例风网如图7－5所示，该风网各分支风阻均取0.1 kg/m^7，风机的性能函数本书中取前三项，即 $H_f = -0.035q_f^2 - 0.12q_f + 3100$，通过计算，将风机性能函数改写为式(7－59)的形式，此时 $a_p = 5.3452$，$b_p = 1.7143$，$c_p = 3100$。

根据本书的分析，该风网有12个分支，6个连接节点，2个固定等级节点，5个独立回路。故 M，N 均为13×13的方阵，算出有两个分支风量为0，本节针对存在0风量分支

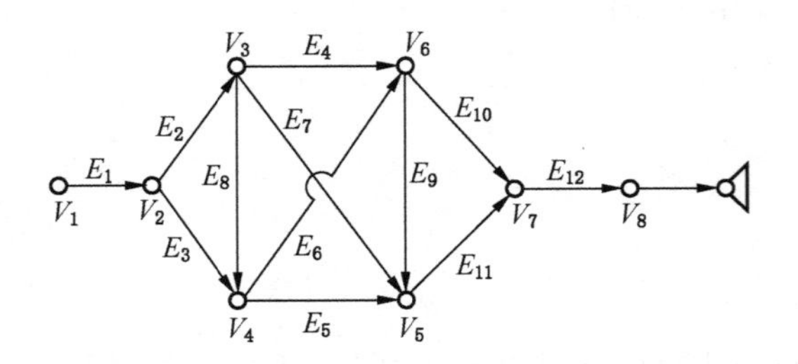

图 7-5　通风网络 2

的风网解算进行说明。

取节点Ⅱ～Ⅶ，分支 1～12，写出 6×12 的基本关联矩阵 B，写出全部包含分支 2～11 的 5×12 的独立回路矩阵 C，另外写出一个虚拟回路矩阵 F 和一个固定等级节点风量连续矩阵 B_f。将以上参数组装成 M、N、P、T，按式（7-79）、式（7-80）及其后续的公式，计算出 $\bar{h}_0$，并用 $\bar{h}_0+T$ 代替 $\bar{h}_0$。然后计算出 $\bar{h}_2$～$\bar{h}_4$，δ，代入式（7-47）、式（7-49），即可计算出各分支风量。此处各分支风量为：102.7、51.966、51.966、25.041、25.041、25.041、25.041、0、0、51.966、51.966、102.7、103.56。用风机风量求得风机风压，同用通路压降得到的风压比较，证明了求解的正确性。

其示例解算代码如下：

```
function Q=PerturbSolveFanFunc(B,C,R,F,Bf,bp,cp,ap)
//根据输入的基本关联矩阵B，连接节点的独立回路矩阵C，风阻列向量R，通路分支关联
//矩阵F，风机扰动序列的计算参数ap，bp，cp，求出风网各分支的风量Q和风压H。
    [M,N,P,T]=MatFixedFan(B,C,R,F,Bf,bp,cp,ap)
    //自定义函数，组装扰动法所需矩阵
    invM=inv(M)
    h0=invM*(P-N*T)
    if or(h0(1:$-1)<0)
     [B,C,F,Bf]=h0less0(h0(1:$-1),B,C,F,Bf)
     [M,N,P,T]=MatFixedFan(B,C,R,F,Bf,bp,cp,ap)
    end
    invM=inv(M)
    h0=invM*(P-N*T)
    h0origin=h0
    //------以下用来处理h0+T小于等于0的问题-------
    h0=abs(h0+T)     //替换h0，意义见文章正文。
    if or(h0==0)
        [frac1h0,lnh0]=h0equal0(h0)
```

```
    else
        lnh0=log(abs(h0))
        frac1h0=abs(h0).^(-1)
    end
//------扰动解算-----------------------------
invMN=invM*N
h1=-invMN*(h0.*lnh0)
lnh02=lnh0.^2
h2=-invMN*(h1+h1.*lnh0+(h0.*lnh02)/2)
lnh03=lnh0.^3
h12=h1.^2
h3=-invMN*(h12.*frac1h0/2+h2+(h1+h2).*lnh0+h1.*lnh02/2+h0.*lnh03/6)
h13=h1.^3
lnh03=lnh0.^3
lnh04=lnh0.^4
h02=h0.^2
frac1h02=frac1h0.^2
h4=-invMN*((h12+2*h1.*h2+h12.*lnh0).*frac1h0/2-...    //转下行
h13.*frac1h02/6+h3+(h2+h3).*lnh02/2+h1.*lnh03/6+h0.*lnh04/24)
h4=h4*ap
delta=-0.5
h=h0origin+h1*delta+h2*delta^2+h3*delta^3+h4*delta^4
hnet=abs(h(1:$-1))    //去除风机压力
Q=sqrt(hnet./R)
H=h
endfunction
```

8　非闭合风网的解算问题

在以矿山为代表的通风系统中，风流流动通路以长度远大于断面尺寸的井巷形式存在。为了获取各用风地点的风量，除实测外，也可以通过一系列手段利用理论计算的方法获得。这种理论计算的方法一般经由以下步骤来实现风量数据的获取：

(1) 将风流通路简化为有向分支，其上附加有风流通路的风阻参数；将风流通路的交汇处简化为节点，其上附加有风压参数。

(2) 将分支和节点的关系表示为基本关联矩阵 B，并在此基础上获取余树、回路，写出代表分支与回路关系的独立回路矩阵 C。同时将其他各物理参数以矩阵的形式表出。

(3) 根据质量守恒定律、能量守恒定律或分支风阻公式等，列出数学方程组。

(4) 利用牛顿法为代表的各种方法对方程组进行求解，获得理论上的风量值。

前面章节已经述及，对于一个可以简化为有 m 个节点、n 个分支的闭合风网，可以通过解算式 refvpress 的方式，获得风网中各风路中的风量值。

$$B^T P = R_{\text{diag}} \left| Q \right|_{\text{diag}} Q - H_{\text{f}}$$
$$BQ = 0 \tag{8-1}$$

式中　P——$m-1$ 行 1 列的节点压力列向量；

Q——n 行 1 列的分支风量列向量；

R——n 行 1 列的分支风阻列向量；

H_{f}——n 行 1 列的风机风压列向量；

B——$m-1$ 行 n 列的基本关联矩阵。

符号 $|\,|$ 表示取绝对值，下标 diag 表示将列向量对角化为方阵，上标 T 表示对矩阵转置。

构建如本书中式 (8-1) 所示的方程组，并利用各种方法求算风量等风网参数的方法称为节点风压法。该方法由来已久，但一直未在通风解算领域得到大规模的应用。由于节点风压方程组包含有两个不同性质的未知量 P 和 Q，加之由于早期的计算机硬件性能不足、矩阵计算软件匮乏，所以解算思路均是将一个未知量用另外一个未知量表出，达到消元和减少方程量的目的，然后用各种不同的迭代方法在各种近似假设基础上进行求解。

随着计算机软硬件性能的发展进步，算力和内存空间在解算风网中已经不是主要考虑因素，而在科研和工程实践中，编程简单、随着实际需求灵活可调才是风网解算的发展趋势。随着 Matlab、Scilab 等矩阵计算软件的不断发展更新，其内置的稀疏矩阵求逆等算法不断优化，其性能已经足以承担大型解算的需要。因此，有必要重新考虑节点风压法的牛顿法解算，简化解算思路，充分利用矩阵计算软件的优越性。基于此，本书提出节点风压方程组的解算新思路，即不再通过方程变换、代入等过程进行消元和降低方程数量，而是将方程组看成一个整体，直接进行牛顿迭代。

8.1　非闭合风网的常见表现形式

通风网络图是以现实的通风系统为原型，舍弃了各种物理、几何特征后，进行等效处理后获得的仅有分支和节点的有向图。如图 8－1 所示，该局部通风系统与外界的连接通道为风路 ab 和风路 gi，与外界的连接点为地点 a 和地点 i。在等效出通风网络图的过程中，如果不假设虚拟回路，且进风侧和出风侧处理原则一致，仅可能做出如图 8－2 和图 8－3 所示的两种通风网络图。从图上可以看出，通风系统与外界的连接通道或连接点，必有一个处于孤立状态。即必然存在仅与单个分支相连的孤立节点或仅与单个节点相连的孤立分支。图 8－2 中的分支 E_1 和 E_7 为孤立分支，如图 8－3 中的节点 V_5 和 V_6 为孤立节点。

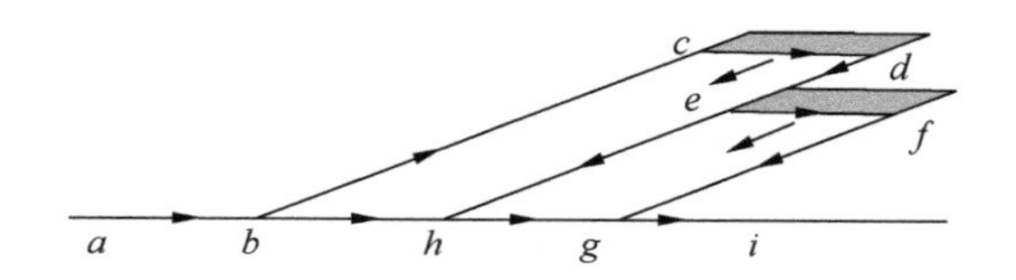

图 8－1　典型的局部通风系统示意图

在矿井存在主通风机的情况下，图 8－2 对应了主通风机处于固定风压工况点情形，图 8－3 对应了主通风机处于固定风量工况点情形。然而，实际的风网解算中，主通风机的工况点往往需要根据方程解算，此时，可将含有工况点待定的主通风机的局部风网简化为图 8－4 所示的形式。

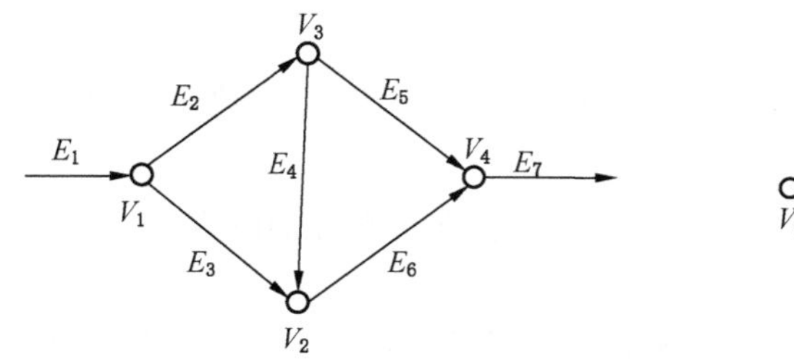

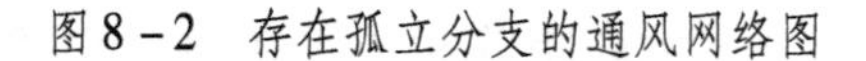
图 8－2　存在孤立分支的通风网络图

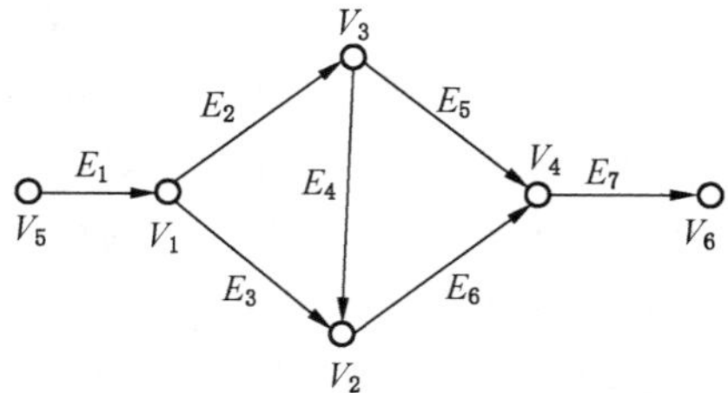

图 8－3　存在孤立节点的通风网络图

同理，有时候矿井内部可能存在局部通风机，为了演示本文所介绍的解算方法，本章将要介绍一种含有局部风机的等效通风网络图，如图 8－5 所示。

除此之外，在生产矿井中，往往不仅仅只有两个风流出入口，在多个风流出入口的情况下，在解算时需要进行特殊处理，本章以三个风流出入口的矿井为例，介绍了这种风网的解算处理方法，典型的通风网络图如图 8－6 所示。

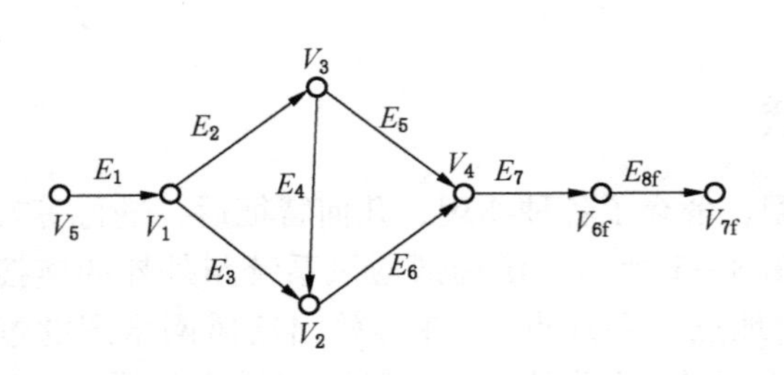

图 8－4　含有主通风机的等效风网

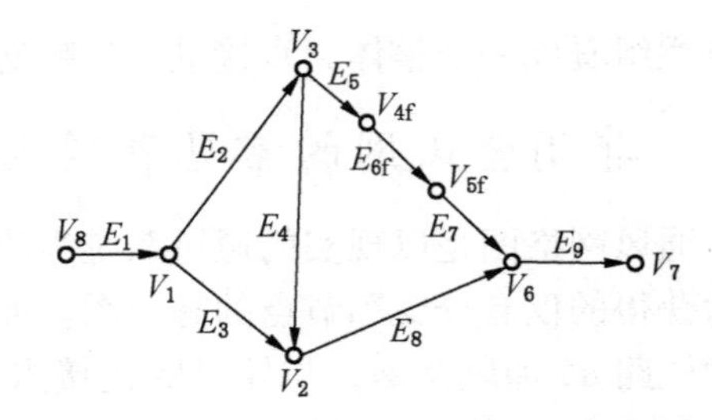

图 8－5　含有局部通风机的等效风网

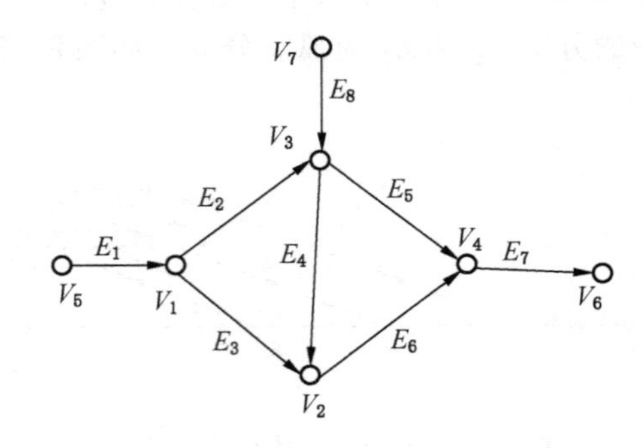

图 8－6　多个风流出入口的等效风网

8.2　基本关联矩阵的重新定义

传统的通风网络图是通过引入虚拟回路的形式得到的闭合风网。对于一个有 m 个节点、n 个分支的闭合通风网络图，可以通过如下定义获得一个节点分支关联矩阵 $\boldsymbol{B}_{\mathrm{full}}$：

$$\boldsymbol{B}_{\mathrm{full}} = (b_{ij})_{m \times n}$$

其中，$b_{ij}=1$，节点 V_i 位于有向分支 E_j 的尾部；$b_{ij}=-1$，节点 V_i 位于有向分支 E_j 的头部；$b_{ij}=0$，节点 V_i 不在有向分支 E_j 上。

在图论中已经证明，矩阵 $\boldsymbol{B}_{\mathrm{full}}$ 的行秩为 $m-1$，因此，通过删除矩阵 $\boldsymbol{B}_{\mathrm{full}}$ 的一行后获得的矩阵 $\boldsymbol{B}$ 被称为闭合风网的基本关联矩阵。

对于如图 8－2 所示的非闭合风网的通风网络图，如果去掉分支 E_1 和 E_7，则剩余部分为一个闭合风网，记为 G_{cl}。假定 G_{cl} 的节点分支关联矩阵为 $\boldsymbol{B}_{\mathrm{f}}$，如图 8－7a 所示的左侧大长方形。假定添加一个孤立分支，新形成的节点分支关联矩阵相当于在 $\boldsymbol{B}_{\mathrm{f}}$ 的一侧添加了一列数据，如图 8－7a 中所示字符“v”所在的小长方形。该列中除字符“v”所在位置为 1 或 －1 外，其余位置均为 0。由于添加孤立分支的节点非孤立节点，因此字符“v”所在的行中至少还有两个非零位置，如图中字符“＊”所示。

约定新形成的矩阵的命名规则为：添加第 x 列，在下标字符 f 右侧书写 x，添加第 x 行，在下标字符 f 左侧书写 x。按这种书写规则，新形成的节点分支关联矩阵为 $\boldsymbol{B}_{\mathrm{f1}}$，如图 8－7a 中所示最大的长方形。

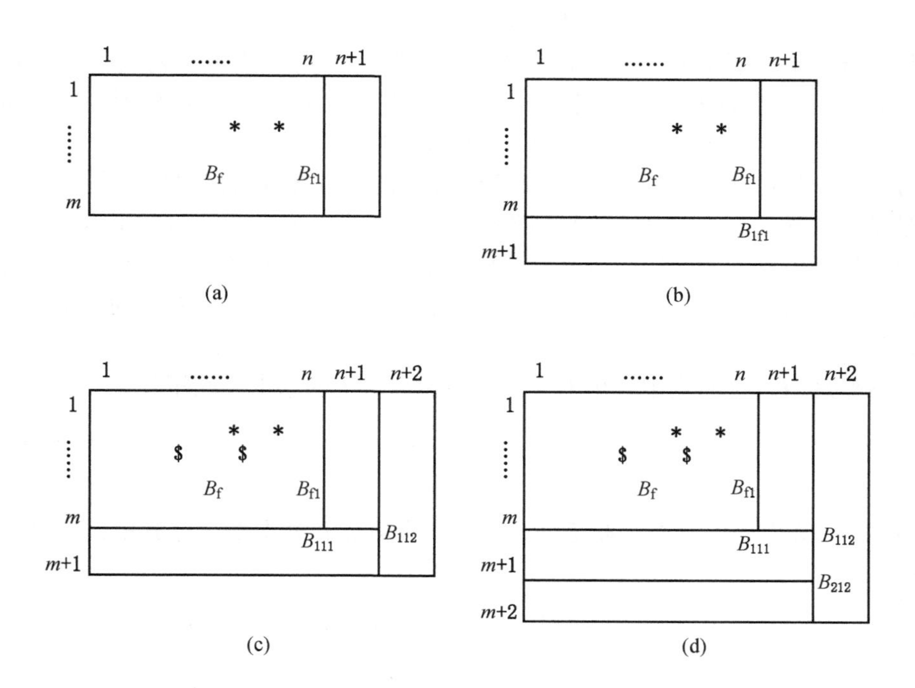

图 8－7 基本关联矩阵的秩的形式证明

非孤立分支两端各连一个节点，根据节点分支关联矩阵的原始定义，矩阵 $\boldsymbol{B}_{\mathrm{f}}$ 每一列仅有两个数字，分别为 1 和 －1。通过矩阵的行变换，每次有且仅有一行可以通过将其他所有行直接加到该行上的方式将这一行的数据全部变换为 0，所以该矩阵的秩为 $m-1$。加入孤立分支所在的列后，可以发现没有任何一行可以通过行变换的形式变为全 0 行，故 $\boldsymbol{B}_{\mathrm{f1}}$ 的秩为 m。继续添加列，秩不变。由此可知，添加 x 个孤立分支后所形成的通风网络图的节点分支关联矩阵为 $\boldsymbol{B}_{\mathrm{fx}}$，对于形如图 8－2 的非闭合风网的基本关联矩阵：

$$\boldsymbol{B}=\boldsymbol{B}_{\mathrm{fx}},\quad x\geqslant 1$$

对于闭合风网 G_{cl}，添加了一个孤立分支后，如果将孤立分支的无节点端加上一个节点，则形成的节点为孤立节点，原来的孤立分支变为普通分支。新形成的形如图 8－3 的非闭合风网，其节点分支关联矩阵相当于在图 8－7a 的下侧新加了一个行向量，如图 8－7b 所示，记为 $\boldsymbol{B}_{\mathrm{1f1}}$。该行向量中除字符“o”所在位置为 1 或 －1 外，其余位置均为 0。字符“o”所在位置与字符“v”所在位置符号相反。由于 $\boldsymbol{B}_{\mathrm{f1}}$ 秩为 m，分支关联矩阵 $\boldsymbol{B}_{\mathrm{1f1}}$ 的第 $m+1$ 行可以由 $\boldsymbol{B}_{\mathrm{f1}}$ 所有行直接相加到这一行上变为全 0 行，故 $\boldsymbol{B}_{\mathrm{1f1}}$ 的秩为 m。

在以上风网基础上，另选非孤立节点，继续添加孤立分支，得到的风网节点分支关联矩阵形如图 8－7c 所示。按以上同样的分析方法，矩阵 $\boldsymbol{B}_{\mathrm{1f2}}$ 秩为 $m+1$，在孤立分支的无节点端添加孤立节点，得到的风网节点分支关联矩阵形如图 8－7d 所示，按以上同样的分析方法，矩阵 $\boldsymbol{B}_{\mathrm{2f2}}$ 秩为 $m+1$。由此可知，添加 x 个孤立分支和 x 个孤立节点后所形成的通风网络图的节点分支关联矩阵为 $\boldsymbol{B}_{x\mathrm{fx}}$，对于形如图 8－3 的非闭合风网的基本关联矩阵：

$$\boldsymbol{B}=\boldsymbol{B}_{(x-1)\text{fx}},\quad x\geqslant 1$$

为叙述方便中，下文中，用 r_a 代表 $\boldsymbol{B}$ 的总行数，用 c_a 代表 $\boldsymbol{B}$ 的总列数，用 r_s 代表 $\boldsymbol{B}$ 中行的序号，用 c_s 代表 $\boldsymbol{B}$ 中列的序号，用 V_s 代表节点的编号，用 E_s 代表分支的编号。很显然，r_s 和 V_s 存在对应关系，c_s 和 E_s 存在对应关系。

通过以上分析可知，对于图 8－2 所示的含有孤立分支的通风网络，其节点分支关联矩阵就是基本关联矩阵，即基本关联矩阵包含所有的节点和分支。而对于本章中所列的其他四种典型风网，基本关联矩阵需要删除掉其中一个节点，具体删除哪个节点，可以人为决定。读者可以自行进行人工验算，看是否随意删除一个节点后所获得的基本关联矩阵的秩均满足要求。

为了方便理解，下面集中列出书中五种通风网络图的基本关联矩阵：

```
B1=[-1,1,1,0,0,0,0;0,0,-1,-1,0,1,0 ;0,-1,0,1,1,0,0;0,0,0,0,-1,
-1,1]
```

$\boldsymbol{B}_1$ 为图 8－2 对应的基本关联矩阵，注意所有节点和分支都参与其中，这是一个 4 行 7 列的矩阵。

```
B2=[-1,1,1,0,0,0,0;0,0,-1,-1,0,1,0 ;0,-1,0,1,1,0,0;...
0,0,0,0,-1,-1,1;1,0,0,0,0,0,0]
```

$\boldsymbol{B}_2$ 为图 8－3 对应的通风网络图其中的一个基本关联矩阵，此处删除了节点 6，这是一个 5 行 7 列的矩阵。

```
B3=[0,0,-1,-1,0,1,0,0;0,-1,0,1,1,0,0,0;0,0,0,0,-1,-1,1,0;...
1,0,0,0,0,0,0,0 ;0,0,0,0,0,0,-1,1;0,0,0,0,0,0,0,-1]
```

$\boldsymbol{B}_3$ 为图 8－4 对应的通风网络图其中的一个基本关联矩阵，此处删除了节点 1，这是一个 6 行 8 列的矩阵。

```
B4=[-1,1,1,0,0,0,0,0,0;0,0,-1,-1,0,0,0,1,0;0,-1,0,1,1,0,0,0,0;...
0,0,0,0,-1,1,0,0,0;0,0,0,0,0,-1,1,0,0;0,0,0,0,0,0,-1,-1,1;...
0,0,0,0,0,0,0,0,-1]
```

$\boldsymbol{B}_4$ 为图 8－5 对应的通风网络图其中的一个基本关联矩阵，此处删除了节点 8，这是一个 7 行 9 列的矩阵。

```
B5=[0,0,-1,-1,0,1,0,0 ;0,-1,0,1,1,0,0,-1;0,0,0,0,-1,-1,1,0;...
1,0,0,0,0,0,0,0;0,0,0,0,0,0,-1,0;0,0,0,0,0,0,0,1]
```

$\boldsymbol{B}_5$ 为图 8－6 对应的通风网络图其中的一个基本关联矩阵，此处删除了节点 1，这是一个 5 行 8 列的矩阵。

8.3 非闭合风网的基本方程及其修正

根据前文的叙述可知，非闭合风网仅有节点风压方程组能够进行直接描述和求解。为了叙述方便，在不考虑通风动力的情况下，可以获得节点风压方程组的基本方程如下：

$$B^T P = R_{\text{diag}} \left| Q \right|_{\text{diag}} Q$$
$$BQ = 0 \tag{8-2}$$

8.3.1　针对孤立分支的修正

以图8-2为例，孤立分支处在数学上不满足分支阻力方程。但是考察现实风网可知，在图8-1中，是有风流从a点流到b点的，即a点的风压大于b点，同理g点到i点，也是这种情况。如果不加修正，除非仅有一个孤立分支，无节点端的风压可视为零。超过两个或两个以上孤立节点时，必须对分支阻力方程进行修正。为实现这一目的，可以在分支阻力方程上加上一个风压补偿向量来P_c。

假定图8-2中进风端风压为p_i，出风端风压为p_o。则风压补偿列向量的建立方法为：以该图基本关联矩阵$\boldsymbol{B}$相关参数为依据，建立c_a行1列的全零列向量P_c。查出编号为E_s的孤立分支在基本关联矩阵中的列号c_s。如果是进风端，在P_c中第c_s行处填入p_i，如果是出风端，在P_c中第c_s行处填入$-p_o$。如果图8-2的基本关联矩阵原始对应关系中行号与分支编号数字相同，则该图的风压补偿列向量可以写为：

$$P_c = (p_i \quad 0 \quad 0 \quad 0 \quad 0 \quad 0 \quad -p_o)^T$$

修正后的节点风压方程组为：

$$\begin{cases} B^T P + P_c = R_{\text{diag}} \left| Q \right|_{\text{diag}} Q \\ BQ = 0 \end{cases} \tag{8-3}$$

8.3.2　针对孤立节点的修正

同理，以图8-3为例，孤立节点处在数学上不满足节点风量平衡定律。但是考察现实风网可知，在图8-1中，a点的左侧和i点的右侧，是有风量流入或流出的，因此这两点在物理世界是满足风量平衡定律的。但是在等效的过程中，由于数学抽象过程中的自我，导致出现了孤立节点处不满足节点风量平衡定律这一问题。为了解决这一问题，可以在节点风量平衡方程中加上一个风量补偿列向量来实现。

假定图8-3中进出风量为q_c，则风量补偿列向量的建立方法为：以该图的基本关联矩阵$\boldsymbol{B}$的相关参数为依据，建立r_a行1列的全零列向量Q_c。查出编号为V_s的孤立节点在基本关联矩阵中的行号r_s，在Q_c中第r_s行处填入进出风量值。注意在入口节点处该风量值取负值，出口节点处该风量取正值。如果图8-3的基本关联矩阵是通过删除节点V_6所对应的行获得的，且原始对应关系中行号与节点编号数字相同，删除节点V_6后编号靠后的节点对应行号依次前移。则该图的风量补偿列向量可以写为：

$$Q_c = (0 \quad 0 \quad 0 \quad 0 \quad -q_c)^T$$

修正后的节点风压方程组如下：

$$\begin{cases} B^T P = R_{\text{diag}} \left| Q \right|_{\text{diag}} Q \\ BQ + Q_c = 0 \end{cases} \tag{8-4}$$

方程式（8-3）的未知量个数和方程个数是相等的，因此该方程组有解。考虑到风压P是一种势能，现实中，对形如图8-3的通风网络图，P有无数组解。但方程式（8-3）的解是唯一的，造成这种现象的原因在于这种通风网络的基本关联矩阵是通过删除一个节点对应行得到的。与该删除节点连接的所有分支在依方程式（8－4a）计算时，均仅有一端的风压值，另一端被视为0。因此该方程组解出的风压 P 是以被删除节点为参照点的。

8.3.3 针对工况点待定风机的修正

风机通过自身的运转，在风机进出口之间造成压差，从而驱动整个通风网络的空气流动。实际的风机，其工作特性曲线随转速、叶片夹角等不同而变化。为了在风网求解过程中，实时解算风机工况点，需要对风机特性曲线在符合风机实际和数学上可描述之间进行取舍。

正常的风机风压特性曲线往往有多个起伏，规律复杂，在工程实践中，一般不试图用数学函数描述整条曲线，而是仅对正常的风机运行区间进行曲线拟合，获得近似的描述函数。一般用多项式作为拟合目标函数，多项式未知量的次数一般不超过4。

为了研究方便，忽略风机内阻，假定风机进出口风量相等，不区分各种风压。在这个假设基础上，在通风网络图中，风机可等效为风阻为0的分支及其两端的节点。

风机产生的通风压力，以向量的形式加到分支阻力方程中，并且同通风阻力的符号相反。风机风压特性曲线上风量总是正值，而在风网中风量可以取负值，基于这一考虑，假定将风机风压特性曲线的正常工作段拟合为多项式，则该风机的风压特性曲线可表述为：

$$h_{\mathrm{f}}(q_{\mathrm{f}}) = a + b|q_{\mathrm{f}}| + c|q_{\mathrm{f}}|^2 + \cdots$$

进一步，可以定义：

$$h'_{\mathrm{f}} = \frac{\partial h_{\mathrm{f}}}{\partial q_{\mathrm{f}}} = b + 2c|q_{\mathrm{f}}| + \cdots$$

以基本关联矩阵 B 的相关参数为依据，建立 c_{a} 行1列的全零列向量 $\boldsymbol{H}_{\mathrm{f}}$，查出编号为 $\boldsymbol{E}_{\mathrm{s}}$ 的风机对应的在基本关联矩阵中的列号 c_{s}，将 $\boldsymbol{H}_{\mathrm{f}}$ 中的 c_{s} 行处改为 $sign(q_{\mathrm{f}})h_{\mathrm{f}}(q_{\mathrm{f}})$，式中 $sign$ 为符号函数。即得风机压力列向量 H_{f}。

以图8－5为例，在该等效风网中，将局部通风机等效为风阻为0的分支 $E_{6\mathrm{f}}$ 及其对应的两个端点 $V_{4\mathrm{f}}$、$V_{5\mathrm{f}}$。按照上述的风机压力列向量建立方法，可建立该局部通风机对应的风机压力列向量 H_{f1}。

$$H_{\mathrm{f1}} = (0 \quad 0 \quad 0 \quad 0 \quad 0 \quad sign(q_{\mathrm{f1}})h_{\mathrm{f}}(q_{\mathrm{f1}}) \quad 0 \quad 0 \quad 0)^T$$

通风压力是以动力的形式加在分支阻力方程组上的，并且其效果总是与阻力相反，故添加风机修正后的分支阻力方程式，就是最传统的表达形式：

$$B^TP = R_{\mathrm{diag}}|Q|_{\mathrm{diag}}Q - H_{\mathrm{f1}}(q_{\mathrm{f1}})$$

在图8－5中，假定主通风机处于固定风量工况点，则该通风网络的节点压降方程组为：

$$\begin{cases} B^TP = R_{\mathrm{diag}}|Q|_{\mathrm{diag}}Q - H_{\mathrm{f1}}(q_{\mathrm{f1}}) \\ BQ + Q_{\mathrm{c}} = 0 \end{cases} \tag{8-5}$$

同理，对主通风机工况点未定的情况，如图8－4所示，图中的风机进出口简化为节点 $V_{6\mathrm{f}}$ 和 $V_{7\mathrm{f}}$，其中 $V_{7\mathrm{f}}$ 为孤立节点，风机本身简化为分支 $E_{8\mathrm{f}}$，其风机压力列向量为：

$$H_{\mathrm{f}} = (0 \quad 0 \quad 0 \quad 0 \quad 0 \quad 0 \quad 0 \quad sign(q_{\mathrm{f}})h_{\mathrm{f}}(q_{\mathrm{f}}))^T$$

进一步的，分支阻力方程的修正为：

$$B^TP = R_{\mathrm{diag}}|Q|_{\mathrm{diag}}Q - H_{\mathrm{f}}(q_{\mathrm{f}})$$

8.4 非闭合风网的附加变量和附加方程

在节点压降方程组中，存在两个矩阵变量 P、Q，这两个变量分别代表了通风网络图中节点的风压和分支的风量，我们称这两个变量为方程组的固有变量或网内变量。与之相对应的，为了补偿孤立节点或孤立分支，引入了风压补偿列向量或风量补偿列向量，如果其中存在未知数，我们把这个未知数称为附加变量。下面我们列举一个附加变量的例子。

8.4.1 风量补偿列向量中出现未知数

图 8－4 所示风网含有孤立节点，如前所述，需要引入风量补偿列向量对节点风量平衡方程进行修正。考察前面的风机风量 q_f，很显然，这个风量等于分支 E_7、分支 E_{8f}上的风量或补偿风量。因此，可直接将 q_f 作为未知量引入，以此构建风量补偿列向量。具体方法不再赘述，如果基本关联矩阵是通过删除节点 V_1 所在的行获得的，则该风网的风量补偿向量为：

$$Q_c=(0 \quad 0 \quad 0 \quad q_f \quad 0 \quad q_f)^T$$

8.4.2 附加方程的引入

由于图 8－4 所示的风网解算中引入了未知量 q_f，需要根据未知量数量与方程数量的关系添加辅助求解函数，简称附加方程。由图 8－4 可知，风机对应孤立节点为 V_{7f}，风网的另一个出入口节点为 V_5，则该附加方程形如式（8－6）所示，用以表明两个出入口之间的风压关系：

$$P_{v5}=P_{v7f} \tag{8-6}$$

综上所述，用以解算图 8－4 所示的风网的方程组如下：

$$\begin{cases} B^TP=R_{diag}\left|Q\right|_{diag}Q-H_f(q_f) \\ BQ+Q_c=0 \\ P_{v5}=P_{v7f} \end{cases} \tag{8-7}$$

8.4.3 多井口情况下的附加变量和附加方程

三井口情况在采矿工程中非常常见，通常主井和副井作为进风口，风井作为出风口，此时总进风和总回风满足风量平衡定律。对于局部风网而言，在如图 8－8 所示的存在采空区漏风的情况下，也可以等效为图 8－6 所示的两进一出通风网络图。

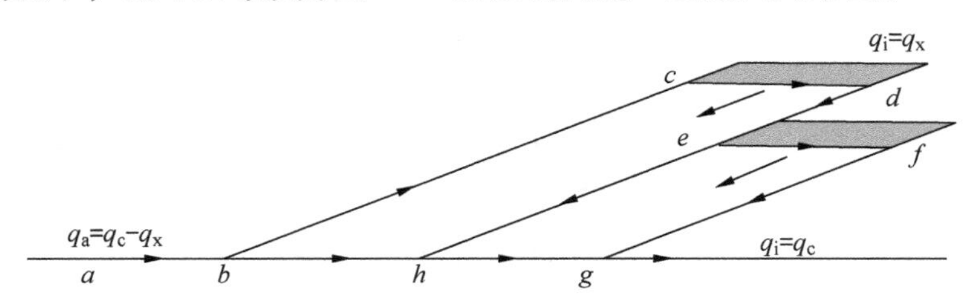

图 8－8　存在采空区漏风的情况

该实例中出口风量已知，两个入口的风量未知，但是根据风量平衡定律，两个入口的风量和应该等于风网出口的风量，故需要引入一个未知量 q_x，假定该未知量代表节点 V_5 的补偿风量，假定出口 V_6 的补偿风量为 -100，则节点 V_7 的补偿风量为 $100-qx$，据此写出该风网的补偿风量列向量：

$$Q_c=(0\quad 0\quad 0\quad q_x\quad -100\quad 100-q_x)^T$$

由于多了一个自变量，因此需要额外附加方程，此时应将节点 V_5、V_7 的风压关系显式表出：

$$P_{v5}=P_{v7}$$

综上所述，用以解算图 8 -6 所示的风网的方程组如下：

$$\begin{cases}B^TP=R_{\text{diag}}|Q|_{\text{diag}}Q\\BQ+Q_c=0\\P_{v5}=P_{v7}\end{cases}\tag{8-8}$$

8.5 节点风压方程组的牛顿法求解

牛顿法是方程或方程组求解中常用的迭代方法，在各个领域中取得了广泛的应用，虽然在某些特殊情况下，会存在初值问题、不收敛等，但在绝大多数情况下均能获得良好的、收敛的目标值。本书的实践证明，利用牛顿法同样可以很好地解决节点风压方程组的求解问题。

牛顿法基于斜率公式估值，利用迭代公式不断地修正估计值与实际值的差，最终获得一定精度的数值逼近。对于任意方程 $F(X)=0$，牛顿迭代公式为：

$$X^{(k+1)}=X^{(k)}-J_a^{-1}(F,X^{(k)})F(X^{(k)})\tag{8-9}$$

式中：上标$(K+1)$、(K)分别代表第 $K+1$ 次、第 K 次逼近，$X^{(k+1)}$、$X^{(k)}$ 分别代表第 $K+1$ 次、第 K 次逼近时的 X 值。$F(X^{(k)})$ 为第 K 次逼近时的函数值。若 $F(X)=0$ 为普通方程，J_a^{-1} 为方程在当前点斜率的倒数，若 $F(X)=0$ 为方程组，J_a^{-1} 为雅克比矩阵的逆矩阵。

8.5.1 牛顿法的参数准备

以式（8 -7）的求解为例，首先应将方程改写成 $F(X)=0$ 的形式：

$$\begin{cases}E_p(P,Q,q_f)=B^TP-R_{\text{diag}}|Q|_{\text{diag}}Q+H_f(q_f)\\E_q(P,Q,q_f)=BQ-Q_c\\E_{qf}(P,Q,q_f)=P_{v5}-P_{v7f}\end{cases}\tag{8-10}$$

将该方程组的因变量用向量 X 表示成如下形式：

$$X=\begin{pmatrix}P\\Q\\q_f\end{pmatrix}=\begin{pmatrix}p_1\\\cdots\\p_{m-1}\\q_1\\\cdots\\q_n\\q_f\end{pmatrix}\tag{8-11}$$

则该方程组统一用函数 $F(X)$ 表示为：

$$F(X)=\begin{pmatrix} E_{\mathrm{p}}(P,Q,q_{\mathrm{f}}) \\ E_{\mathrm{q}}(P,Q,q_{\mathrm{f}}) \\ E_{\mathrm{qf}}(P,Q,q_{\mathrm{f}}) \end{pmatrix}=\begin{pmatrix} e_{\mathrm{p1}}(p_1,\cdots,p_{m-1},q_1,\cdots,q_n,q_{\mathrm{f}}) \\ \cdots \\ e_{\mathrm{pn}}(p_1,\cdots,p_{m-1},q_1,\cdots,q_n,q_{\mathrm{f}}) \\ e_{\mathrm{q1}}(p_1,\cdots,p_{m-1},q_1,\cdots,q_n,q_{\mathrm{f}}) \\ \cdots \\ e_{\mathrm{q}(m-1)}(p_1,\cdots,p_{m-1},q_1,\cdots,q_n,q_{\mathrm{f}}) \\ e_{\mathrm{qf}}(p_1,\cdots,p_{m-1},q_1,\cdots,q_n,q_{\mathrm{f}}) \end{pmatrix}=\begin{pmatrix} f_1(x_1,\cdots,x_{n+m}) \\ \cdots \\ f_{n+m}(x_1,\cdots,x_{n+m}) \end{pmatrix}=0 \tag{8-12}$$

根据雅克比矩阵的定义，该方程组的雅克比矩阵为：

$$J_{\mathrm{a}}(F,X)=\frac{\partial F}{\partial X}=\begin{pmatrix} \frac{\partial f_1}{\partial x_1} & \cdots & \frac{\partial f_1}{\partial x_{n+m}} \\ \cdots & \cdots & \cdots \\ \frac{\partial f_{n+m}}{\partial x_1} & \cdots & \frac{\partial f_{n+m}}{\partial x_{n+m}} \end{pmatrix}$$

$$=\begin{pmatrix} \frac{\partial e_{\mathrm{p1}}}{\partial p_1} & \cdots & \frac{\partial e_{\mathrm{p1}}}{\partial p_{m-1}} & \frac{\partial e_{\mathrm{p1}}}{\partial q_1} & \cdots & \frac{\partial e_{\mathrm{p1}}}{\partial q_n} & \frac{\partial e_{\mathrm{p1}}}{\partial q_{\mathrm{f}}} \\ \cdots & \cdots & \cdots & \cdots & \cdots & \cdots & \cdots \\ \frac{\partial e_{\mathrm{pn}}}{\partial p_1} & \cdots & \frac{\partial e_{\mathrm{pn}}}{\partial p_{m-1}} & \frac{\partial e_{\mathrm{pn}}}{\partial q_1} & \cdots & \frac{\partial e_{\mathrm{pn}}}{\partial q_n} & \frac{\partial e_{\mathrm{pn}}}{\partial q_{\mathrm{f}}} \\ \frac{\partial e_{\mathrm{q1}}}{\partial p_1} & \cdots & \frac{\partial e_{\mathrm{q1}}}{\partial p_{m-1}} & \frac{\partial e_{\mathrm{q1}}}{\partial q_1} & \cdots & \frac{\partial e_{\mathrm{q1}}}{\partial q_n} & \frac{\partial e_{\mathrm{q1}}}{\partial q_{\mathrm{f}}} \\ \cdots & \cdots & \cdots & \cdots & \cdots & \cdots & \cdots \\ \frac{\partial e_{\mathrm{q}(m-1)}}{\partial p_1} & \cdots & \frac{\partial e_{\mathrm{q}(m-1)}}{\partial p_{m-1}} & \frac{\partial e_{\mathrm{q}(m-1)}}{\partial q_1} & \cdots & \frac{\partial e_{\mathrm{q}(m-1)}}{\partial q_n} & \frac{\partial e_{\mathrm{q}(m-1)}}{\partial q_{\mathrm{f}}} \\ \frac{\partial e_{\mathrm{qf}}}{\partial p_1} & \cdots & \frac{\partial e_{\mathrm{qf}}}{\partial p_{m-1}} & \frac{\partial e_{\mathrm{qf}}}{\partial q_1} & \cdots & \frac{\partial e_{\mathrm{qf}}}{\partial q_n} & \frac{\partial e_{\mathrm{qf}}}{\partial q_{\mathrm{f}}} \end{pmatrix}$$

很显然，这是一个分块矩阵，可以改写成

$$J_{\mathrm{A}}(F,X)=\frac{\partial F}{\partial X}=\begin{pmatrix} \frac{\partial E_{\mathrm{p}}}{\partial P} & \frac{\partial E_{\mathrm{p}}}{\partial Q} & \frac{\partial E_{\mathrm{p}}}{\partial q_{\mathrm{f}}} \\ \frac{\partial E_{\mathrm{q}}}{\partial P} & \frac{\partial E_{\mathrm{q}}}{\partial Q} & \frac{\partial E_{\mathrm{q}}}{\partial q_{\mathrm{f}}} \\ \frac{\partial E_{\mathrm{qf}}}{\partial P} & \frac{\partial E_{\mathrm{qf}}}{\partial Q} & \frac{\partial E_{\mathrm{qf}}}{\partial q_{\mathrm{f}}} \end{pmatrix}=\begin{pmatrix} B^T & -2R_{\mathrm{diag}}\left|Q\right|_{\mathrm{diag}} & H_{\mathrm{f}}' \\ 0 & B & Q_{\mathrm{c}}' \\ E_{\mathrm{qf}}' & 0 & 0 \end{pmatrix} \tag{8-13}$$

式中：

$$H_{\mathrm{f}}'=\frac{\partial E_{\mathrm{p}}}{\partial q_{\mathrm{f}}}=\frac{\partial H_{\mathrm{f}}}{\partial q_{\mathrm{f}}}(0\quad 0\quad 0\quad 0\quad 0\quad 0\quad 0\quad sign(q_{\mathrm{f}})h_{\mathrm{f}}')^T$$

$$Q_c' = \frac{\partial E_q}{\partial q_f} = \frac{\partial Q_c}{\partial q_f} = (0 \quad 0 \quad 0 \quad -1 \quad 0 \quad 1)^T$$

$$E_{qf}' = \frac{\partial E_{qf}}{\partial P} = (0 \quad 0 \quad 0 \quad 1 \quad 0 \quad -1)$$

8.5.2 牛顿法解算节点风压方程组的步骤

以式（8－10）的求解为例，其步骤如下：

（1）任取初值 $P^{(0)}$、$Q^{(0)}$、$q_f^{(0)}$ 按式（8－11）上下拼合成列向量 $X^{(0)}$。

（2）将 $P^{(0)}$、$Q^{(0)}$、$q_f^{(0)}$ 和 R、B 作为输入参数送入所研究问题的求解函数，该函数按式（8－10）分别计算出 $E_p^{(0)}$、$E_q^{(0)}$ 和 $E_{qf}^{(0)}$，将这三个向量按式（8－12）拼合成 $Y^{(0)} = F(X^{(0)})$ 作为方程组求解函数的输出。

（3）将 $Q^{(0)}$ 和 R、B 利用式（8－13）所示形式组装成雅克比矩阵 J_a。

（4）按牛顿迭代法公式 $X^{(1)} = X^{(0)} - J_a^{-1}Y^{(0)}$ 计算出 $X^{(1)}$，判断的 $X^{(1)}$ 值是否满足给定的迭代退出条件。若满足，进入第5步；若不满足，将 $X^{(1)}$ 赋给 $X^{(0)}$，进一步将 $X^{(0)}$ 拆分为 $P^{(0)}$、$Q^{(0)}$、$q_f^{(0)}$，进入第2步。

（5）将 $X^{(1)}$ 拆分为 $P^{(1)}$、$Q^{(1)}$、$q_f^{(1)}$，此即所研究问题求解函数的解。

8.6 几种常见情形的具体求解过程

8.6.1 固定风压工况点的风网

以图8－2所示的风网为例，其修正后的求解方程组见式（8－3），首先将方程组改写成风网求解函数：

$$\begin{cases} E_p(P,Q) = B^TP - R_{\text{diag}}|Q|_{\text{diag}}Q + P_c \\ E_q(P,Q) = BQ \end{cases} \tag{8-14}$$

将该方程组的因变量用向量 X 表示成如下形式：

$$X = \begin{pmatrix} P \\ Q \end{pmatrix} \tag{8-15}$$

则该方程组统一用函数 $F(X)$ 表示为：

$$F(X) = \begin{pmatrix} E_p(P,Q) \\ E_q(P,Q) \end{pmatrix} = 0 \tag{8-16}$$

该方程组的雅克比矩阵为：

$$J_a(F,X) = \frac{\partial F}{\partial X} = \begin{pmatrix} B^T & -2R_{\text{diag}}|Q|_{\text{diag}} \\ 0 & B \end{pmatrix} \tag{8-17}$$

在主控制台或主调函数里面，预先定义好风网风阻列向量等参数，由于基本关联矩阵本书前文已经定义，此处不再重复：

```
global R B Pc
B=...    //把前文已定义内容抄上。
```

```
R=[0.0025; 0.01;0.03;0.0533;0.01926;0.00893;0.0025]
Pc=[125,0,0,0,0,0,0]'
```

牛顿法解算的函数和雅克比矩阵模块为：

```
function [Jac,y]=FuncAndItsJac(x)
    global R B Pc
    Pdim=size(B,'r');
    Qdim=size(B,'c');
    X=x;
    P=X(1:Pdim);X(1:Pdim)=[];    //取得风压向量，并拼合向量中相应的部分。
    Q=X(1:Qdim);X(1:Qdim)=[];
    ep=B'*P-R.*abs(Q).*Q+Pc;
    eq=B*Q
    y=[ep;eq]
    Jac=[B',-2*diag(R.*abs(Q));zeros(Pdim,Pdim),B]
endfunction
```

初始值可以用随机变量来实现：

```
x0=rand(11,1)
```

计算结果本书略。

8.6.2 固定风量工况点的风网

以图 8-3 所示的风网为例，其修正后的求解方程组见式（8-4），首先将方程组改写成风网求解函数：

$$\begin{cases}E_p(P,Q)=B^TP-R_{\text{diag}}|Q|_{\text{diag}}Q\\E_q(P,Q)=BQ+Q_c\end{cases}\tag{8-18}$$

将该方程组的因变量用向量 X 表示出，其形式同式（8-15）。

将该方程组的自变量统一用函数 $F(X)$ 表示出，其形式同式（8-16）。

该方程组的雅克比矩阵同式（8-17）。

在主控制台或主调函数里面，预先定义好风网风阻列向量等参数，由于基本关联矩阵本书前文已经定义，此处不再重复：

```
global R B Qc
B=...    //把前文已定义内容抄上。
R=[0.0025; 0.01;0.03;0.0533;0.01926;0.00893;0.0025]
Qc=[0,0,0,0,-100]'
```

牛顿法解算的函数和雅克比矩阵模块为：

```
function [Jac,y]=FuncAndItsJac(x)
```

```
    global R B Qc
    Pdim=size(B,'r');
    Qdim=size(B,'c');
    X=x;
    P=X(1:Pdim);X(1:Pdim)=[];     //取得风压向量，并拼合向量中相应的部分。
    Q=X(1:Qdim);X(1:Qdim)=[];
    ep=B'*P-R.*abs(Q).*Q;
    eq=B*Q+Qc
    y=[ep;eq]
   Jac=[B',-2*diag(R.*abs(Q));zeros(Pdim,Pdim),B]
endfunction
```

初始值可以用随机变量来实现：

```
x0=rand(12,1)
```

计算结果本书略。

8.6.3 主通风机工况点未定风网

其风网求解函数、自变量、因变量和雅克比矩阵在上一节中已经作为示例讲述，本节不再重复。

在主控制台或主调函数里面，预先定义好风网风阻列向量等参数，由于基本关联矩阵本书前文已经定义，此处不再重复：

```
global R B a b c Qcprime dp57
B=...    //把前文已定义内容抄上。
R=[0.0025; 0.01;0.03;0.0533;0.01926;0.00893;0.0025;0]
//分支E8f对应风机分支，风阻为0。
a=3100;b=-0.12;c=-0.035   //风机特性曲线拟合系数。
Qcprime=[0,0,0,-1,0,1]'
dp57=[0,0,0,1,0,-1]
```

牛顿法解算的函数和雅克比矩阵模块为：

```
function [Jac,y]=FuncAndItsJac(x)
    global R B a b c Qcprime dp57
    Pdim=size(B,'r');
    Qdim=size(B,'c');
    X=x;
    P=X(1:Pdim);X(1:Pdim)=[];     //取得风压向量，并拼合向量中相应的部分。
    Q=X(1:Qdim);X(1:Qdim)=[];
```

```
    qx=X;
    Qc=[0,0,0,-qx,0,qx]'    //指定节点5的风量的附加值，注意删掉了节点7。
    Pc=[0,0,0,0,0,0,0,sign(qx)*(a+b*abs(qx)+c*abs(qx)^2)]'
    Pcprime=[0,0,0,0,0,0,0,sign(qx)*(b+2*c*abs(qx))]'
    ep=B'*P-R.*abs(Q).*Q+Pc;
    eq=B*Q+Qc
    eq3=P(4)-P(6)
    y=[ep;eq;eq3]
    Jac=[B',-2*diag(R.*abs(Q)),Pcprime;zeros(Pdim,Pdim),B,Qcprime;...
  dp57,zeros(1,Qdim),zeros(1,1)]
endfunction
```

初始值可以用随机变量来实现：

```
x0=rand(15,1)
```

计算结果本书略。

8.6.4 局部通风机工况点未定风网

以图 8－5 所示的风网为例，其修正后的求解方程组见式（8－5），首先将方程组改写成风网求解函数：

$$\begin{cases}E_{\mathrm{p}}(P,Q)=B^{T}P-R_{\mathrm{diag}}\left|Q\right|_{\mathrm{diag}}Q+H_{\mathrm{f1}}(q_{\mathrm{f1}})\\E_{\mathrm{q}}(P,Q)=BQ+Q_{\mathrm{c}}\end{cases}\tag{8-19}$$

将该方程组的因变量用向量 X 表示出，其形式同式（8－15）。

将该方程组的自变量统一用函数 $F(X)$表出，其形式同式（8－16）。

该方程组的雅克比矩阵为：

$$J_{\mathrm{a}}(F,X)=\frac{\partial F}{\partial X}=\begin{pmatrix}B^{T}&-2R_{\mathrm{diag}}\left|Q\right|_{\mathrm{diag}}+H_{\mathrm{f1}}'\\0&B\end{pmatrix}\tag{8-20}$$

其中：

$$H_{\mathrm{f1}}'=(0\quad0\quad0\quad0\quad0\quad sign(q_{\mathrm{f1}})h_{\mathrm{f}}'\quad0\quad0\quad0)_{\mathrm{diag}}$$

在主控制台或主调函数里面，预先定义好风网风阻列向量等参数，由于基本关联矩阵本书前文已经定义，此处不再重复：

```
global R B a b c Qc
B=...    //把前文已定义内容抄上
R=[0.0025;0.01;0.03;0.0533;0.01926;0;0.00893;0.0025;0.03]
//分支E6f对应风机分支，风阻为0。
a=3100;b=-0.12;c=-0.035    //风机特性曲线拟合系数。
Qc=[0,0,0,0,0,0,100]'    //指定节点5的风量的附加值，注意删掉了节点8。
```

牛顿法解算的函数和雅克比矩阵模块为：

```
function [Jac,y]=FuncAndItsJac(x)
    global R B a b c Qc
    Pdim=size(B,'r');
    Qdim=size(B,'c');
    X=x;
    P=X(1:Pdim);X(1:Pdim)=[];     //取得风压向量，并拼合向量中相应的部分。
    Q=X(1:Qdim);X(1:Qdim)=[];
    qx=Q(7)
    hf=sign(qx)*(5a+b*abs(qx)+c*abs(qx)^2)
    hfprime=sign(qx)*(b+2*c*abs(qx))
    Pc=[0,0,0,0,0,hf,0,0,0]'
    Pcprime=zeros(9,9)
    Pcprime(6,6)=hfprime
    ep=B'*P-R.*abs(Q).*Q+Pc;
    eq=B*Q+Qc
    y=[ep;eq]
    Jac=[B',-2*diag(R.*abs(Q))+Pcprime;zeros(Pdim,Pdim),B]
endfunction
```

初始值可以用随机变量来实现：

```
x0=rand(15,1)
```

计算结果本书略。

8.6.5 多井口风网

以图 8－6 所示的风网为例，其修正后的求解方程组见式（8－8），首先将方程组改写成风网求解函数：

$$\begin{cases}E_{\mathrm{p}}(P,Q,q_{\mathrm{x}})=B^{T}P-R_{\mathrm{diag}}|Q|_{\mathrm{diag}}Q\\E_{\mathrm{q}}(P,Q,q_{\mathrm{x}})=BQ+Q_{\mathrm{c}}\\E_{\mathrm{qx}}(P,Q,q_{\mathrm{x}})=P_{\mathrm{v5}}-P_{\mathrm{v7}}\end{cases}\tag{8－21}$$

将该方程组的因变量用向量 X 表示成如下形式

$$X=\begin{pmatrix}P\\Q\\q_{\mathrm{x}}\end{pmatrix}\tag{8－22}$$

则该方程组统一用函数 $F(X)$ 表示为：

$$F(X)=\begin{pmatrix}E_{\mathrm{p}}(P,Q,q_{\mathrm{x}})\\E_{\mathrm{q}}(P,Q,q_{\mathrm{x}})\\E_{\mathrm{qx}}(P,Q,q_{\mathrm{x}})\end{pmatrix}=0\tag{8－23}$$

该方程组的雅克比矩阵为：

$$J_{\mathrm{a}}(F,X)=\frac{\partial F}{\partial X}=\begin{pmatrix} B^{T} & -2R_{\mathrm{diag}}|Q|_{\mathrm{diag}} & 0 \\ 0 & B & Q'_{\mathrm{c}} \\ E'_{qx} & 0 & 0 \end{pmatrix} \tag{8-24}$$

式中：

$$Q'_{\mathrm{c}}=\frac{\partial E_{\mathrm{q}}}{\partial q_{\mathrm{x}}}=\frac{\partial Q_{\mathrm{c}}}{\partial q_{\mathrm{x}}}=(0\quad 0\quad 0\quad 1\quad 0\quad -1)^{T}$$

$$E'_{\mathrm{qx}}=\frac{\partial E_{\mathrm{qx}}}{\partial P}=(0\quad 0\quad 0\quad 1\quad 0\quad -1)$$

在主控制台或主调函数里面，预先定义好风网风阻列向量等参数，由于基本关联矩阵本书前文已经定义，此处不再重复：

```
global R B dqx dp57
B=...    //把前文已定义内容抄上。
R=[0.0025; 0.01;0.03;0.0533;0.01926;0.00893;0.0025;0.0025]
dqx=[0,0,0,-1,0,1]';     //删掉了节点1，所有节点号向前移。
dp57=dqx'
```

牛顿法解算的函数和雅克比矩阵模块为：

```
function [Jac,y]=FuncAndItsJac(x)
    global R B dqx dp57
    Pdim=size(B,'r');
    Qdim=size(B,'c');
    X=x;
    P=X(1:Pdim);X(1:Pdim)=[];     //取得风压向量，并拼合向量中相应的部分。
    Q=X(1:Qdim);X(1:Qdim)=[];
    qx=X;
    Qc=[0,0,0,-qx,100,-100+qx]'
    //指定节点6的风量的附加值，注意删掉了节点1，所有号向前移。
    ep=B'*P-R.*abs(Q).*Q;
    eq=B*Q+Qc
    eq3=P(6)-P(4)
     //指定节点5和节点7风压相等的附加方程，注意删掉了节点1，所有号往前挪。
    y=[ep;eq;eq3]
    Jac=[B',-2*diag(R.*abs(Q)),zeros(Qdim,1);zeros(Pdim,Pdim),...
    B,dqx; dp57,zeros(1,Qdim),zeros(1,1)]
endfunction
```

初始值可以用随机变量来实现：

```
x0=rand(15,1)
```

计算结果本书略。

8.7 采空区漏风的模拟问题

煤矿长壁式开采后形成的采空区，由于漏风和遗煤的存在，常常成为自然发火的隐患区。对采空区进行漏风的数值模拟时，根据解算精细度的不同，可以分别在平行于长壁方向和垂直于长壁方向划分不同数量的网格，形成一个大的规律排列的等效风网，如图8-9所示。利用编程的方式按图示分支节点的排列规律生成独立回路矩阵B。该风网内部的风流流动与漏风同样遵循通风网络物理规律，即风量平衡定律、风压平衡定律和通风阻力定律。其中通风阻力定律形式有所不同，由于采空区内的风流表现为渗流形式，因此其阻力方程可以表示为：

$$h = r_s q + r_t q^2 \tag{8-25}$$

式中：r_s 为层流滤流阻力，r_t 为紊流滤流阻力。

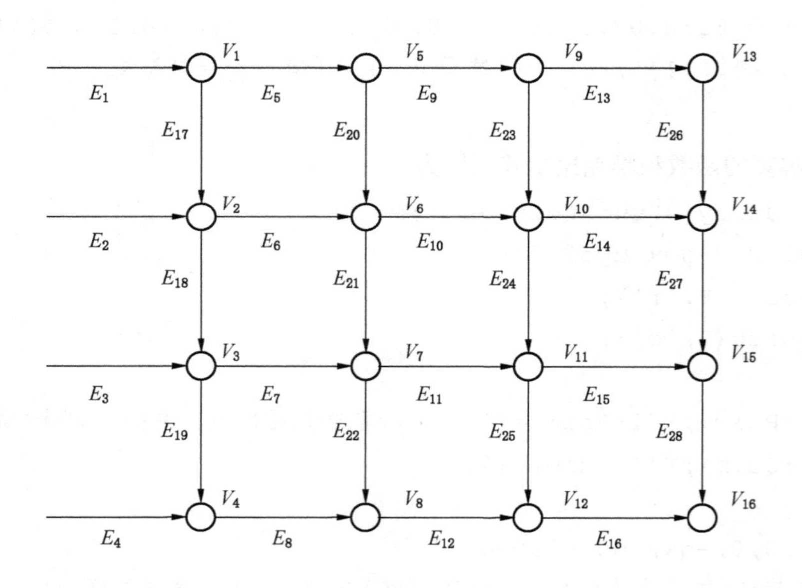

图8-9 复杂通风网络

相应的，分支阻力方程应改写为：

$$B^T P + P_c = (R_s)_{\text{diag}} Q + (R_t)_{\text{diag}} |Q|_{\text{diag}} Q \tag{8-26}$$

式中：R_s 为层流滤流阻力列向量，R_t 为紊流滤流阻力列向量。

进一步的，其节点风压方程组求解函数为：

$$\begin{cases} E_p(P,Q) = B^T P + P_c - (R_s)_{\text{diag}} Q - (R_t)_{\text{diag}} |Q|_{\text{diag}} Q \\ E_q(P,Q) = BQ \end{cases} \tag{8-27}$$

对应的雅克比矩阵应该改写为：

$$J_a(F,X)=\frac{\partial F}{\partial X}=\begin{pmatrix} B^T & (-2(R_t)_{diag}|Q|-R_s)_{diag} \\ 0 & B \end{pmatrix} \tag{8-28}$$

对形式如图 8-9 所示的采空区，利用节点风压法同样能够很好地进行求解。

8.7.1 基本关联矩阵的书写

很显然，图 8-9 所示是一个含有孤立分支的复杂通风网络，并且纵向分支和横向分支的排列规律在图上能明显看出。针对这种风网，其基本关联矩阵可以通过编程的形式进行书写。其思路是，首先建立节点分支关系表 *NB*，见表 6-2，然后通过前面章节已经介绍过的自定义函数 *NB2A*(*NB*)将 *NB* 翻译为节点分支关联矩阵 ***A***，本章中已经论述过，此处 ***A*** 也是基本关联矩阵 ***B***。

```
function [A,N]=BofGrid(n)
//自动书写大型方格连接通风网络的节点分支关联矩阵A，n为正方形研究区域每行（列）
//的节点数，节点之间按矩形连接。
    N=[]
    zb=[]
    //------先处理孤立分支---------------------
 EdgeNo=(1:n)'
 VB=zeros(EdgeNo)
 VE=(1:n)'
  N=[N;[EdgeNo,VB,VE]]
    //------先处理横向非孤立分支，共有n行，n-1列-----
 EdgeNo=(1:n*(n-1))+n
 EdgeNo=matrix(EdgeNo,n,n-1)
 VNo=1:n*n
 VNo=matrix(VNo,n,n)
 for i=1:n-1
    N=[N;[EdgeNo(:,i),VNo(:,i),VNo(:,i+1)]]
 end
    //------再处理竖向分支，共有n-1行，n列-----
 EdgeNo=(1:n*(n-1))+n*n
 EdgeNo=matrix(EdgeNo,n-1,n)
 EdgeNo=EdgeNo'
 VNo=VNo'
 for i=1:n-1
    N=[N;[EdgeNo(:,i),VNo(:,i),VNo(:,i+1)]]
 end
```

```
//---------将N转化为B-----------------------
    A=NB2A(N)
endfunction
```

8.7.2 漏风风阻的计算

根据唐明云等的文章“基于通风网络理论及试验的采空区自燃‘三带’分析”所述，在考虑采空区倾向的情况下，漏风风阻的计算公式为：

$$r_s = ax^c \frac{l}{sk_y}$$

$$r_t = bx^{0.5c} \frac{l}{s^2 k_y} \tag{8-29}$$

式中，a，b 为经验系数，取决于顶板冒落岩石性质，由表 8-1 决定；y 为采空区内的点在倾向上距离低标高边界的距离，m；x 为采空区内的点距离工作面的距离，m；l 为采空区滤流分支的长度，m；s 为采空区内滤流分支的截面积，m^2；c 为冒落岩石的压实系数，按下式计算：

表 8-1 不同冒落岩石的 a，b 值

冒落岩石种类	a	b
松软黏土岩、页岩	0.6～1.0	101
中硬黏土页岩	0.2～0.5	71～100
硬黏土页岩、砂岩	0.06～0.1	51～70
砂岩、石灰岩	0.03～0.05	35～50

$$c = 1.0e^{0.1(5.0 - V_f)} \tag{8-30}$$

其中 V_f 为工作面回采速度，m/d。

采空区倾向风阻变化系数（k_y）按下式计算：

$$k_y = \frac{H_1}{H_2} + \left(1 - \frac{H_1}{H_2}\right)\sin\left(\frac{\pi}{l_y}y\right)$$

式中 H_1 为采空区中部覆岩下沉量，m；H_2 为上、下边界覆岩的下沉量，m；l_y 为采空区倾向长度，m。

根据以上叙述，可以很容易地在 Scilab 里面编程实现漏风风阻两个阻力的计算：

```
function [R1,R2]=R1R2(x,y,a,b,l,s,ly,h1h2,vf)
//a,b根据不同岩性冒落岩石，可以查表获得，x采空区内距离工作面的距离，l采空区滤
//流分支的长度，s采空区滤流分支的截面积，ly采空区倾斜长度，y为采空区中的点距
//标高最低处的倾斜距离，h1h2采空区中部下沉量与上下边界下沉量的比值，vf工作面回
//采速度，根据以上输入参数，算出渗流公式h=r1q+r2q^2中的两个系数。
```

```
    ky=h1h2+(1-h1h2)*sin(%pi*y/ly);
    c=exp(0.5-0.1*vf);
    R1=a*(x^c)*l/(s*ky);
    R2=b*(x^(0.5*c))*l/((s^2)*ky);
endfunction
```

调用该函数，针对图 8 -9 所示的风网，假定采空区为 200 m×200 m 的矩形区域，采高假设为 2 m，推进速度为 3 m/d。将采空区划分为 $n\times n$ 的小网格，每个小网格等效为一个滤流分支，计算出滤流分支长度和面积。以图中各分支的中点位置为基准，分别计算 x，y。其余参数参照唐明云的文献选取。在此基础上，可通过编程获取图 8 -9 中各个分支的风阻。

```
function [R1,R2]=gotr1r2(n)
    a=0.04,b=40,ly=200,h1h2=1.3,vf=3,l=ly/n,s=2*ly/n
    //孤立分支和横向分支。
    x=0.5:1:n-0.5
    [xH,yH]=meshgrid(x)
    xH=xH(1:$);     yH=yH(1:$)
    //纵向分支
    x=1:n;     y=1:n-1
    [xV,yV]=meshgrid(x,y)
    xV=xV(1:$);     yV=yV(1:$)
    //合并起来，并进行坐标换算。
    xH=[xH,xV];     yH=[yH,yV]
    xH=xH*ly/n;     yH=yH*ly/n
    R1=[],R2=[]
    for i=1:2*n^2-n
    [R1tmp,R2tmp]=R1R2(xH(i),yH(i),a,b,l,s,ly,h1h2,vf)
    R1=[R1;R1tmp],R2=[R2;R2tmp]
    end
endfunction
```

8.7.3 风压补偿向量

风压补偿向量的数值由田垚等人的文章“U 形通风工作面采空区漏风规律研究”中给出的距离端头不同距离的地点风压实测数据插值而来，具体实现语句如下：

```
global Pc Qdim
Pc=zeros(Qdim,1);     //补偿风压,Qdim为分支个数。
lx=[0,118,177,230];
```

```
Px=[912.5,910.3,909.2,908.7]*100
d=splin(lx,Px);
Pxn=interp(linspace(0,237,n),lx,Px,d);    //n为纵横向网格个数。
Pc(1:n)=Pxn';
```

8.7.4 求解函数和雅克比矩阵

很显然，求解函数和雅克比矩阵模块需要根据式（8-27）和式（8-28）重新书写。

```
function [Jac,y]=FuncAndItsJac(x)
//该函数用来处理孤立分支，横竖向相等的方格形规则风网的节点风压法的解算，用来模
//拟采空区，其中R1和R2分别代表等效分支的层流、紊流渗流风阻。
    global B R1 R2 Pc Pdim  Qdim
    X=x;
    P=X(1:Pdim);X(1:Pdim)=[];
    Q=X(1:Qdim);X(1:Qdim)=[];
    ep=B'*P-R1.*Q-R2.*abs(Q).*Q+Pc;
    eq=B*Q
    y=[ep;eq]
    Jac=[B',-2*diag(R2.*abs(Q))-diag(R1);zeros(Pdim,Pdim),B]
endfunction
```

8.7.5 风速场和风压场的查看

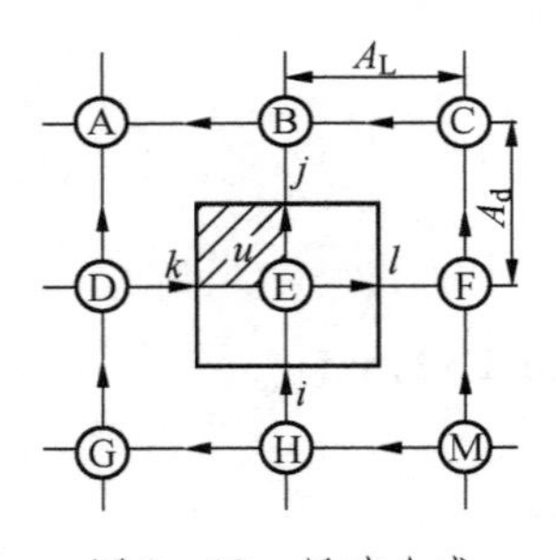

图 8-10　风速合成

在前面进行模拟的时候，将采空区内的过风裂隙等效成了纵横相交的分支，而实际风流的方向是不拘泥于等效的纵横风向的，因此，在查看风流场时，需要再将等效风流进行合成，合成方法参见何晓晨的硕士论文“基于网络解算的采空区流场节点压力解算方法研究”一文。如图 8-10 所示，阴影部分的风速为 V_u，包围阴影的两分支风速分别为 V_j、V_k，风速的合成使用的是大家熟知的矢量合成法则。

$$V_u = \sqrt{V_j^2 + V_k^2}$$

方向由矢量合成的平行四边形法则确定。

为了画出风流的方向，需要用到 *xarrows* 函数，该函数的简单语法规则为：

```
xarrows(nx, ny ,arsize)
```

其中 n_x，n_y 均为两行多列的矩阵，其中第一行分别指定要画的带箭头直线的箭尾 x、y 坐标，第二行分别指定箭头 x、y 坐标。*arsize* 用来指定箭头的大小。

本示例函数中，假定箭尾位于阴影区的中心位置。将纵横分支的风量缩放到［-0.5,

0.5］区间，阴影部分中心点的 x 坐标加上相邻横向分支的风量得到箭头横坐标，阴影部分中心点的 y 坐标加上相邻纵向分支的风量得到箭头的纵坐标。假定左上角节点 V_1 坐标为（1，1），则模拟采空区的风速场的函数如下：

```
function velfield(normQv)
   Ln=length(normQv);    n=roots([2,-1,-Ln])
   n=n(n>0)    //根据风量个数，求风网网格大小。
   normQv=normQv/(2*max(normQv))    //为绘图好看，缩放一下。
   XL=0.75:(n-1)+0.75;    XR=1.25:(n-1)+0.25
   YU=1.25:(n-1)+0.25;    YD=1.75:(n-1)+0.75
   [XLU,YLU]=meshgrid(XL,YU);    [XRU,YRU]=meshgrid(XR,YU)
   [XLD,YLD]=meshgrid(XL,YD);    [XRD,YRD]=meshgrid(XR,YD)
   XLU=XLU(1:$);    XRU=XRU(1:$);    XLD=XLD(1:$)
   XRD=XRD(1:$);    YLU=YLU(1:$);    YRU=YRU(1:$)
   YLD=YLD(1:$);    YRD=YRD(1:$)
   QX=normQv(1:n^2); QX=matrix(QX,n,n)    //横向分支。
   QXLU=QX(1:$-1,:);    QXLU=QXLU(1:$)
   QXRU=QX(1:$-1,1:$-1);    QXRU=QXRU(1:$)
   QXLD=QX(2:$,:);    QXLD=QXLD(1:$)
   QXRD=QX(2:$,1:$-1);    QXRD=QXRD(1:$)
   QY=normQv((n^2+1):$)    //纵向分支。
   QYLU=QY';    QYLD=QY'
   QY=matrix(QY,n-1,n)
   QYRU=QY(:,1:$-1);    QYRU=QYRU(1:$);    QYRD=QYRU
   X=[];    Y=[]
   X=[X,[XLU;XLU+QXLU]];    Y=[Y,[YLU;YLU+QYLU]]    //左上角。
   X=[X,[XRU;XRU+QXRU]];    Y=[Y,[YRU;YRU+QYRU]]    //右上角。
   X=[X,[XLD;XLD+QXLD]];    Y=[Y,[YLD;YLD+QYLD]]    //左下角。
   X=[X,[XRD;XRD+QXRD]];    Y=[Y,[YRD;YRD+QYRD]]    //右下角。
   xarrows(X,Y,1.5)
   mtlb_axis('equal');  mtlb_axis('tight')
endfunction
```

获得的模拟风速场如图 8－11 所示。

类似的，也可以得到节点风压的等高线图：

```
function Pcontour(P)
//画出等风压线。
    n=length(P);    n=sqrt(n)
```

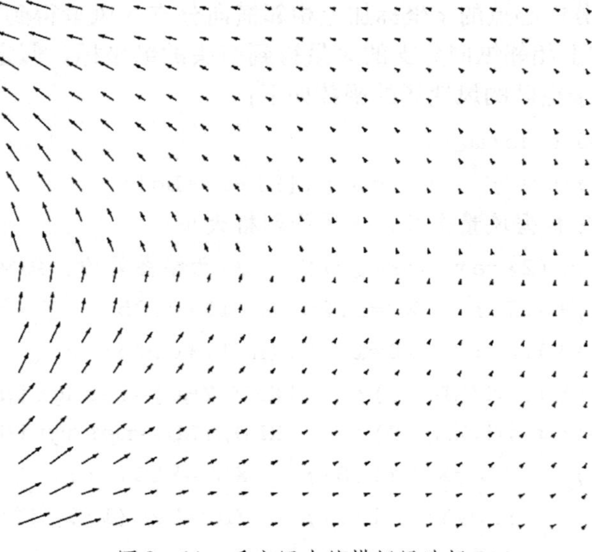

图 8-11　采空区内的模拟风速场

```
    zbx=1:n;     zby=1:n
    P=matrix(P,n,n)
    contour(zbx,zby,P',20)
    mtlb_axis('equal');  mtlb_axis('tight')
endfunction
```

具体原理不再讲述，获得的节点风压等高线图如图 8-12 所示。

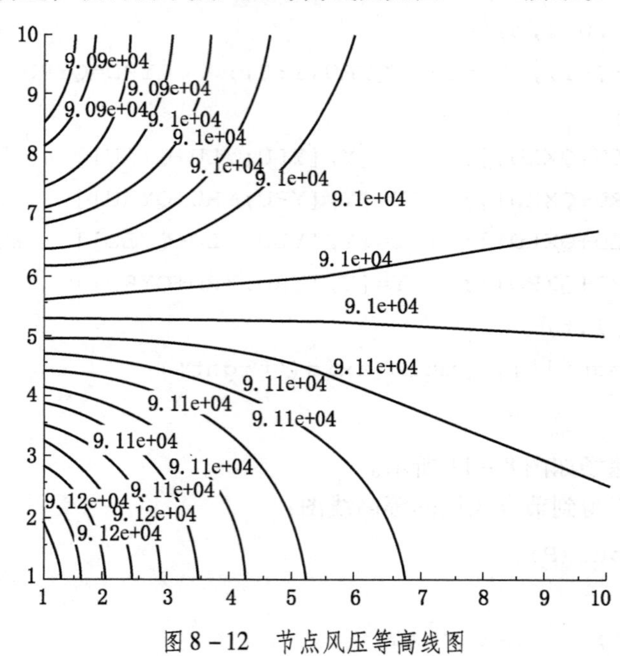

图 8-12　节点风压等高线图

9 Scilab 与事故树分析

9.1 字符串数据

在 Scilab 中，字符串是进行文本操作的基本单位，它是一个或多个单词的集合。实际上，本书在前面的章节已经多次用到字符串，如给绘制的图像添加标题、坐标轴标记和图例；以文本形式存储的科研数据的读写；计算机输入输出的信息等。

9.1.1 字符串和字符串向量（矩阵）的生成

字符串的定义非常简单，在书写好的字符串两侧添加‘’或“”即可：

```
--> a='Hear',b="me",c='roar'     //单双引号均可。
 a  =
  "Hear"
 b  =
  "me"
 c  =
  "roar"
```

同数值型向量类似，可以用同样的规则直接书写或拼合生成字符串向量：

```
--> Stark=['Winter',"is","coming"]
 Stark  =
  "Winter"  "is"  "coming"
--> Lannister=[a,b,c]
 Lannister  =
  "Hear"  "me"  "roar"
```

当然，也可以定义字符串列向量，或通过转置获得字符串列向量：

```
--> Greyjoy=['We';'don''t';'sow']     //字符串本身里面的'用''来代替。
 Greyjoy  =
  "We"
  "don't"
  "sow"
--> Greyjoy=Greyjoy'
```

```
 Greyjoy  =
  "We"  "don't"  "sow"
```

类似于数值型矩阵的定义，字符串也能构成矩阵的形式，可以直接定义，也可以是拼合而来：

```
--> BaraArry=['Ours','is','the','Fury';'as','High','as','Honor']
 BaraArry  =
  "Ours"  "is"    "the"  "Fury"
  "as"    "High"  "as"   "Honor"
--> LanStaGre=[Lannister;Stark;Greyjoy]
 LanStaGre  =
  "Hear"    "me"     "roar"
  "Winter"  "is"     "coming"
  "We"      "don't"  "sow"
```

9.1.2　字符串向量的连接与字符串的分割

如上一节所示，以向量或矩阵形式存储的字符串，在特定情况下，需要把它们连接起来，形成一个大的字符串，利用函数 *strcat* 可以实现这一功能：

```
txt = strcat(strings, string_added)
txt = strcat(strings, string_added, "r")
txt = strcat(strings, string_added, "c")
```

该函数的输入参数 *strings* 是要进行合并的字符串向量或矩阵，*string_added* 用来分隔开要合并的字符串向量或矩阵的各元素，如果不加该参数的话，默认用空格隔开，输出参数 *txt* 是合并后的字符串。“*r*”表示在列的方向连接，形成一个字符串行向量，和“*c*”表示要在行的方向连接，形成一个字符串列向量。

```
--> Theon=strcat(Greyjoy,'-')
 Theon  =

  "We-don't-sow"
--> Br=strcat(BaraArry,'*','r')
 Br  =
  "Ours*as"  "is*High"  "the*as"  "Fury*Honor"
--> Bc=strcat(BaraArry,'@','c')
 Bc  =
  "Ours@is@the@Fury"
  "as@High@as@Honor"
```

反之，如果想要把一个大字符串根据某个符号分割成多个字符串组成的向量，可以使

用 *tokens* 函数来完成：

```
Chunks = tokens(str, separators)
```

该函数的输入参数 *str* 代表要切割的字符串，*separators* 代表据以进行切割的字符或字符串，*Chunks* 为切割所得的字符串向量。

```
--> Reek=tokens(Theon,'''')
//要是用 '分割的话，需要写成'',另外两个引号是字符串标记符。
 Reek  =
  "We-don"
  "t-sow"
```

上述两个函数的实质是对句子根据特定字符分割成单词，或将单词用特定字符连接成句子。有时候，我们需要将单词拆分成单个的字母，这时候要用到 *strsplit* 函数。该函数可以实现按指定位置对单词进行拆分，也可以实现根据特定字符串进行单词拆分等复杂功能，如果输入参数仅给出要拆分的字符串，则该函数对该字符串进行逐字母拆分：

```
--> strsplit('Scilab')
 ans  =
  "S"
  "c"
  "i"
  "l"
  "a"
  "b"
```

注意拆分成的结果为字母列向量，如果需要变为行向量的话，执行转置操作即可。该函数的更复杂使用方法读者可以参考帮助文档。

9.1.3 字符串相关的函数

与字符串操作相关的函数很多，具体可参照帮助文档，根据任务的需要，本章介绍如下两个函数：

1. *string* 将数值变为字符串

该函数实现了将给定数值变为字符串的功能，使用非常简单：

```
--> Pai=string(%pi/4)
   Pai  =
   "0.7853982"
```

2. *gsort* 对数值型、字符型和逻辑型向量进行排序

其语法为：

```
 B = gsort(A, method, direction)
```

式中，*A* 为要排序的向量，method 指定排序方法（对字符串而言，如经典的字典排序，字符串长度参与排序等），direction 指定排序方向。具体排序方法和排序方向参考帮助文档。

```
--> StrAr=[ "X1","X4","X7","X3", "X6","X1"]
 StrAr  =
  "X1"  "X4"  "X7"  "X3"  "X6"  "X1"
--> GStr=gsort(StrAr,'g','i')    //字典排序方法，升序方向。
 GStr  =
  "X1"  "X1"  "X3"  "X4"  "X6"  "X7"
```

9.1.4 字符串形式的表达式执行

对于用字符串形式给出的公式或算式，如果字符串里面的变量已经赋值，则可以用 evstr 函数对这个公式或算式进行计算，该函数的语法结构：

```
H = evstr(M)
```

函数中输入参数 *M* 为字符串形式的表达式，可以是不含变量的数值算式，也可以是含有未知量、函数的公式，*H* 为计算结果。

以下演示了如何使用 evstr 函数：

```
--> Y1='sin(X/4)',Y2='sqrt(X)',Y3='X^2'
//先定义表达式。
 Y1  =
  "sin(X/4)"
 Y2  =
  "sqrt(X)"
 Y3  =
  "X^2"
--> X=%pi;    //对变量进行赋值。
--> evstr(Y1),evstr(Y2),evstr(Y3)    //对字符型表达式求值。
 ans  =
   0.7071068
 ans  =
   1.7724539
 ans  =
   9.8696044
```

当然，如果表达式里面不含有未知量，仅含有数值和函数的话，其使用更为简单：

```
--> evstr('(2^0.5)/2'),evstr('sin(%pi/4)')
 ans  =
```

```
  0.7071068
 ans  =
  0.7071068
```

前已述及，该函数变相地实现了将字符串变为数字的功能，所以很多时候 strtod 函数可以由 evstr 代替。

```
--> evstr('3.1415')
 ans  =
  3.1415
```

通过前面的实例，我们可以发现，*evstr* 函数功能仅仅局限在对以公式形式写出的表达式进行计算。然而，在计算机程序设计中，有很多的表达式并不是执行计算操作，比如赋值语句，流程控制语句等，对这些语句，*evstr* 函数是无能为力的。但是，在一些特定的情况下，处理用字符串表出的非计算类语句还是一种难以替代的需求。比如：对于数量众多的变量的多次赋值，如果将所有变量均在程序源代码里面用语句一一赋值，将会非常烦琐，没有效率，这种情况下，可以使用 *execstr* 函数来解决这一问题。

该函数的基本使用语法如下：

```
execstr(instr)
```

其中输入参数 *instr* 为字符串向量，对于需要用多个语句才能完成的功能，将这些语句以向量的形式写入 *instr* 中，*execstr* 可以执行这些语句。

下面的例子用一个脚本演示了如何根据用户自定义规则自动生成 10 个变量并赋值：

```
for i=1:10
    Str=strcat(['PX',string(i),'=',string(rand())])
    execstr(Str)
end
```

查看变量浏览器，可以发现系统自动生成了 10 个变量，并赋了随机值，如图 9－1 所示。

变量浏览器

	名称	数值	类型:	可见性	内存
	PX1	0.662	双精度	local	216 B
	PX10	0.308	双精度	local	216 B
	PX2	0.726	双精度	local	216 B
	PX3	0.199	双精度	local	216 B
	PX4	0.544	双精度	local	216 B
	PX5	0.232	双精度	local	216 B
	PX6	0.231	双精度	local	216 B
	PX7	0.216	双精度	local	216 B
	PX8	0.883	双精度	local	216 B
	PX9	0.653	双精度	local	216 B
ab	Str	1x1	字符串	local	244 B

图 9－1　自动生成的 10 个变量

9.2 Cell 数据类型

前面已经述及，常用的数据类型有数值型、逻辑型和字符串型。将大量的数据按照一定的规律组合起来，形成一个数据集合，这种组织起来的数据类型称为构造类型。将同类型的数据组合起来，向量或矩阵这两种构造类型即可完成这一任务。如果将不同的数据类型组合在一起，可以由结构体、Cell 体等构造类型完成。本章根据任务需要，仅介绍 Cell 构造类型。

Cell 构造类型可以类比为集装箱：对于现代运输业中常用的集装箱，每个集装箱里面可以装载不同种类、不同数量的货物，甚至可以装载另外一个小集装箱，也就是说集装箱里装的内容没有限制，但是集装箱的外形是统一的。集装箱可以单个使用，装载在汽车上，可以排成一列，装载在火车上，也可以平铺或堆叠，装载在轮船上，从而构成不同的集装箱组合形式。将 Cell 构造数据类型的每个小单元看成集装箱，就可以理解 Cell 构造数据类型的本质了。

9.2.1 Cell 数据的定义和查看

Cell 构造数据类型可以像向量或矩阵那样直接定义，但是要注意 {} 和 [] 的区别，以下为典型的 Cell 数据定义方法：

1. 直接用 {} 方式定义

```
--> R={'Theon',%T;[170,74,16],'Prince of Iron Land,Ward of Stark'}
  //类似矩阵的定义，将每个元素写出来，用，或；分隔，注意用{}包裹起来。
   R  =
    [1x1 string  ]  [1x1 boolean]
    [1x3 constant]  [1x1 string ]
```

2. 用 [] 方式组装

```
--> Eq1={'V=kQ'},Eq2={'H=RQ^2'},Eq3={'A+AB=A'}
  //先定义三个单独的Cell，注意用的是{}。
   Eq1  =
    [1x1 string]
   Eq2  =
    [1x1 string]
   Eq3  =
    [1x1 string]
--> Eq=[Eq1,Eq2,Eq3]
  //将单独的Cell单元组合成Cell数组，用，或；分隔，注意用[]包裹起来。
   Eq  =
    [1x1 string]  [1x1 string]  [1x1 string]
```

3. 用 makecell 函数

注意该函数第一个参数，例子中的［2，2］，用来指明后续参数的排列方式，即将后续四个参数内容装到 2×2 的四个 cell 单元格中。

```
--> Ram=makecell([2,2],'Ramsay Snow',...
  [172,85,15],%T,'Bastard of Lord Bolton,Kinslayer')
   Ram  =
    [1x1 string ]  [1x3 constant]
    [1x1 boolean]  [1x1 string  ]
```

4. 用 Cell 函数

要建立一个 Cell 矩阵，也可以用 Cell 函数先建立 Cell 矩阵框架，每个单元均为空值，然后修改每个单元的内容。

该函数的常用语法为：

```
c = cell(m1, m2)
```

该函数的功能为：建立一个 $m1$ 行、$m2$ 列的空 cell 矩阵，赋给 c。由于修改内容涉及索引操作，随后会讲到，此处不举例。

在以上例子里，可以看出 Cell 的定义用到了［］和｛｝，其区别在于：用｛｝定义，里面的元素应该是每个 Cell 单元的具体内容，用［］定义，里面的元素应该是已经定义好的单独的 Cell。想象成集装箱，上述 Cell 数据 R 中，｛｝相当于构建了一个 2×2 的集装箱构架，需要往里面填内容。上述 Cell 数据 E_{q1} ~ E_{q3}，相当于用｛｝构建了三个小集装箱，并且往里面填了内容。随后的 E_q 定义中的［］，相当于将三个单独的集装箱排列在了一起。

从上面的例子同时可以看出，类似于集装箱，当你键入一个 Cell 数据的名称时，你看不到里面的内容，仅展示了里面装载的数据类型。想看里面装了什么内容怎么办呢？

（1）使用变量浏览器。在变量浏览器里面找到要查看的变量名，双击前面的小图标，就会弹出一个对话框，里面用框图的形式展示了 Cell 的结构和每个单元里面的内容（图 9-2）。

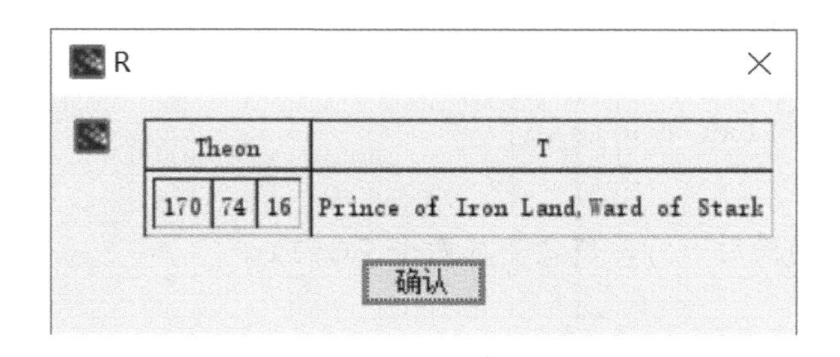

图 9-2 用变量浏览器查看 Cell 数据的内容

（2）使用检索。前面已经讲过，矩阵和向量都可以进行位置检索，Cell 数据也可以通过位置检索获取每个单元里面的内容：

①｛｝检索：

```
--> R{4}
  ans  =
   "Prince of Iron Land,Ward of Stark"
--> R{2,2}
  ans  =
   "Prince of Iron Land,Ward of Stark"
```

可见，｛｝检索支持单、双参数索引，单、双参数含义同矩阵的一样。用｛｝检索获得的是每个单元里面的具体内容。

②（）检索：

```
--> R(4)
  ans  =
   [1x1 string]
--> R(2,2)
  ans  =
   [1x1 string]
```

可见，（）检索也支持单、双参数索引，单、双参数含义同矩阵的一样。用（）检索获得的是每个单元里面装载的数据类型和尺寸。

9.2.2 Cell 数据的修改和删除

检索的目的除了数据的查看、引用之外，更经常地被应用于数据的修改和删除，下面通过具体例子来演示如何进行这一工作。

```
--> R1=R;R2=R;
--> R1($,:)=[]
//用()，删除了R1的最后一行。
 R1  =
  [1x1 string]  [1x1 boolean]
--> R2{$,:}=[]
//用{}，清空了R2的最后一行，使之变成两个空Cell。
 R2  =
  [1x1 string  ]  [1x1 boolean ]
  [0x0 constant]  [0x0 constant]
```

由此可见，如果想删除对应的 Cell 单元（想象着移除一整个集装箱），应该用（）索引。如果仅仅想删除 Cell 单元里面的内容（想象着清除集装箱里面的货物），应该用 {} 索引。

同理，修改工作也应该遵循上述原则：

```
--> R1=R;R2=R;
--> R1(1)={'Theon Greyjoy'};
//()检索出的是Cell矩阵中的单元，所以右侧的修改值也应该是一个Cell单元。
--> R2{1}='Reek,Reek,it rhymes with weak';
//{}检索出的是Cell单元的具体内容，所以右侧的修改值也应该是具体内容。
--> R1{1},R2{1}
 ans  =
  "Theon Greyjoy"
 ans  =
  "Reek,Reek,it rhymes with weak"
```

综上，用 () 检索进行修改时，要改成的内容应该写成 Cell 单元的形式，想象成集装箱，此时应该给待修改位置提供一个装好的集装箱。用 {} 检索进行修改时，要改成的内容应该是 Cell 单元里面要具体存储的内容，想象成集装箱，此时集装箱的壳子已经有了，你只需要提供内容就行。

9.2.3 字符串矩阵转换为 Cell 类型数据

cellstr 函数的语法格式为：

```
c=cellstr(s)
```

cellstr 函数实现的功能很简单，将 s 代表的字符串矩阵（或向量）按行的方向连接，然后每一行变成 cell 数据的一个单元，输出一个 Cell 列向量 c。

```
--> c=cellstr(["abc","def",'gh';"i","j","klm"]);
--> c{1}
 ans  =
  "abcdefgh"
--> c{2}
 ans  =
  "ijklm"
```

9.3 事故树分析和计算

事故树分析法是根据顶事件（事故），层层分析事故发生的原因（中间事件和基本事件）以及其中的逻辑关系（逻辑或、逻辑与以及其他附加条件），从而获得事故发生的可能路径的一种分析方法。将顶事件、中间事件和基本事件用各种逻辑算符连接，获得一个形如图 9－3 左侧图形的树形关系图，称之为事故树 FT。

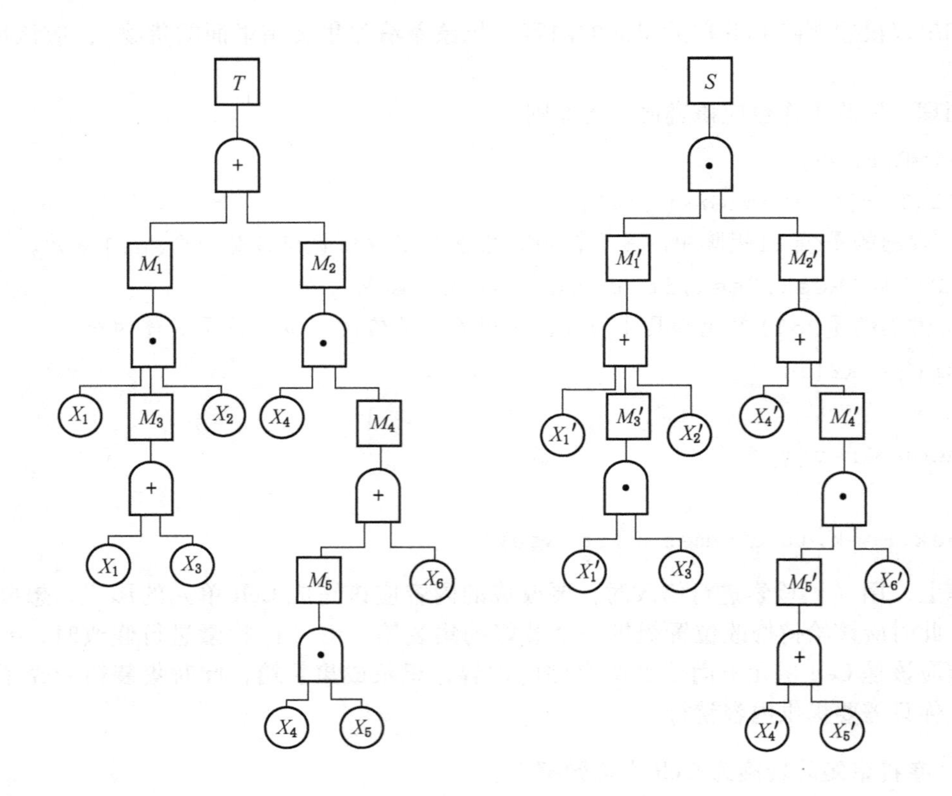

图 9-3　事故树和成功数

若对几个基本事件的关系式 i 进行改写，与门变或门，或门变与门，且原来基本事件的运算顺序不变，得到关系式 j，这个过程称为对偶变换。在安全学领域，事故树 FT 经对偶变换得到的树形关系图称为成功树 ST，如图 9-3 右侧图形。

9.3.1　事故树表达式的存储及运算规则的实现

将事故树中的与门用×表示，或门用+表示，则每个逻辑门的上层事件和下层各事件关系可以写成一个逻辑运算式，如：

$$T = M_1 + M_2$$

按照逻辑门与顶层事件的距离从远到近，也就是自下而上的顺序，可以将图 9-3 左侧的事故树，写成如下表达式序列形式：

$$M_5 = X_4 \times X_5, M_4 = M_5 + X_6, M_3 = X_1 + X_3,$$
$$M_2 = X_4 \times M_4, M_1 = X_1 * M_3 * X_2, T = M_1 + M_2 \tag{9-1}$$

将式（9-1）展开成不含括号的形式，得到：

$$T = X_1X_2X_1 + X_1X_2X_3 + X_4X_4X_5 + X_4X_6 \tag{9-2}$$

由于各事件代表的是某事故的发生或不发生，属于逻辑性数据，因此其运算规则不同于普通的算术运算规则，需要用布尔代数运算规则进行，见表 9-1。

表9-1 布尔代数运算规则

规则名称	a 形式	b 形式	备 注
交换律	$A\times B=B\times A$	$A+B=B+A$	
结合律	$A\times B\times C=A\times(B\times C)$	$A+B+C=A+(B+C)$	
分配率	$A\times(B+C)=A\times B+A\times C$	$A+B\times C=(A+B)\times(A+C)$	专用
等幂率	$A\times A=A$	$A+A=A$	
吸收律	$A+A\times B=A$	$A\times(A+B)=A$	

式（9-2）按照表9-1所示的布尔代数运算规则进行运算，其中分配率只采用 a 形式，其他规则视具体情况灵活选用，最终的计算结果见下式。

$$G_{FT}=X_1X_2+X_4X_5+X_4X_6 \tag{9-3}$$

从式（9-2）到式（9-3）的运算依据是表9-1所示的布尔代数运算规则，Scilab 不能直接处理，为此，需要自行定义表达式存储的构造数据类型和对应的运算规则。

考虑到形如式（9-3）的表达式中相乘项的长度不定，很显然，不能将整个表达式写成字符串矩阵的形式。经综合考量，可以采用 Cell 数据类型来实现表达式的存储，式（9-3）可以定义为：

```
--> CFT={['X1','X2'];['X4','X5'];['X4','X6']};
```

在 Scilab 变量浏览器中查看该变量的存储情况，如图9-4所示。整个表达式写成1列多行的 Cell 结构，每个相乘项写成一个字符串行向量的形式，用一个 Cell 单元进行存储。不同的相乘项放在 cell 的不同单元中，并将所有的 cell 单元排列成列的形式。

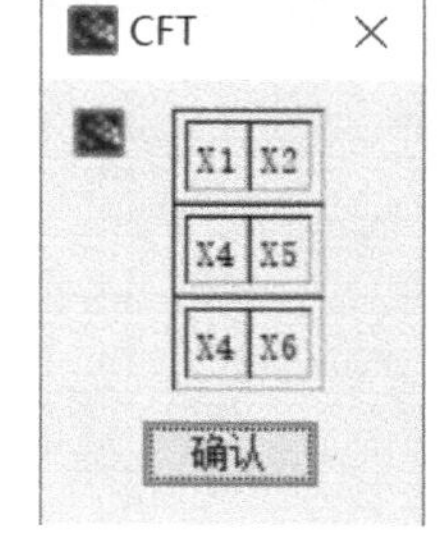

图9-4 事故树表达式的构造数据类型示例

显然，表达式 CFT 是由三个相乘项相加而来，由前面的构造数据类型定义，相乘项相加相当于在 Cell 型数据后面继续添加单元，以下函数实现两个相乘项的相加：

```
function cout=cAc(Cin1,Cin2)
//Cin1,Cin2, cout均为Cell型，每个Cell里面存储一个字符串向量， 每个字符串向
//量代表相乘的事件，不同的字符串之间代表相加，用来实现加法。
    L1=length(Cin1),L2=length(Cin2)
    cout=Cell(L1+L2,1)
    k=1
    for i=1:L1
        cout{k}=Cin1{i}
        k=k+1
    end
```

```
    for i=1:L2
        cout{k}=Cin2{i}
        k=k+1
    end
endfunction
```

使用这个函数，表达式 CFT 也可以由三个相乘项加和而来。由于我们自定义的函数 $cout = cAc(Cin1, Cin2)$ 仅接收两个参数，所以三个相加时，需要嵌套使用相加函数：

```
--> P1={['X1','X2']};
--> P2={['X4','X5']};
--> P3={['X4','X6']};
--> CFT=cAc(cAc(P1,P2),P3)    //嵌套。
 CFT  =
  [1x2 string]
  [1x2 string]
  [1x2 string]
```

计算结果如图 9－5 所示。

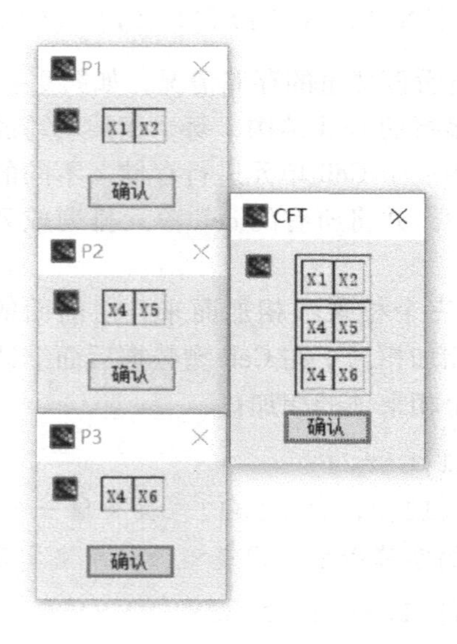

图 9－5　表达式相加的示例

考察表达式 $E_1 = X_1X_2(X_1 + X_3) = X_1X_2X_1 + X_1X_2X_3$，展开时用到了乘法分配律，将该定律写成函数的形式 $cout = cXc(Cin1, Cin2)$。可以将 $Cin1 = X_1X_2$ 存储为一个 cell 数据，$Cin2 = X_1 + X_3$ 存储为 2 行 1 列的 cell 数组，$cout = X_1X_2X_1 + X_1X_2X_3$ 存储为 2 行 1 列的 cell 数组。根据输入输出数据的相对关系，乘法分配律相当于将表达式 $Cin2$ 的每一个 Cell 单

元里的字符串向量里分别添加到 *Cin*1 中的字符串 X_1X_2，形成新的表达式 $X_1X_2X_1 + X_1X_2X_3$。以下函数实现两个表达式的相乘：

```
function cout=cXc(Cin1,Cin2)
//Cin1,Cin2, cout均为Cell型, 每个Cell里面存储一个字符串向量, 每个字符串向
//量代表相乘的事件, 不同的字符串之间代表相加, 用来实现乘法分配率。
    L1=length(Cin1),L2=length(Cin2)
    cout=Cell(L1*L2,1)
    k=1
    for i=1:L1
        for j=1:L2
         cout{k}=[Cin1{i},Cin2{j}]
         k=k+1
         end
    end
endfunction
```

使用这个函数，表达式 $E_1 = X_1X_2(X_1 + X_3)$ 可以根据分配律进行展开：

```
--> P1={['X1','X2']};
--> P2={'X1';'X3'};
--> E1=cXc(P1,P2)
 E1  =
  [1x3 string]
  [1x3 string]
```

计算结果如图 9 -6 所示。

在定义了以上相加和相乘函数的基础上，对图 9 -3 所示的事故树，就可以按式（9 -1）的顺序进行自动展开，建立如下内容的 Scilab 脚本并运行：

```
X1={'X1'};X2={'X2'};X3={'X3'};X4={'X4'};X5={'X5'};X6={'X6'};
//为书写方便, 将每个字符串Cell预定义为同名变量。
M5=cXc(X4,X5);M4=cAc(M5,X6);M3=cAc(X1,X3);M2=cXc(X4,M4);
M1=cXc(cXc(X1,M3),X2);T=cAc(M1,M2)
```

展开后的事故树表达式如图 9 -7 所示。

展开后的事故树表达式需要进一步根据布尔代数运算规则进行化简，依据如下两个运算规则：

（1）等幂律。该定律不考虑其实质，单纯从形式上来看，就是针对字符串向量中的重复元素，去除多余的，只保留一个。本书前面已述，用 *unique* 函数可以实现这一功能。

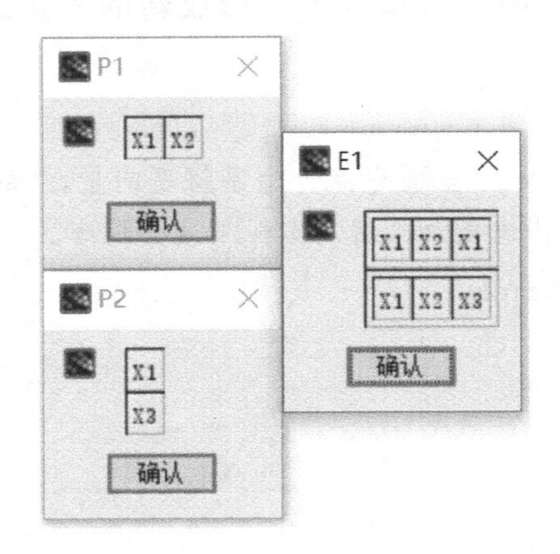

图9-6　表达式相乘的示例

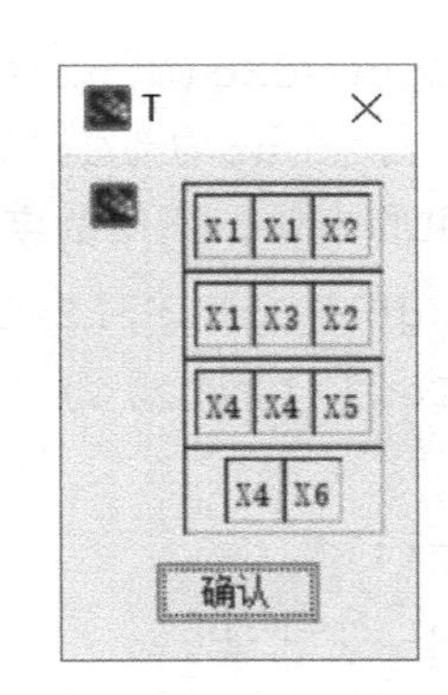

图9-7　表达式相乘的示例

（2）吸收律的 *a* 形式。该定律不考虑其实质，仅从形式上来看，就是如果集合 $S_a \subseteq S_b$，删除 S_b。Scilab 中没有对应的函数，可以利用如下思路进行解决：设 $S_c = S_a \cap S_b$，若 S_c 的元素数与 S_a 相等，则 $S_a \subseteq S_b$。同理，若 S_c 的元素数与 S_b 相等，则 $S_b \subseteq S_a$。本书前面已述，用 *intersect* 函数可以实现求交集的功能。

以下自定义函数用于实现对事故树的展开式依据等幂律和吸收律的 *a* 形式进行化简：

```
function cout=SimpC(Cin)
//---化简Cin后到cout，先用等幂律，即在同一个字符串向量中去除相同元素-----
    Lc=length(Cin)
    for i=1:Lc
        Cin{i}=unique(Cin{i})
    end
//-----------再用吸收律，将子集全部删掉----------------------------------
        Bedell=[]//用来记录要删除的Cell单元号。
    for i=1:Lc
        LArray(i)=prod(size(Cin{i}))
        //取得每个Cell里字符串向量的长度。
        //不用length是因为它取得的是里面每个元素的长度，而不是有多少个元素。
    end
    //以下用来实现吸收律。先判断是否是子集，是的话，删掉那个长的集合。
    for i=1:Lc-1
        for j=i+1:Lc
            ItrArr=intersect(Cin{i},Cin{j})
            if prod(size(ItrArr))==LArray(i)
```

```
                //交集长度等于其中一个集合长度，说明该集合是另一个集合子集。
                Bedell=[Bedell,j]
                //第i个Cell的向量是第j个的子集，删掉j。
            elseif prod(size(ItrArr))==LArray(j)
                Bedell=[Bedell,i]
                //第j个Cell的向量是第i个的子集，删掉i。
            end
        end
    end
    cout=Cin
    cout(Bedell)=[]    //删除前面标定的Cell单元。
endfunction
```

9.3.2 最小割集和最小径集的求解

将事故树中的某些基本事件构成一个集合，如果这些基本事件全部发生了，顶事件必然发生，那么这个集合就称为事故树的割集。从前面的论述可知，事故树的割集就是事故树表达式序列用交换律、结合律、分配律 *a* 形式和等幂律进行化简后得到的表达式的各相乘项。从实操上来看，依次利用前面我们定义的 *cXc*、*cAc* 函数和 *SimpC* 函数（不用其中的吸收率功能）对事故树的表达式序列进行处理，获得的用 Cell 数据格式表示的相乘项就是事故树的割集。

如果在某个割集中任意去除一个基本事件就不再是割集了，这样的割集就称为最小割集。很显然，最小割集就是在求得的所有割集基础上，再利用吸收律进行处理后所得的割集。在事故树的研究中，求取最小割集是一种重要的研究手段。

对于图 9－3 左侧所示事故树，要想求解其最小割集，首先将该事故树写成逻辑表达式形式，利用自定义的 *cXc*、cAc 函数将事故树展开（过程前文已述），得到展开式 *T*（其内容如图 9－7 所示），随后利用自定义函数 *cout* = *SimpC*(*Cin*)，对展开式 *T* 进行化简，得到的化简结果的相乘项就是该事故树的最小割集：

```
--> CFT=SimpC(T)
 CFT  =
   [1x2 string]
   [1x2 string]
   [1x2 string]
```

其结果如图 9－4 所示，该结果表明图 9－3 所示事故树有三个最小割集，每个割集的内容占据一个 Cell 单元。

将事故树中的某些基本事件构成一个集合，如果这些基本事件全部不发生，顶事件必然不发生，那么这个集合就称为事故树的径集。类似的，也可以得到最小径集的概念。

从逻辑关系上讲，最小割集表达式类似于 $G_{FT}=X_1X_2+X_4X_5+X_4X_6$ 的形式，那么最小径集的表达式则类似于 $J_{FT}=(X_1+X_4)(X_2+X_4)(X_1+X_5+X_6)(X_2+X_5+X_6)$ 的形式。J_{FT} 里面的每一个相加项均为一个最小径集。

要想获得一个事故树的最小径集，有如下一些基本途径：

（1）将事故树 *FT* 对偶变换为成功树 *ST*，求取出成功树的最小割集，这个最小割集就是事故树的最小径集。

（2）采用对偶变换，将事故树的最小割集变成成功树的最小径集，然后将成功树的最小径集变换为成功树的最小割集，再对偶变换回事故树的最小径集。这种方法是最容易操作的办法。

（3）直接用布尔代数的运算法则求解最小径集。前两种方法利用我们的自定义函数即可直接进行演示求解，首先看第一种求解事故树最小径集的方法：

```
X1={'X1'};X2={'X2'};X3={'X3'};X4={'X4'};X5={'X5'};X6={'X6'};
M5=cAc(X4,X5);M4=cXc(M5,X6);M3=cXc(X1,X3);M2=cAc(X4,M4);
M1=cAc(cAc(X1,M3),X2);T=cXc(M1,M2)
ST=SimpC(T)
```

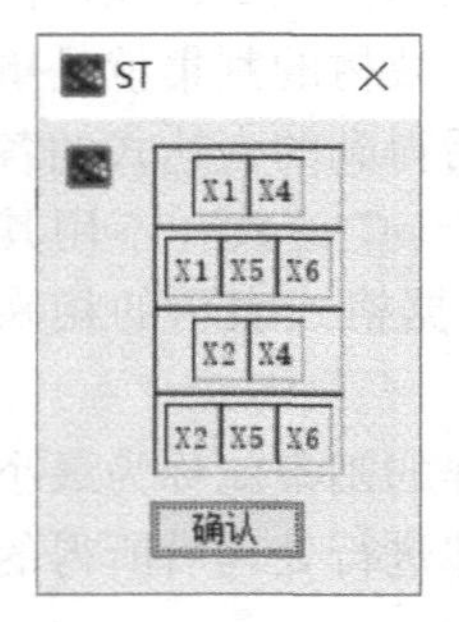

图 9-8　事故树的最小径集

以上脚本中的展开式是基于图 9-3 右侧的成功树进行的，也可以是将事故树的展开式中 *cAc* 和 *cXc* 函数互换而来，其简化函数不用做任何改变，简化后获得的函数输出 *cout* 是 cell 型数据，里面的每个单元存储了一个最小径集。其具体内容如图 9-8 所示，写成表达式形式为 $J_{FT}=(X_1+X_4)(X_2+X_4)(X_1+X_5+X_6)(X_2+X_5+X_6)$。

然后看第二种求解事故树最小径集的方法：

如图 9-4 所示，事故树的最小割集为：$G_{FT}=X_1X_2+X_4X_5+X_4X_6$，将其对偶为成功树的最小径集表达式 $J_{ST}=(X_1+X_2)(X_4+X_5)(X_4+X_6)$，建立如下脚本，将 J_{ST} 展开并化简：

```
X1={'X1'};X2={'X2'};X4={'X4'};X5={'X5'};X6={'X6'};
M1=cAc(X1,X2),M2=cAc(X4,X5),M3=cAc(X4,X6),Pst=cXc(cXc(M1,M2),M3)
cout=SimpC(Pst)
```

获得的结果同第一种方法得到的最小径集是一样的，如图 9-8 所示。

第三种办法，需要改变表达式的数据存储结构和加法、乘法等函数的定义。前面的定义中，每个 Cell 单元中存储的是割集，割集中的元素是相乘关系，不同的 Cell 单元存储的不同的割集，割集和割集之间是相加关系。据此我们定义了 Cell 相乘函数和相加函数。如果直接根据布尔代数法则求取最小径集，我们可以人为让每个 Cell 单元里面存储的是径集，径集中的每个元素之间是相加关系，不同的 Cell 单元存储不同的径集，径集和径集之间是相乘关系，根据这一思路，可以重新定义 Cell 相乘和相加函数。如果读者认真地按照这一思路完成了相关函数的定义，你会发现，你重新定义的 Cell 相加函数就是本书中求割集用的相乘函数，你重新定义的 Cell 相乘函数就是本书中求割集用的相加函数。最后你会发现，按照这种思路，第三种办法同第一种办法实质是等效的。

9.3.3 顶事件发生概率的计算

计算顶事件发生的概率，有两种方法，分别是根据最小割集计算和根据最小径集计算。

首先看根据最小割集计算顶事件发生的概率：

考察最小割集表达式 $G_{FT}=X_1X_2+X_4X_5+X_4X_6$，每个割集是一个与门，割集和割集之间用或门连接。将每个最小割集写成表达式形式 $G_1=X_1X_2$，$G_2=X_4X_5$，$G_3=X_4X_6$，用 P_{G1}、P_{G2}、P_{G3}表示三个割集发生的概率，$P_{X1}\cdots P_{X6}$表示各个基本事件的发生概率。由于最小割集里面无重复事件，且各基本事件互相独立：

$$P_{G1}=P_{X1}P_{X2},P_{G2}=P_{X4}P_{X5},P_{G3}=P_{X4}P_{X6}$$

事故树中各个基本割集之间是或门关系，且各割集互相独立：

$$\begin{aligned}P&=1-(1-P_{G1})(1-P_{G2})(1-P_{G3})\\&=1-(1-P_{X1}P_{X2})(1-P_{X4}P_{X5})(1-P_{X4}P_{X6})\\&=1+P_{X1}P_{X2}+P_{X4}P_{X5}+P_{X4}P_{X6}-P_{X1}P_{X2}P_{X4}P_{X5}-P_{X4}P_{X5}P_{X4}P_{X6}\cdots-\\&\quad P_{X1}P_{X2}P_{X4}P_{X6}+P_{X1}P_{X2}P_{X4}P_{X5}P_{X4}P_{X6}\end{aligned}$$

上述表达式中四次项 $P_{X4}P_{X5}P_{X4}P_{X6}$含有重复概率 P_{X4}，同样，六次项中也含有重复概率 P_{X4}。根据等幂律，这些重复概率应该被唯一化。这么做的原理及其证明本书不做详细讲述。

唯一化后得到的概率计算表达式为：

$$\begin{aligned}P&=1+P_{X1}P_{X2}+P_{X4}P_{X5}+P_{X4}P_{X6}-P_{X1}P_{X2}P_{X4}P_{X5}-P_{X4}P_{X5}P_{X6}\cdots-\\&\quad P_{X1}P_{X2}P_{X4}P_{X6}+P_{X1}P_{X2}P_{X4}P_{X5}P_{X6}\end{aligned}$$

以下函数用来根据最小割集的 cell 数据，经由以下步骤获得计算顶事件发生概率的表达式：

（1）用 *cXc* 函数，将每个割集乘以{'(−1)'}，然后用 *cAc* 函数将上述结果加上{'1'}，得 $1-P_{G1}$，$1-P_{G2}\cdots$

（2）用 *cXc* 函数将上一步所得的每一个结果乘在一起，得$(1-P_{G1})(1-P_{G2})(1-P_{G3})\cdots$

（3）用 *cXc* 函数将上一步所得乘以{'(−1)'}，得 $-(1-P_{G1})(1-P_{G2})(1-P_{G3})\cdots$

（4）用 *cAc* 函数将上一步所得结果加上{'1'}，得 $1-(1-P_{G1})(1-P_{G2})(1-P_{G3})\cdots$

（5）处理结果里每个 Cell 单元里的字符串向量中存在多个‘1’和‘(−1)’的问题。

（6）对每个 Cell 单元里的字符串向量用等幂律进行唯一化处理。

（7）将用 cell 数据存储的概率计算表达式翻译成普通字符串表达式形式。

```
function [Strout,Cout]=Gset2P(Cin)
//用于将最小割集表达式转化成计算概率的表达式，并同时将X变为P。数学模型 X1+ X2+
//X3发生的概率为1-（1-PX1 ）（1-PX2 ）（1-PX3 ），PX1 为X1 的概率，其他类似。Cin,
```

```
//Cout为cell型数据，Strout为字符串。
Lc=length(Cin)
//以下用来计算（1-PX1）（1-PX2）（1-PX3）。
cone={'1'},cnegone={'(-1)'}
Cout=cAc(cone,cXc(cnegone,Cin(1)))
for i=2:Lc
    C2=cAc(cone,cXc(cnegone,Cin(i)))
    Cout=cXc(Cout,C2)
end
//以下将（1-PX1）（1- PX2)（1-PX3）变为-（1-PX1）（1-PX2）（1-PX3）。
   Cout=cXc(cnegone,Cout)
//以下将-（1-PX1）（1-PX2）（1- PX3）变为1-（1-PX1）（1- PX2)（1-PX3）。
   Cout=cAc(cone,Cout)
//以下处理结果里每个单元存在多个1和（-1）的问题。
LCout=length(Cout)
for i=1:LCout
    Delposition=[]    //记录下要删除的1和-1位置。
    Lprob=prod(size(Cout{i}))
    MultCov=1
    for j=1:Lprob
        if Cout{i}(j)=='1'
            //上式Cout第i个单元的内容为一个字符串向量，检索出第j个字符串。
            //上式Cout{i}(j)相当于str=Cout{i}，str(j)。
         Delposition=[Delposition,j]
        end
        if Cout{i}(j)=='(-1)'
         Delposition=[Delposition,j]
         MultCov=- MultCov
        end
     end
      Cout{i}(Delposition)=[]
      Cout{i}=unique(Cout{i})
      //将每个单元进行唯一化处理，对应概率计算中的等幂律。
      if Cout{i}<>[]
          if  MultCov==-1
          Cout{i}=['-',Cout{i}]
```

```
            else
            Cout{i}=['+',Cout{i}]
            end
        end
 end
//-------翻译成字符串表达式-----------------------------------------
Strout=[]
for i=1:LCout
 Cout{i}=strsubst(Cout{i},'X','PX')    //将X替换为PX。
 Rowcat=strcat([Cout{i}(1),strcat(Cout{i}(2:$),'*')])
 Strout=strcat([Strout,Rowcat])
end
Cout(1:2)=[]    //前两个单元是空单元，删除。
endfunction
```

假定图 9-3 左侧的事故树最小割集的 Cell 数据表达式存储在 Cell 数组 *TshrtG* 里面，利用函数 *Gset2P* 可得概率计算式的字符串形式和 Cell 数组形式：

```
--> [Strprob,Cprob]=Gset2P(TshrtG)
 Strprob  =
  "+PX4*PX6+PX4*PX5-PX4*PX5*PX6+PX1*PX2-PX1*PX2*PX4*PX6...
  -PX1*PX2*PX4*PX5+PX1*PX2*PX4*PX5*PX6"
 Cprob  =
  [1x3 string]
  [1x3 string]
  [1x4 string]
  [1x3 string]
  [1x5 string]
  [1x5 string]
  [1x6 string]
```

其中 cell 数组 *Cprob* 的具体内容为如图 9-9 所示。下面研究用最小径集来求解顶事件的发生概率。

如图 9-4 所示，事故树的最小径集中各事件为与门关系，写成表达式形式为 $J_{FT}=(X_1+X_4)(X_2+X_4)(X_1+X_5+X_6)(X_2+X_5+X_6)$，将每个最小径集写成表达式形式 $J_1=X_1+X_4$，$J_2=X_2+X_4$，$J_3=X_1+X_5+X_6$，$J_4=X_2+X_5+X_6$，用 P_{J1}，…，P_{J4}表示四个径集发生的概率。由于最小径集里面无重复事件，且各基本事件互相独立：

$$P_{J1}=1-(1-P_{X1})(1-P_{X4}),P_{J2}=1-(1-P_{X2})(1-P_{X4})$$

$$P_{J3}=1-(1-P_{X1})(1-P_{X5})(1-P_{X6}),P_{J4}=1-(1-P_{X2})(1-P_{X5})(1-P_{X6})$$

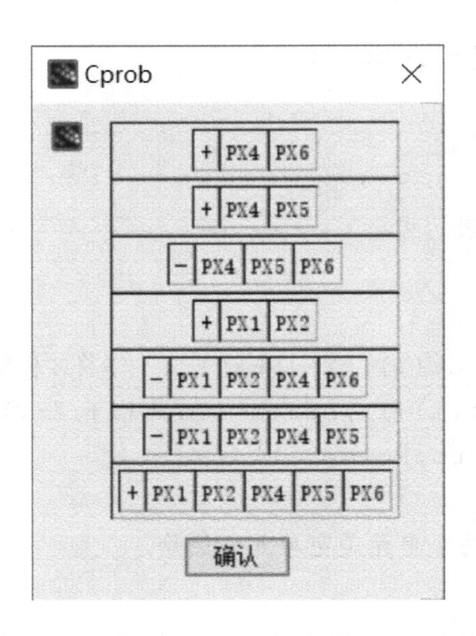

图9-9　用最小割集计算顶事件发生概率的表达式 cell 数组形式

各径集之间是与门关系，在径集之间无重复事件的情况下，其概率为：

$$P = P_{J1}P_{J2}P_{J3}P_{J4}$$

事故树各径集中往往会存在重复事件，因此需要根据等幂律，将重复事件消除（仅保留一个）。如四次项：$(1-P_{X1})(1-P_{X4})(1-P_{X2})(1-P_{X4})$ 中有重复概率计算项 $(1-P_{X4})$，因此需要根据等幂律进行消除，最终该项表达式应为：$(1-P_{X1})(1-P_{X2})(1-P_{X4})$。这么做的原理及其证明本书不做详细讲述。

以下函数用来根据最小径集的 Cell 数据，经由以下步骤获得计算顶事件发生概率的表达式：

（1）用 *cXc* 函数，将每个径集乘以{'(-1)'}，然后用 *cAc* 函数将上述结果加上{'1'}，得类似 $1-X_1X_4$ 的结果。此时事件名称 X_1 暂时表示 $1-P_{X1}$，其他类同。

（2）用 *cXc* 函数将上一步所得的每一个结果乘在一起，得 $(1-X_1X_4)(1-X_2X_4)(1-X_1X_5X_6)\cdots$

（3）将每个基本事件符号（如 X_1），替换为事件的概率补值（如 $1-P_{X1}$），得 $(1-(1-P_{X1})(1-P_{X4}))(1-(1-P_{X2})(1-P_{X4}))(1-(1-P_{X1})(1-P_{X5})(1-P_{X6}))\cdots$

（4）处理结果里每个 Cell 单元里的字符串向量中存在多个‘1’和‘(-1)’的问题。

（5）对每个 Cell 单元里的字符串向量用等幂律进行唯一化处理。

（6）合并同类项。

（7）将用 Cell 数据存储的概率计算表达式翻译成普通字符串表达式形式。

```
function [Strout,Cout]=Jset2P(Cin)
```

```
//用于将最小径集表达式转化成计算概率的表达式,并同时将X变为Px。Cin,Cout为Cell
//型数据, Strout为字符串。以下将所有的Xn变为(Xn)。
cone={'1'},cnegone={'(-1)'}
Lc=length(Cin)
for i=1:Lc
     Lprob=prod(size(Cin{i}))
     for j=1:Lprob
         Cin{i}(j)=strcat(['(',Cin{i}(j),')'])
     end
end
Cout={[]}    //含有一个单元的cell型数据, 这个单元里面存储了一个空集。
for i=1:Lc
    //这个循环负责将所有最小径集的概率式乘起来。
    Cjp=cXc(cnegone,Cin(i))    // X1X2 形式变为-X1X2 形式。
    Cjp=cAc(cone,Cjp)    //-X1X2 形式变1-X1X2 形式。
    Cout=cXc(Cout,Cjp)
    //上式将各最小径集的概率全部乘起来, 得 (1- X1X4) (1-X1X4 )……
end
//以下处理结果里每个单元存在多个1和 (-1) 的问题, 分离系数, 单元内数组排序。
LCout=length(Cout)
Covp=ones(LCout,1)    //系数向量组。
StrArofExp=[]    //不含系数的Cout的字符串数组形式, 合并同类项用。
for i=1:LCout
    Delposition=[]    //记录下要删除的1和-1位置。
    Lprob=prod(size(Cout{i}))
    MultCov=1
    for j=1:Lprob
        if Cout{i}(j)=='1'
        //上式中Cout第i个单元的内容为一个字符串向量, 检索出第j个字符串。
        //Cout{i}(j)相当于str=Cout{i}, str(j)。
          Delposition=[Delposition,j]
         end
         if Cout{i}(j)=='(-1)'
          Delposition=[Delposition,j]
          MultCov=- MultCov
         end
```

```
    end
     Cout{i}(Delposition)=[]
     Cout{i}=unique(Cout{i})
     //以下将每个单元进行唯一化处理，对应概率计算中的等幂律。
     Cout{i}=gsort(Cout{i},'g','i')    //排序。
     StrArofExp(i)=strcat(Cout{i})
     if Cout{i}<>[]    //分离系数。
         if  MultCov==-1
         Covp(i)=-1
         end
     end
end
Cout{1}='1'
StrArofExp(1)='1'
//以下合并同类项。
Struni=unique(StrArofExp)
Luni=prod(size(Struni))
k=1
TempCout=cell()
for i=1:Luni
    PosTF=StrArofExp==Struni(i)
    Loc=1:LCout
    Loc(~PosTF)=[]
    mycov=sum(Covp(Loc))
    if mycov<>0
        if mycov==-1
            TempCout{k}=['-',Cout{Loc(1)}]
         elseif mycov==1
         TempCout{k}=['+',Cout{Loc(1)}]
         elseif  mycov>0
         TempCout{k}=['+',string(mycov),Cout{Loc(1)}]
         else
        TempCout{k}=['-',string(abs(mycov)),Cout{Loc(1)}]
         end
        TempCout{k}=strsubst(TempCout{k},'X','1-PX')
         k=k+1
```

```
        end
    end
    Cout=TempCout
//以下将Cell格式的表达式翻译成字符。
Lc=length(Cout)
Strout=[]
for i=1:Lc
        Rowcat=strcat([Cout{i}(1),strcat(Cout{i}(2:$),'*')])
        Strout=strcat([Strout,Rowcat])
end
endfunction
```

以如图 9－8 所示的最小径集为例，将 Cell 型表达式作为输入参数送入 *Jset2P* 函数，在控制台中执行，其结果如下，其中 *Cprob*2 的具体内容如图 9－10 所示。

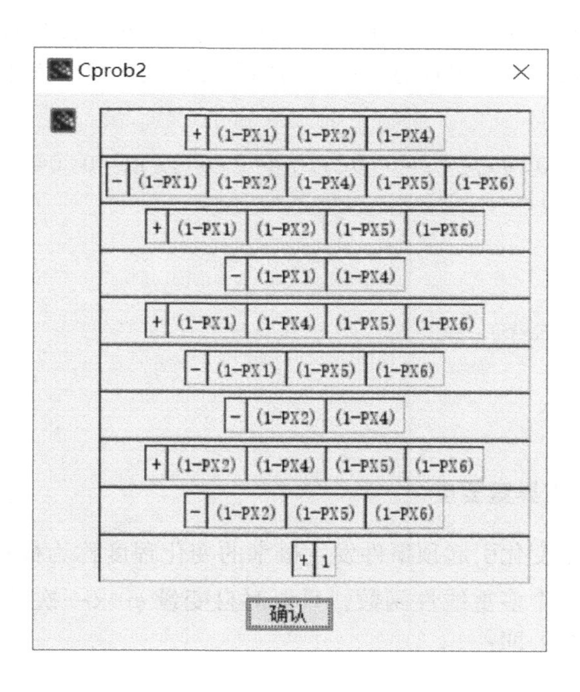

图 9－10　用最小径集计算顶事件发生概率的表达式 Cell 数组形式

```
--> [StrArofExp,Cprob2]=Jset2P(ST)
 StrArofExp  =
  "+(1-PX1)*(1-PX2)*(1-PX4)-(1-PX1)*(1-PX2)*(1-PX4)*(1-PX5)*(1-PX6)...
+(1-PX1)*(1-PX2)*(1-PX5)*(1-PX6)-(1-PX1)*(1-PX4)...
+(1-PX1)*(1-PX4)*(1-PX5)*(1-PX6)-(1-PX1)*(1-PX5)*(1-PX6)...
```

```
-(1-PX2)*(1-PX4)+(1-PX2)*(1-PX4)*(1-PX5)*(1-PX6)...
-(1-PX2)*(1-PX5)*(1-PX6)+1"
 Cprob2  =
  [1x4 string]
  [1x6 string]
  [1x5 string]
  [1x3 string]
  [1x5 string]
  [1x4 string]
  [1x3 string]
  [1x5 string]
  [1x4 string]
  [1x2 string]
```

无论是利用最小割集还是利用最小径集，所求得的顶事件发生概率是相同的。以下例子展示了对基本事件发生概率赋任意值后，对两种方法的顶事件发生概率表达式求值，可见所得结果是相同的：

```
--> PX1=0.04;PX2=0.01;PX3=0.03;PX4=0.07;PX5=0.04;PX6=0.07;
--> evstr(Strprob)
 ans  =
   0.0079010
--> evstr(StrArofExp)
 ans  =
   0.0079010
```

9.3.4 概率重要度和临界重要度

基本事件发生概率变化引起顶事件发生概率的变化程度称为概率重要度 $I_g(i)$。由于顶事件发生 g 函数是一个多重线性函数，只要对自变量 qi 求一次偏导，就可得到该基本事件的概率重要度系数，即：

$$I_g = \frac{\partial g}{\partial q_i}$$

利用上式求出各基本事件的概率重要度系数后，就可知道众多基本事件中，减少哪个基本事件的发生概率就可有效地降低顶事件的发生概率。

由于等幂律的限制，利用最小割集求解出的顶事件发生概率表达式中的任意项、任意变量的次数要么为1，要么为0（该变量在该项中不存在）。因此，概率重要度表达式的求偏导，可以转化为在顶事件发生概率表达式的各项（如 $P_{X1}P_{X2}$，$P_{X4}P_{X5}P_{X6}$）中寻找要求偏导的变量（如 P_{X2}），如果存在（如 $P_{X1}P_{X2}$ 项），在该项中将该变量删除（删除后变

为 P_{X1}），如果不存在（如 $P_{X4}P_{X5}P_{X6}$），将该项删除。

同理，利用最小径集得到顶事件发生概率表达式时，求解基本事件的概率重要度时，处理方法类似，本书不再给出具体代码。

```
function [Strout,Cout]=ProbImp(Cin,px)
//对表达式Cin求px的偏导，返回求得的表达式到Strout。Cin为cell型的割集概率表
//达式，px，Strout为字符串，Strout,Cout分别为概率重要度的字符形式和cell形
//式表达式结果。
Cout=Cin
Lc=length(Cout)
celltobedel=[]
for i=1:Lc
    ifpx=Cout{i}==px
    //上式将每个单元的内容同px比较，返回一个逻辑性向量。
    if sum(ifpx)==1    //单元里面含有px。
        Cout{i}(ifpx)=[]    //将含有px的cell单元里面的px删掉。
    else    //单元里面不含px。
      celltobedel=[celltobedel,i]    //将不含有px的cell单元号记下来。
     end
end
Cout(celltobedel)=[]    //将不含有px的cell单元整个删掉。
//以下将cell型的表达式翻译成字符。
Lc=length(Cout)
Strout=[]
for i=1:Lc
 Rowcat=strcat([Cout{i}(1),strcat(Cout{i}(2:$),'*')])
 Strout=strcat([Strout,Rowcat])
end
endfunction
```

如果要对基本事件 X_4 求概率重要度，需要将利用最小割集求得的顶事件发生概率 Cell 型表达式 *Cprob*，和 X_4 发生概率的字符串型表达式 'P_{X4}' 作为实参送入自定义函数 *ProbImp*，结果如下，其中 Cell 型的基本事件 X_4 的概率重要度如图 9 - 11 所示。

```
--> [Strimp,Cimp]=ProbImp(Cprob,'PX4')
 Strimp  =
  "+PX6+PX5-PX5*PX6-PX1*PX2*PX6-PX1*PX2*PX5+PX1*PX2*PX5*PX6"
 Cimp  =
  [1x2 string]
```

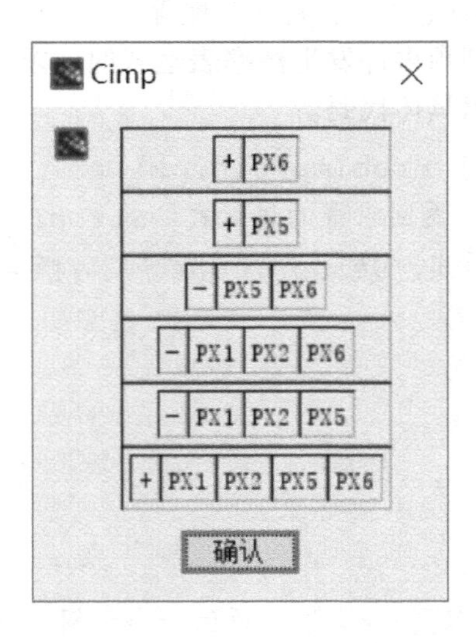

图 9-11　事故树的概率重要度的计算式

```
  [1x2 string]
  [1x3 string]
  [1x4 string]
  [1x4 string]
  [1x5 string]
```

令所有基本事件发生的概率均为 0.5，可以计算出基本事件 X_4 的概率重要度系数：

```
--> PX1=0.5;PX2=0.5;PX4=0.5;PX5=0.5;PX6=0.5;
--> evstr(Strimp)
 ans  =
   0.5625
```

临界重要度也称关键重要度。基本事件的概率重要度，无法反映减少概率大的基本事件的概率要比减少概率小的容易这一事实。这是因为基本事件 x_i 的概率重要度是由除基本事件 x_i 之外的那些基本事件发生概率来决定的，而没有反映基本事件 x_i 本身发生概率的大小。从系统安全的角度来考虑，用基本事件发生概率的相对变化率与顶事件发生概率的相对变化率之比来表示基本事件的重要度，即从敏感度和自身发生概率的双重角度衡量各基本事件的重要度标准，这就是临界重要度，其定义为：

$$I_G(i) = \frac{\partial \ln g}{\partial \lg q_i} = \frac{\partial g}{g} \bigg/ \frac{\partial q_i}{q_i}$$

它与概率重要度 $I_g(i)$ 的关系为：

$$I_G(i) = \frac{q_i}{g} I_g(i)$$

基于上式，在求解出概率重要度的基础上，仅需进一步做简单计算就可以求出临界重要度，读者可以留作练习，本书不再进一步阐述。

9.3.5 结构重要度

结构重要度是指不考虑基本事件自身发生的概率，或者说假定各基本事件发生的概率相等，仅从结构上分析各个基本事件对顶事件发生所产生的影响程度。

结构重要度分析方法主要有两种，其中比较精确的是求结构重要系数。这种方法比较精确，但是计算烦琐。

在事故树分析中，各基本事件是按两种状态描述的，设 x_i 表示基本事件 X_i 的当前状态：

$$x_i = \begin{cases} 1 & \text{基本事件 } X_i \text{ 发生了} \\ 0 & \text{基本事件 } X_i \text{ 未发生} \end{cases}$$

各基本事件状态的不同组合，又构成顶事件的当前状态。设事故树中最小割集表达式中有 n 个基本事件，用结构函数表示为：

$$\boldsymbol{\Phi}(x_i, x_j) = \begin{cases} 1 & \text{顶事件发生了} \\ 0 & \text{顶事件未发生} \end{cases}$$

式中：$j=1$，2，…，$i-1$，$i+1$，…，n，即 X_j 代表除了事件 X_i 其余事件的组合。

在结构重要度分析中，只考虑基本事件由未发生到发生了的状态转变对顶事件的状态有影响的情况，即：

$$\boldsymbol{\Phi}(x_i=0, x_j)=0, \boldsymbol{\Phi}(x_i=1, x_j)=1, \boldsymbol{\Phi}(x_i=1, x_j)-\boldsymbol{\Phi}(x_i=0, x_j)=1$$

此时，基本事件 X_i 的发生直接引起顶事件发生，基本事件 X_i 这一状态所对应的割集叫作危险割集。若改变除基本事件 X_i 以外所有基本事件的状态，并取不同的组合时，基本事件 X_i 割集的总数 $n_\Phi(i)$ 与除基本事件 X_i 外其他事件的组合总数 2^{n-1} 的比值，就叫作事故树的结构重要度系数：

$$I_\Phi(i) = \frac{n_\Phi(i)}{2^{n-1}}$$

很显然，对图 9－3 左侧的事故树，其割集表达式本章前面的小节已经求出，将各基本事件的状态组合和对应的顶事件状态用表 9－2 列出，从图上可以看出，当基本事件 X_2，X_4，X_5，X_6 的状态组合保持不变，仅基本事件 X_1 发生改变（从 0 到 1）时，顶事件 Φ 发生的情况有 5 种，对应的基本事件 X_2，X_4，X_5，X_6 的状态组合为：'1000'，'1001'，'1010'，'1011'，1100'。则基本事件 X_1 的结构重要度系数为：

$$I_\Phi(1) = \frac{5}{2^{5-1}} = \frac{5}{16}$$

当基本事件的数量较多时，用人工计算顶事件状态并清点危险割集个数的方式计算结构重要度系数将会非常烦琐，此时需要借助计算机程序来完成这一任务。要完成这一任务，思路有两种：一种是通过编程获得形如表 9－2 的状态表，然后计算机查询表格中对应危险割集的个数；另外一种是针对某一基本事件结构重要度系数的求取，边计算边对危险割集进行计数，不保留形如表 9－2 的状态表。第一种思路当基本事件数量比较大时，需要耗费巨大的内存来存储表格，第二种思路需要耗费更多的计算机算力资源。

表9-2 结构重要度的计算

X_1	X_2	X_4	X_5	X_6	Φ	X_1	X_2	X_4	X_5	X_6	Φ
0	0	0	0	0	0	1	0	0	0	0	0
0	0	0	0	1	0	1	0	0	0	1	0
0	0	0	1	0	0	1	0	0	1	0	0
0	0	0	1	1	0	1	0	0	1	1	0
0	0	1	0	0	0	1	0	1	0	0	0
0	0	1	0	1	1	1	0	1	0	1	1
0	0	1	1	0	1	1	0	1	1	0	1
0	0	1	1	1	1	1	0	1	1	1	1
0	1	0	0	0	0	1	1	0	0	0	1
0	1	0	0	1	0	1	1	0	0	1	1
0	1	0	1	0	0	1	1	0	1	0	1
0	1	0	1	1	0	1	1	0	1	1	1
0	1	1	0	0	0	1	1	1	0	0	1
0	1	1	0	1	1	1	1	1	0	1	1
0	1	1	1	0	1	1	1	1	1	0	1
0	1	1	1	1	1	1	1	1	1	1	1

本书针对第二种思路给出了 Scilab 编程解决方案：

```
function SI=StruImp(Gft,Varlist,Varimp)
//根据事故树的最小割(径)集表达式Gft，最小割（径）集包含的基本事件列表
//Varlist，求取基本事件Varimp的危险割集数目。
  SI=0
  VarRem=setdiff(Varlist,Varimp)
  LV=prod(size(VarRem))
  for i=0:2^LV-1
    Strbin=dec2bin(i,LV)    //十进制转化成二进制，强制成至少LV位二进制数。
    CharArray=strsplit(Strbin)'    //字符串分成字符数组。
    for j=1:LV
        //这个循环用来对Varlist中除Varimp的基本事件赋值。
        MyStr=strcat([VarRem(j),'=',CharArray(j)])
        execstr(MyStr)
    end
    execstr(MyStr)
    VarimpStr=strcat([Varimp,'=','0'])    //Varimp取0。
    execstr(VarimpStr)
    Res1=evstr(Gft)
```

```
    VarimpStr=strcat([Varimp,'=','1'])    //Varimp取1。
    execstr(VarimpStr)
    Res2=evstr(Gft)
    if Res1==0&Res2<>0    //顶事件状态由0变为1。
       SI=SI+1
    end
  end
endfunction
```

上述函数中，对于除基本事件外其他事件的状态的遍历赋值，采用了进制转换函数 *dec2bin*，该函数的第一个输入参数表示要转换的十进制数，第二个输入参数用于指定输出的二进制的数字位数，输出变量为转换而成的二进制数，为文本格式的字符串。

该遍历赋值的实现方法很多，读者也可以根据自己的思路进行程序编写，应该指出的是，本书的示例虽然程序短小，但不是效率最高的。

针对图 9 - 3 左侧的事故树，写出事故树割集表达式，割集中含有的基本事件列表和要求重要度系数的基本事件，调用上式即可求出该基本事件对应的危险割集数目：

```
Gft='X1*X2+X4*X5+X4*X6'
Varlist=['X1','X2','X4','X5','X6']
Varimp='X1'
SI=StruImp(Gft,Varlist,Varimp)
```

由上式可以求出此时的危险割集数目为 5。同理可以求出其他基本事件的危险割集数目，从而进一步求出其结构重要度系数。

$$I_\Phi(1)=\frac{5}{16},I_\Phi(2)=\frac{5}{16},I_\Phi(4)=\frac{9}{16},I_\Phi(5)=\frac{3}{16},I_\Phi(6)=\frac{3}{16}$$

据此，即可进行基本事件的结构重要度排序，从而用作确定事故防治的优先等级的重要依据，不再赘述。

除了上述的求解结构重要度的方法，还可以根据概率重要度来间接求解结构重要度，思路为：

（1）求出事故树的最小割集或最小径集表达式。

（2）写出割集或径集形式的顶事件发生概率表达式。

（3）写出基本事件的概率重要度表达式。

（4）令所有基本事件的发生概率为 0.5，对基本事件的概率重要度表达式进行求值，所得的结果就是该基本事件的结构重要度系数。

这种思路所涉及的所有函数本书已经做了讲解，读者可以作为练习自己去验证。事实上，本书概率重要度一节所举的例子求得结果就是基本事件 X_4 的结构重要度，在这里 $0.5625\cdots=\frac{9}{16}$。

10 Scilab 与层次分析法

层次分析法是一种针对多属性事物进行打分比较从而辅助决策的一种数学工具。这种方法在安全管理学、安全系统工程等课程里均有涉及，具体内容本书不做详细介绍。本章节仅针对一个实例论述，通过这个实例，使读者熟悉层次分析法的简单流程，并能够利用 Scilab 进行各个环节的计算。

以日常生活中常见的选购家具为例，对于一件家具而言，其本身固有的属性可能有价格、实用性、美观性和质量等，每件不同的家具的这些属性各不相同，如何根据这些属性，从待选的家具 A，家具 B 和家具 C 中选出满意的一件家具呢，利用层次分析法可以很好地解决这个问题。选购家具的层次分析结构图如图 10－1 所示。

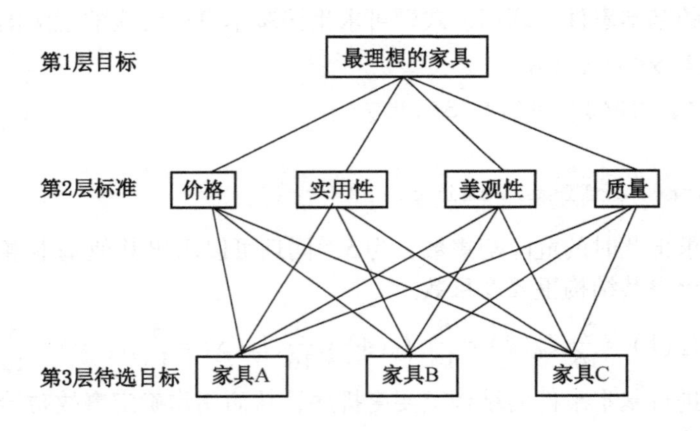

图 10－1 选购家具的层次分析结构图

10.1 相对重要性的比例标度和判断矩阵

图 10－1 展示了人们是如何选购一样满意的家具的，图中有三件待选家具，对每一件家具，顾客都会关注到家具的价格、实用性等自然属性，经过综合权衡从中选择一件。由于每个人的关注点不同，所以每个人最终选择的满意家具是不同的。为了避免在选择的时候出现两件家具都喜欢，无法最终确定哪一件的情况，层次分析法将选择家具的过程进行了量化。

为此，引入了一个量化指标：相对重要性的比例标度（表 10－1）。通过这一指标，两个元素相对重要性的比较可以变换到一个数。根据这个数字，表明你在进行选择的时候，哪一个因素更能左右你，或者哪一个指标占有更大的分量。

表 10-1 相对重要性的比例标度

相对重要性权数	定 义	相对重要性权数	定 义
1	等同重要		
3	稍微重要	$\frac{1}{3}$	稍微不重要
5	明显重要	$\frac{1}{5}$	明显不重要
7	强烈重要	$\frac{1}{7}$	强烈不重要
9	极端重要	$\frac{1}{9}$	极端不重要
2, 4, 6, 8	上述两判断的中值	$\frac{1}{2}, \frac{1}{4}, \frac{1}{6}, \frac{1}{8}$	上述两判断的中值

根据表 10-1 所示，将要考虑的因素两两比较，按照你心目中两者之间的相对重要关系，给两者的关系打分，最后会获得一个判断矩阵：

$$A=\begin{pmatrix} a_{11} & a_{12} & \cdots & a_{1n} \\ a_{21} & a_{22} & \cdots & a_{2n} \\ \cdots & \cdots & \cdots & \cdots \\ a_{n1} & a_{n2} & \cdots & a_{nn} \end{pmatrix} \tag{10-1}$$

根据相互比较的特点，很显然，判断矩阵中：

$$a_{ij}>0, a_{ij}=\frac{1}{a_{ji}}, a_{ii}=1, \quad i,j=1,2,\cdots,n.$$

因此判断矩阵 $\boldsymbol{A}$ 是一个正互反矩阵。实际上，在构成判断矩阵 $\boldsymbol{A}$ 时，我们只需要做 $n(n-1)/2$ 次判断即可。

```
function A=JudgeMatR_Ix()
//输入考虑因素，建立判断矩阵A。
    Causes=x_dialog('请输入你的考虑因素，中间用空格隔开',...'价格 实用性
美观性 质量')
    Causes=tokens(Causes,' ')
    LC=prod(size(Causes))
    A=ones(LC,LC)
    for i=1:LC     //逐个比较因素的相对重要度。
        for j=i+1:LC
            ppt=strcat([Causes(i),'相比',Causes(j),...'的重要度如何？
重要输入1~9，不重要输入1/2~1/9:'])
            imp=x_dialog(ppt,'3')
            imp=evstr(imp)
            A(i,j)= imp
            A(j,i)=1/A(i,j)
```

```
        end
    end
endfunction
```

上述代码用来实现判断矩阵 $\boldsymbol{A}$ 的输入，在控制台上运行函数后，会先后出现如图 10－2、图 10－3 所示的多个弹窗，按照文字提示，逐个输入需要的内容即可，返回的矩阵类似表 10－2 中除了优先序一列外的 4×4 的数据。

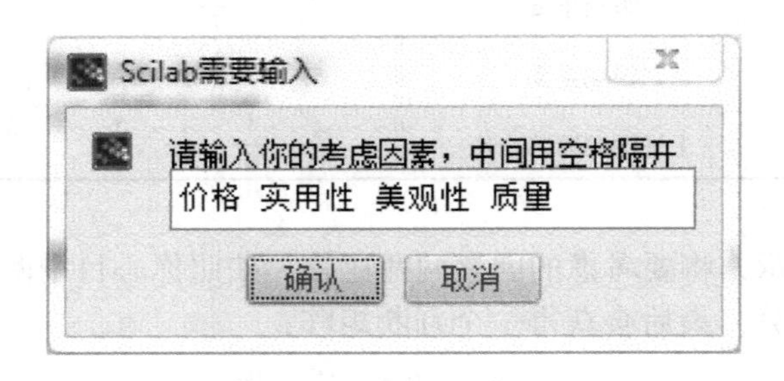

图 10－2　输入要比较的因素

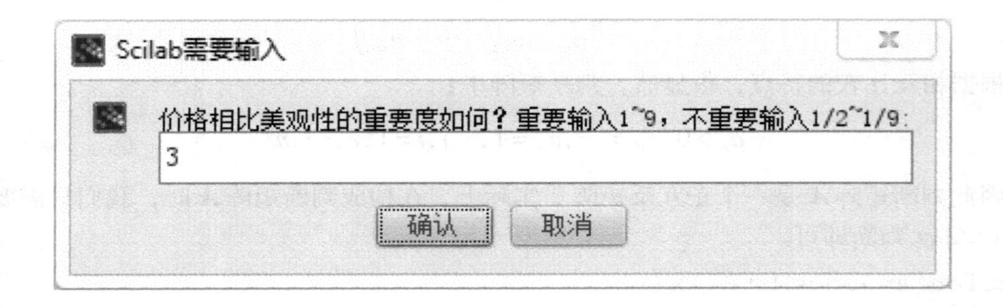

图 10－3　输入因素的相对重要度

表 10－2　以购买家具为例的标准重要度矩阵

影响因素	价格	实用性	美观性	质量	优先序
价格	1	3	7	8	0.586
实用性	$\frac{1}{3}$	1	5	5	0.277
美观性	$\frac{1}{7}$	$\frac{1}{5}$	1	3	0.088
质量	$\frac{1}{8}$	$\frac{1}{5}$	$\frac{1}{3}$	1	0.049

10.2　单准则下的一致性检验和指标排序

由于判断矩阵是根据人的主观感受得出的，所以难免会出现当 a、b、c 三个属性或指标进行比较时，得出 a 比 b 重要，b 比 c 重要，但是 c 又比 a 重要的矛盾情况。这种矛盾情况，我们称为不一致。对于社会、经济问题的评判时，不一致性是普遍存在的，只不过程度有所差别而已。

为了测试评判的可靠性或一致性，我们可以建立一个一致性指标 C_I。

$$C_I = \frac{\lambda_{max} - n}{n - 1} \tag{10-2}$$

式中 λ_{max} 为判断矩阵 A 的最大正特征值，n 为矩阵 A 的阶数。

在此基础上，进一步算出随机一致性比率 C_R。

$$C_R = \frac{C_I}{R_I} \tag{10-3}$$

式中的 R_I 根据判断矩阵的阶数 n 在判断矩阵 R_I 值表（表 10-3）查找获取。

表 10-3 判断矩阵的 R_I 值

n	1	2	3	4	5	6	7	8	9	10
R_I	0	0	0.58	0.9	1.12	1.24	1.32	1.41	1.45	1.49

当计算出来的 C_R 在 10% 左右时，一般认为判断矩阵具有满意的一致性，在某些情况下可以放宽到 20%。但是超过比值后，我们就必须调整判断矩阵，使之具有满意的一致性。

为了进行一致性检验，需要用到 Scilab 中的 *eigs* 函数，该函数的使用语法如下：

```
d = eigs(A)
[d,v] = eigs(A)
```

该函数根据输出参数数量不同，可以返回矩阵 $\boldsymbol{A}$ 的最大特征值 d 或同时返回最大特征值 d 以及对应的特征向量 v。

也可以考虑使用 *spec* 函数，该函数返回所有的特征值 d 和对应的特征向量 v。要注意的是，在双输出模式下，d 是以对角矩阵形式给出的。

```
d = spec(A)
[v,d] = spec(A)
```

特别注意：*eigs* 函数和 *spec* 函数在双输出时，v 和 d 的位置是不一样的。

上述两个函数，在求特征值和特征向量的时候，均会由于收敛不充分，出现复数特征值和复数特征向量的情况。根据这两个函数的输出显示规则，矩阵 d 左上角的特征值就是最大特征值，矩阵 v 第一列的特征向量即最大特征值对应的特征向量，由于最大特征值及其对应的特征向量，虚部非常小，实际操作时舍弃虚部即可。本例中：

$$\lambda_{max} = 4.1982785$$

$$W = \begin{pmatrix} -0.8907679 \\ -0.4264470 \\ -0.1375747 \\ -0.0758200 \end{pmatrix} \Rightarrow W_r = \frac{W}{EW} = \begin{pmatrix} 0.5819694 \\ 0.2786125 \\ 0.0898823 \\ 0.0495358 \end{pmatrix}$$

式中：E 为 $1\times n$ 的全1向量，W_r 为特征向量 W 经过权重化处理获得的各考虑因素的权重向量。

使用如下代码可以实现判断矩阵 $\boldsymbol{A}$ 的一致性检验，由于代码比较简单，此处不做代码分析。

```
function [CI,CR]=CICR(A)
     RItable=[0,0,0.58,0.9,1.12,1.24,1.32,1.41,1.45,1.49]
     [n,n]=size(A)
     if n<11&n>2    //仅取n的有效范围。
         RI=RItable(n)
     else
         RI=RItable(10)
     end
     [v,d]=spec(A)
     lambda=max(real(d))
     CI=(lambda-n)/(n-1)

     CR=CI/RI
endfunction
```

经计算，表10-2中的判断矩阵 C_R 值为0.0734365，符合一致性要求。

上文中出现的 W_r 为特征向量 W 经过权重化处理获得的各考虑因素的权重值，该向量表征了经过两两比较后，获得的各考虑因素的相对重要程度，向量内各数据的总和为1。该向量可以作为决策依据，又称排序矢量或优先序。如表10-2中的最后一列所示。

上述直接用Scilab内置函数求判断矩阵 A 的最大特征值和对应的特征向量的方法，由于操作比较简单，对于规模较小的决策问题，应用比较广泛。但是如前所述，由于算法的问题，会出现复数特征根和复数特征向量的问题，另外对于规模较大的决策问题，会导致计算时间过长，误差过大。在实际生产中，尤其是在解决规模较大的决策问题时，我们并不需要获得精确的最大特征值和特征向量，仅仅在一定精度内近似即可。下面的几个小节列出了如何通过近似计算的方法获得判断矩阵 A 的最大特征值和对应的特征向量。

10.2.1 幂乘法求取判断矩阵的特征值和特征向量

幂乘法的计算步骤为：

（1）设矩阵 A 的阶为 n，任取一个 n 行1列的正的规范化矢量初值 W_0，如 $W_0=\left(\frac{1}{n},\ \frac{1}{n},\ \cdots,\ \frac{1}{n}\right)^T$。建立1行 n 列的全1向量 $E=(1,\ 1,\ \cdots,\ 1)$。

（2）计算 $\overline{W}_1=AW_0$。

（3）令 $m=E\overline{W}_1$，计算 $W_1=\frac{1}{m}\overline{W}_1$。

（4）若对于预先给定的精度 E_{rr}，对于 W_1，W_0 中的任意对应元素，均满足：

$$|W_1(i) - W_0(i)| < E_{rr}, \quad i = 1, 2, \cdots, n$$

则转入第 5 步，否则，令 $W_0 = W_1$，转入第 2 步。

（5）令 $V = (\overline{W}_1(1)/W_0(1), \overline{W}_1(2)/W_0(2), \cdots, \overline{W}_1(n)/W_0(n))^T$，$V$ 就是所求矩阵 A 的特征向量。计算矩阵 A 的最大特征值 λ_{max}：

$$\lambda_{max} = \frac{1}{n}EV$$

```
function [V,lambda]=MulExp(A,Err)
//幂乘法求判断矩阵A的特征值lambda和特征向量V，Err为容许误差。
    [n,n]=size(A)
    W0=ones(n,1)/n
    W1av=A*W0
    m=sum(W1av)
    W1=W1av/m
    while or(abs(W1-W0)>Err)
        W0=W1
        W1av=A*W0
        m=sum(W1av)
        W1=W1av/m
    end
    V=W1
    lambda=sum(A*W1./W1)/n
endfunction
```

以本章中购买家具的准则判断矩阵 $\boldsymbol{A}$ 为例，假定允许误差为 0.001，在控制台输入如下命令，即可计算判断矩阵 $\boldsymbol{A}$ 的特征向量和特征值：

```
--> [V,lambda]=MulExp(A,0.001)
 V  =
   0.5818326
   0.2787005
   0.0899394
   0.0495275
 lambda  =
   4.1983682
```

进一步，将特征向量 $\boldsymbol{W}$ 进行权重化处理，即可获得个评判标准的权重向量：

```
--> Wrule=V/sum(V)
 Wrule  =
```

```
0.5818326
0.2787005
0.0899394
0.0495275
```

10.2.2 几何平均法求判断矩阵的特征值和特征向量

该算法的流程为：

（1）计算判断矩阵 A 的每一行所有元素的乘积，获得新的向量 M。

$$M = (m_i)_{n\times 1}, m_i = \prod_{j=1}^{n} a_{ij}$$

（2）将 M 中的每个元素开 n 次方，获得向量 $\overline{W}$：

$$\overline{W}(i) = \sqrt[n]{M(i)}, \quad i=1,2,\cdots,n$$

（3）建立1行 n 列的全1向量 $E=(1, 1, \cdots, 1)$，对向量 $\overline{W}$ 进行规范化处理：

$$\hat{W} = \frac{\overline{W}}{E\overline{W}}$$

$\hat{W}$ 即所求的特征向量，此处也是权重向量。

（4）计算 A 的最大特征值 $\lambda_{\max}$：

令 $\hat{V}=A\hat{W}$，$U=(\hat{V}(1)/\hat{W}(1),\hat{V}(2)/\hat{W}(2),\cdots,\hat{V}(n)/\hat{W}(n))T$，$U$ 为一个 n 行1列的列向量。

$$\lambda_{\max} = \frac{1}{n}EU$$

按照这种算法思路，编写的Sci程序如下：

```
function [V,lambda]=GeoMth(A)
//用几何平均法求判断矩阵A的特征值lambda和特征向量V。
    [n,n]=size(A)
    E=ones(1,n)
    M=prod(A,'c')    //按行相乘，获得一个列向量。
    Wavg=M.^(1/n)
    What=Wavg/(E*Wavg)    //规范化处理。
    Vhat=A*What
    U=Vhat./What
    lambda=E*U/n
    V=What
endfunction
```

程序运行后，在控制台里面键入如下命令，查看计算结果：

```
--> [V,lambda]=GeoMth(A)
```

```
V  =
   0.5861170
   0.2766060
   0.0880887
   0.0491883
lambda  =
   4.1979554
```

10.2.3 规范列平均法求判断矩阵的特征值和特征向量

该算法的流程如下：

（1）对判断矩阵 $\boldsymbol{A}$ 按列进行规范化处理（即每一列的所有数据求和，该列的每一个数据除以这个和）获得规范化了的矩阵 $\overline{\boldsymbol{A}}$：

$$\overline{A} = (\overline{a}_{ij})_{n\times n}, \overline{a}_{ij} = \frac{a_{ij}}{\sum_{k=1}^{n} a_{kj}}$$

（2）对矩阵 $\overline{\boldsymbol{A}}$ 按行取平均值，获得列向量 $\hat{\boldsymbol{W}}$，该列向量即所求的特征矢量：

$$\hat{W} = (\overline{w}_i)_{n\times 1}, \overline{w}_i = \frac{1}{n}\sum_{j=1}^{n} a_{ij}$$

（3）计算判断矩阵 $\boldsymbol{A}$ 的最大特征值：

$$\lambda_{\max} = \frac{1}{n}\sum_{i=1}^{n} \frac{(A\hat{W})_i}{\hat{w}_i}$$

式中 $(A\hat{W})_i$ 表示向量 $(A\hat{W})$ 的第 i 个元素。

语句 $\frac{(A\hat{W})_i}{\hat{w}_i}$ 在 Scilab 中可以写为：

```
A*What./What
```

按这种算法，编写的求 $\boldsymbol{A}$ 的特征值和特征向量的程序如下：

```
function [V,lambda]=AvgMth(A)
//用规范列平均法求判断矩阵A的特征值lambda和特征向量V。
    [n,n]=size(A)
    E=ones(1,n)
    Acsum=sum(A,'r')
    //让Acsum变成和A尺寸一样，每列中的数据均为A的对应列数据之和。
    [Acsum,temp]=meshgR_Id(Acsum,Acsum)
    Ahat=A./Acsum
    What=sum(Ahat,'c')/n
    lambda=sum(A*What./What)/n
```

```
    V=What
endfunction
```

程序运行后，在控制台里面键入如下命令，查看计算结果：

```
--> [V,lambda]=AvgMth(A)
 V   =
    0.5754854
    0.2761422
    0.0965361
    0.0518362
 lambda   =
    4.2060294
```

可以看出，上述三种近似算法获得的特征值和特征向量略有差异，但是基本在可接受范围之内，读者在具体运算时，可根据自己的需要进行选取。

10.3 层次综合和层次一致性问题

上一小节里面针对购买家具时考虑的因素，或者影响家具选择的标准，如美观性、实用性等指标进行了重要度判断和指标排序。从中可以看出，对这个顾客而言，价格是最重要的，质量是最不重要的。那么是不是在选购时只买便宜的就完事了呢？事实上，在现实中，价格虽然重要，但绝不是唯一因素。

假定待选的三件家具，分别具有三种不同的价格，那么三种价格很显然重要度不同，表 10－4 列出了家具 A、家具 B 和家具 C 在价格这一考虑因素下的相对重要度。

很显然，这也是一个判断矩阵，表征的是三件家具在价格这一单一考虑因素下的两两比较的结果。这个矩阵根据上一小节的数据处理流程，也要做一致性检验和进行优先序求解。其中优先序见表 10－4 最后一列。

表 10－4 价格重要度矩阵

价格	家具 A	家具 B	家具 C	优先序
家具 A	1	2	3	0.540
家具 B	$\frac{1}{2}$	1	2	0.297
家具 C	$\frac{1}{3}$	$\frac{1}{2}$	1	0.163

当然，价格是一个能够量化的量，其相对重要度一般视价格的数值大小和个人心理承受区间而定，这个判断矩阵很容易获取。而美观度、实用性和质量等指标比较难以量化，其判断矩阵的建立往往只能通过主观感受，两两比较获取。表 10－5 ~ 表 10－7 分别列出了这三个指标的判断矩阵和各家具在这一指标下的优先序。

表 10-5 实用性重要度矩阵

实用性	家具 A	家具 B	家具 C	优先序
家具 A	1	$\frac{1}{5}$	$\frac{1}{2}$	0.122
家具 B	5	1	3	0.648
家具 C	2	$\frac{1}{3}$	1	0.230

表 10-6 美观重要度矩阵

美观	家具 A	家具 B	家具 C	优先序
家具 A	1	3	5	0.627
家具 B	$\frac{1}{3}$	1	4	0.280
家具 C	$\frac{1}{5}$	$\frac{1}{4}$	1	0.093

表 10-7 质量重要度矩阵

质量	家具 A	家具 B	家具 C	优先序
家具 A	1	$\frac{1}{5}$	3	0.188
家具 B	5	1	7	0.731
家具 C	$\frac{1}{3}$	$\frac{1}{7}$	1	0.081

10.3.1 总层次的一致性检验

在本章所示的购买家具的决策问题中，除了目标层之外，决策图只有待选家具和准则两层，在实际的问题处理中，准则层可能会有更多层，但是无论有多少层，总可以通过一些规律性的合成法则最终合成为一个总的准则层，本书对这些更复杂的问题不做讨论。

假定一个决策图（或者一个递阶层次结构）有 n 层，第 j 层的元素数目为 n_j，$j=1, 2, \cdots, n$。令 W_{ij} 是第 j 层的第 i 个元素的合成权数，而 $\mu_{i,j+1}$ 是第 $j+1$ 层元素对于第 j 层的第 i 个元素做两两比较的一致性指标。

这样，一个递阶结构的一致性指标定义为：

$$C_{\mathrm{IG}} = \sum_{j=1}^{n} \sum_{i=1}^{n_{ij}} W_{ij} \mu_{i,j+1}$$

这个公式实际上就是将所有的判断矩阵的一致性指标 C_{I} 利用上一层给出的权数带权相加。其中 $W_{ij}=1$，$j=1$。n_{ij} 是第 j 层中和第 $j+1$ 层元素有关联的元素数目。

如果把$\mu_{i,j+1}$用相应的平均一致性代替，则可得到递阶结构的平均随机一致性指标：

$$C_{RG} = \sum_{j=1}^{n} \sum_{i=1}^{n_{ij}} W_{ij} C_R(i,j+1)$$

式中$C_R(i, j+1)$括号里的内容与$\mu_{i,j+1}$的下标含义一致，仅仅是为了书写方便、美观。

首先调用 *JudgeMatrix* 函数，按照提示输入数据，获得的考虑因素，待选目标对价格、对实用性、对美观、对质量的五个矩阵，也就是表 10－2、表 10－5～表 10－7 对应的矩阵，分别记为矩阵：A_r、A_p、A_s、A_b、A_q，调用 CICR 命令获得各判断矩阵的C_I，C_R值：

```
[Cir,Crr]=CICR(Ar)
[Cip,Crp]=CICR(Ap)
[Cis,Crs]=CICR(As)
[Cib,Crb]=CICR(Ab)
[Ciq,Crq]=CICR(Aq)
```

根据定义，准则层的权重为 1，价格，实用性等四个指标的权重可以用 *spec* 函数求解矩阵A_r的特征值并且标准化后得来，记为W_r。

```
Cig=[Cir,Cip,Cis,Cib,Ciq]*[1;Wr]
Crg=[Crr,Crp,Crs,Crb,Crq]*[1;Wr]
Rig=Cig/Crg
```

运行以上代码，即可获得递阶结构的总的一致性比率，按照这个数据可以判定总排序是否具有满意的一致性。

10.3.2 层次总排序和目标的实现

在单准则排序的基础上，计算同一层次所有因素对于最高层（目标）的相对重要性的排序权值，称为层次的合成权数。这一过程是自上向下进行的。假设上一层次C包含m个因素：C_1，C_1，…，C_m，其合成权数分别为c_1，c_2，…，c_m。下一层次D包含n个因素：D_1，D_2，…，D_n，它们对于上一层次因素C_j的单准则排序权值分别为b_{1j}，b_{2j}，…，b_{ij}，…，b_{mj}（如D_k和C_j无联系时，$b_{kj}=0$）。这时，D层次合成数值矢量$d=(d_1, d_2, \cdots, d_n)^T$由下式计算：

$$d_k = \sum_{j=1}^{m} b_{kj} c_j, \quad k = 1,2,\cdots,n$$

即

$$d = BC, B = (B_{ij})_{n \times m}$$

由表 10－8 可知，计算出来的准则层的合成权数向量C为：

$$C = \begin{pmatrix} 0.568 \\ 0.277 \\ 0.088 \\ 0.049 \end{pmatrix}$$

表 10 - 8 目标的实现

标准 标准权重	价格 0.568	实用性 0.277	美观性 0.088	质量 0.049	综合优先序
家具 A	0.54	0.122	0.627	0.188	0.405
家具 B	0.297	0.648	0.28	0.731	0.409
家具 C	0.163	0.23	0.093	0.081	0.168

三件待选家具相对于价格、实用性、美观性和质量的权数向量分别为 B_p、B_s、B_b、B_q，均为列向量，则：

$$B = (B_p \quad B_s \quad B_b \quad B_q) = \begin{pmatrix} 0.54 & 0.122 & 0.627 & 0.188 \\ 0.297 & 0.648 & 0.28 & 0.731 \\ 0.163 & 0.23 & 0.093 & 0.081 \end{pmatrix}$$

最后计算总合成排序：

```
-->  B=[0.54 ,0.122 ,0.627 ,0.188;
 >    0.297 , 0.648 ,0.28  , 0.731;
 >    0.163 , 0.23 ,0.093 , 0.081]
 B  =
   0.54    0.122   0.627   0.188
   0.297   0.648   0.28    0.731
   0.163   0.23    0.093   0.081
-->  C=[0.568;0.277; 0.088;0.049]
 C  =
   0.568
   0.277
   0.088
   0.049
--> d=B*C
 d  =
   0.404902
   0.408651
   0.168447
```

其结果见表 10 - 8 中最后一列，很显然，家具 B 的得分略高于其他两件家具，可以选择 B 为最终购买目标。

应该指出的是，层次分析法不仅仅限于本章所列方法和内容，本书仅用一个简单实例展现了用 Scilab 处理层次分析法中所涉及的计算问题的便利性，更深奥的知识读者可以查看专业的层次分析法书籍。

附录　Scilab 和 Matlab 的语法差异

1. 注释语句前导符

Matlab:%， Scilab：//

2. 常量

- Matlab：pi，i，j：分别表示圆周率和虚单位
- Scilab:% pi,% i,% j：功能同上

3. 最后一个下标标识

- Matlab：end

例如 A(:，end）表示检索出 A 的最后 1 列，A(end,:）表示检索出 A 的最后一行。

- Scilab：$

例如 A(:，$）表示检索出 A 的最后 1 列，A($,:）表示检索出 A 的最后一行。

4. 全 1 矩阵

- Matlab：ones(r)：生成 r 行 r 列的全 1 矩阵。ones(r，c)：生成 r 行 c 列的全 1 矩阵
- Scilab：ones(A)：生成同矩阵 A 行列数相同全 1 矩阵，若 A 为单个数字，生成一行一列的全 1 矩阵。ones（r，c)：同 MATLAB

5. 全 0 矩阵

命令名：zeros，语法差异同 ones

6. 随机矩阵

命令名：rand，语法差异同 ones

7. 单位矩阵

命令名：eye，语法差异同 ones

8. 求矩阵元素个数

- Matlab：numel(A)，给出矩阵 A 中元素的个数
- Scilab：length(A)，功能同上

9. 重新排列矩阵元素

- Matlab：reshape(A，r，c)：将矩阵 A 重排成 r 行 c 列，注意 $r \times c$ 必须与 A 的元素个数一致。
- Scilab：matrix(A，r，c)：功能同上

10. 求矩阵的长度

- Matlab：length(A)：给出矩阵的长度，即行数和列数中较大的那个数字。
- Scilab：没有相应功能的函数，可以用 max(size(A)）来实现

11. 生成乱序的整数序列

- Matlab：randperm(n)：生成 1：n 的数列，然后把它打乱重排

- Scilab：grand(1," prm", (1：n)')'：功能同上

12. 复数的辐角

- Matlab：angle(V)：返回复数 V 的辐角。
- Scilab：没有相应功能的函数，可用 atan(imag(V)/real(V))来实现。

13. 极坐标绘图

- Matlab：polar（theta，rho)：以 theta 为角度，rho 为半径绘制极坐标图像
- Scilab：polarplot（theta，rho)：功能同上

14. 计时函数

- Matlab：tic，toc：给出程序从 tic 位置开始运行到 toc 位置的时间
- Scilab：tic（)，toc（)：功能同上

15. 矩阵的翻转

- Matlab：fiipud(A)：将矩阵 A 上下翻转。fiiplr（A)：将矩阵 A 左右翻转。
- Scilab：fiipdim（A，1)，fiipdim（A，2)：功能同上

16. 矩阵的特征值和特征向量

- Matlab：[V，D] = eigs(A)，V 特征向量，D 特征值
- Scilab：

[D，V] = eigs(A)D 最大特征根，V 最大特征根对应的特征向量

[V，D] = spec(A)D 特征值，V 特征向量

17. 坐标轴设置函数

- Matlab：axis

语法格式：

```
axis([xmin xmax ymin ymax])
axis ij
axis square
axis equal
axis tight
axis off
axis on
```

- Scilab：mtlb_axis

语法格式：

```
mtlb_axis([xmin xmax ymin ymax])
mtlb_axis('ij')
mtlb_axis('square')
mtlb_axis('equal')
mtlb_axis('tight')
mtlb_axis('off')
mtlb_axis('on')
```

18. 叠加绘图

- Matlab：默认不叠加绘图，需要用以下命令控制是否叠加：hold on（叠加绘图开始），hold off（叠加绘图结束）
- Scilab：默认叠加绘图，用 clf( ) 清除以前的图像

19. 函数最小值求取

- Matlab：fminbnd

语法格式：x0 = fminbnd（FuncPointer，Leftboundary，RightBoundary）。

FuncPointer：函数的指针

Leftbounary，RightBoundary：左（右）边界

- Scilab：fminsearch

语法格式：x0 = fminsearch（FuncName，InitialGuess）。

FuncName：函数的名字

InitialGuess：寻找的初始点

20. 求余函数

- Matlab：rem(x，y)
- Scilab：modulo(x，y)

21. 函数输入输出参量的个数

- Matlab：nargout：输出参数的个数；nargin：输入参数的个数。
- Scilab：argn(1)：输出参数的个数；argn(2)：输入参数的个数。

22. 在线定义函数

- Matlab：形如：

```
FuncPointer=@(x) y=x.^3-2*x-5
```

FuncPointer 为调用名（指针），小括号里的 x 表示输入量，随后空格后跟的是函数体。

- Scilab：形如：

```
deff('[y]=FuncName(x)','y=x.^3-2*x-5')
```

文本部分第一句是函数声明，第二句是函数体，FuncName 是调用名（函数名）。

参 考 文 献

[1] 汪元辉. 安全系统工程 [M]. 天津: 天津大学出版社, 1999.

[2] 戴俊. 爆破工程 [M]. 北京: 机械工业出版社, 2005.

[3] 张国枢. 通风安全学 [M]. 北京: 中国矿业大学出版社, 2011.

[4] 刘海洋. Latex 入门 [M]. 北京: 电子工业出版社, 2013.

[5] 贾进章. 矿井通风系统可靠性、稳定性、安全性理论 [M]. 北京: 科学出版社, 2016.

[6] 胡包钢, 等. 科学计算自由软件 [M]. 北京: 清华大学出版社, 2003.

[7] 黄铎, 王风, 李志伟. 科学计算自由软件 SCILAB 基础教程 [M]. 北京: 清华大学出版社, 2006.

[8] Campbell S L, Chancelier J, Nikoukhah R. Scilab/Scicos 在建模与仿真中的应用 [M]. 北京: 邮电大学出版社, 2007.

[9] 王文才. 矿井通风网络火灾特性及其解算 [M]. 呼和浩特: 内蒙古大学出版社, 2014.

[10] 刘泽功. 通风安全工程计算机模拟与预测 [M]. 北京: 煤炭工业出版社, 1996.

[11] 王则柯, 等. 同伦方法及成本理论 [M]. 长沙: 湖南教育出版社, 1998.

[12] 刘剑, 等. 流体网络理论 [M]. 北京: 煤炭工业出版社, 2002.

[13] 邢玉忠, 等. 矿井通风网络解算 [M]. 徐州: 中国矿业大学出版社, 2015.

[14] 唐明云, 张国枢, 戴广龙, 等. 基于通风网络理论及试验的采空区自燃“三带”分析 [J]. 安全与环境学报, 2011, 11 (5): 184 - 187.

[15] 田垚, 杨成昊, 孙全吉, 等. U 型通风工作面采空区漏风规律研究 [J]. 煤炭工程, 2020, 52 (12): 132 - 136.

[16] 刘新宪, 等. 选择与判断 - AHP 层次分析法决策 [M]. 上海: 科学普及出版社, 1990.

[17] 何晓晨. 基于网络解算的采空区流场节点压力解算方法研究 [D]. 西安: 西安科技大学, 2018.

[18] 赵自豪, 王超, 贾廷贵, 等. 一种复杂通风网络解算方法及解算装置 [P]. 内蒙古自治区: CN115796081A, 2023 - 03 - 14.

[19] 赵自豪, 李鹏慧, 吕海建. 扰动法在风网解算中的应用研究 [J]. 中国安全生产科学技术, 2021, 17 (5): 79 - 85.

[20] 赵自豪, 李鹏慧. 节点分析法在风网解算中的应用 [J]. 矿业工程研究, 2021, 36 (1): 44 - 48. DOI:10.13582/j.cnki.1674 - 5876.2021.01.007.

[21] 赵自豪, 李文亚, 张金山. 利用 MATLAB 快速建立矿井通风网络独立回路矩阵 [J]. 煤矿安全, 2011, 42 (4): 35 - 37. DOI:10.13347/j.cnki.mkaq.2011.04.013.

[22] 赵自豪. 数值法在煤矿灾害事故树分析中的应用 [J]. 内蒙古科技大学学报, 2018, 37 (3): 303 - 306. DOI:10.16559/j.cnki.2095 - 2295.2018.03.020.

[23] 赵自豪, 任玉辉, 陈世江. 利用同伦法解算自然分风网络 [J]. 中国煤炭, 2011, 37 (10): 109 - 111. DOI:10.19880/j.cnki.ccm.2011.10.032.

[24] 赵自豪, 王超, 张金山. 用 SCILAB 快速解算通风网络 [J]. 矿业安全与环保, 2011, 38 (4): 78 - 80.